"十四五"职业教育国家规划教材

"十三五"职业教育国家规划教材

汽车保险与理赔

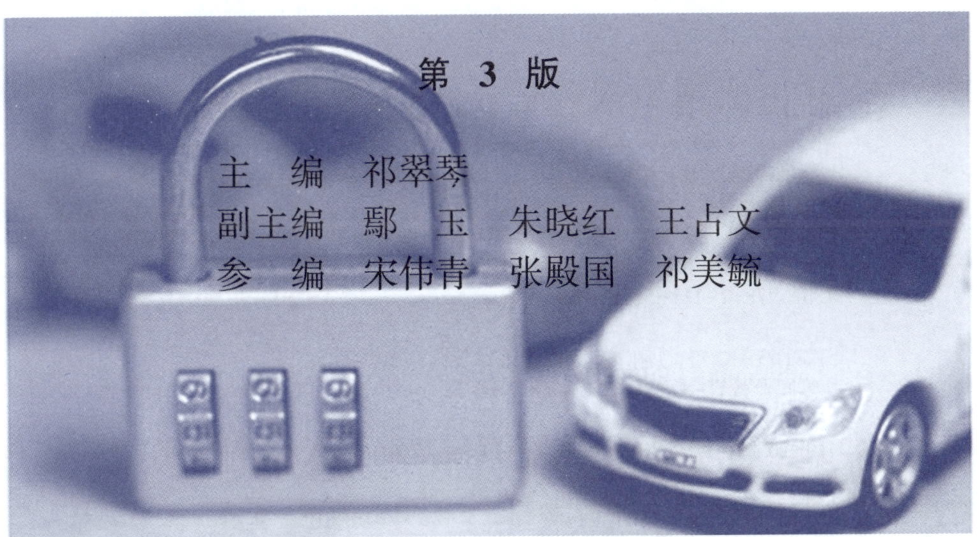

第 3 版

主　编　祁翠琴

副主编　鄢　玉　朱晓红　王占文

参　编　宋伟青　张殿国　祁美毓

机 械 工 业 出 版 社

本书是“十四五”职业教育国家规划教材。本书为高职高专学校汽车营销与服务、汽车检测与维修技术、汽车电子技术等专业的教材。全书共分八个项目，主要内容包括：汽车保险认知、介绍汽车保险产品、计算汽车保险费、汽车保险承保、事故车辆查勘、事故车辆定损、事故车辆理赔及认识汽车信贷保险。8个项目下又细分为23个任务，分别设计有任务目标、案例导入、相关知识、任务实施、任务评价、任务小结等。

本书可供高职高专院校汽车、交通、保险类等相关专业的学生使用，也可供从事汽车保险与理赔工作的研究和业务人员参考，或作为保险公司对汽车保险与理赔人员进行业务培训的教材使用。

本书配有电子课件，凡使用本书作为教材的教师可登录机械工业出版社教育服务网 www.cmpedu.com 下载。咨询电话：010-88379375。

图书在版编目（CIP）数据

汽车保险与理赔/祁翠琴主编. —3版. —北京：机械工业出版社，2016.9（2024.1重印）
“十二五”职业教育国家规划教材　经全国职业教育教材审定委员会审定　机械工业出版社精品教材
ISBN 978-7-111-55717-3

Ⅰ.①汽…　Ⅱ.①祁…　Ⅲ.①汽车保险-理赔-中国-高等职业教育-教材　Ⅳ.①F842.63

中国版本图书馆 CIP 数据核字（2016）第306669号

机械工业出版社（北京市百万庄大街22号　邮政编码100037）
策划编辑：葛晓慧　责任编辑：葛晓慧
责任校对：胡艳萍　责任印制：李　昂
北京华宇信诺印刷有限公司印刷
2024年1月第3版・第21次印刷
184mm×260mm・15.5印张・381千字
标准书号：ISBN 978-7-111-55717-3
定价：44.80元

电话服务	网络服务
客服电话：010-88361066	机　工　官　网：www.cmpbook.com
010-88379833	机　工　官　博：weibo.com/cmp1952
010-68326294	金　　书　　网：www.golden-book.com
封底无防伪标均为盗版	机工教育服务网：www.cmpedu.com

关于“十四五”职业教育国家规划教材的出版说明

为贯彻落实《中共中央关于认真学习宣传贯彻党的二十大精神的决定》《习近平新时代中国特色社会主义思想进课程教材指南》《职业院校教材管理办法》等文件精神，机械工业出版社与教材编写团队一道，认真执行思政内容进教材、进课堂、进头脑要求，尊重教育规律，遵循学科特点，对教材内容进行了更新，着力落实以下要求：

1. 提升教材铸魂育人功能，培育、践行社会主义核心价值观，教育引导学生树立共产主义远大理想和中国特色社会主义共同理想，坚定“四个自信”，厚植爱国主义情怀，把爱国情、强国志、报国行自觉融入建设社会主义现代化强国、实现中华民族伟大复兴的奋斗之中。同时，弘扬中华优秀传统文化，深入开展宪法法治教育。

2. 注重科学思维方法训练和科学伦理教育，培养学生探索未知、追求真理、勇攀科学高峰的责任感和使命感；强化学生工程伦理教育，培养学生精益求精的大国工匠精神，激发学生科技报国的家国情怀和使命担当。加快构建中国特色哲学社会科学学科体系、学术体系、话语体系。帮助学生了解相关专业和行业领域的国家战略、法律法规和相关政策，引导学生深入社会实践、关注现实问题，培育学生经世济民、诚信服务、德法兼修的职业素养。

3. 教育引导学生深刻理解并自觉实践各行业的职业精神、职业规范，增强职业责任感，培养遵纪守法、爱岗敬业、无私奉献、诚实守信、公道办事、开拓创新的职业品格和行为习惯。

在此基础上，及时更新教材知识内容，体现产业发展的新技术、新工艺、新规范、新标准。加强教材数字化建设，丰富配套资源，形成可听、可视、可练、可互动的融媒体教材。

教材建设需要各方的共同努力，也欢迎相关教材使用院校的师生及时反馈意见和建议，我们将认真组织力量进行研究，在后续重印及再版时吸纳改进，不断推动高质量教材出版。

机械工业出版社

第3版前言

《汽车保险与理赔》一书自2004年正式出版以来，一直受到用书师生和广大读者的厚爱。本书的第2版被评为普通高等教育“十一五”国家级规划教材，根据课程改革的发展及读者的需要，进行了第3版改编，并被评为“十二五”职业教育国家规划教材、“十三五”职业教育国家规划教材和“十四五”职业教育国家规划教材。

为贯彻党的二十大精神，加强教材建设，推进教育数字化，编者对本书内容进行了全面梳理。本书特色如下：

1）本书根据“十三五”职业教育国家规划教材动态修订的要求，书中内容采用最新的2020款交强险和商业险条款和费率，并融入了2021发布的《中国保险行业协会新能源汽车商业保险示范条款（试行）》。

2）本书采用项目导向、任务驱动的教学模式组织教材内容，结合教材改革最新形式，将思政教育融入学习任务。本书内容系统、任务完整，设计知识框架图作为任务小结便于学生自主学习；同时突出针对性和实用性，强化实践教学。

3）配套丰富。本书配有微课，可通过扫描二维码观看，还配有多媒体教学课件、复习思考题、试题及答案、汽车保险的单证及样表等，大大方便了教师的数字化、网络化教学。

本书共设计8个项目，具体编写分工如下：8个项目23个任务由祁翠琴设计，王占文对8个项目23个任务提出了合理化建议并提供重要参考资料，项目1~5由祁翠琴编写，项目6由鄢玉编写，项目7由张殿国和祁美毓编写，项目8由朱晓红、宋伟青编写，全书由祁翠琴担任主编，鄢玉、朱晓红、王占文为副主编，其他人为参编。本书主审由石家庄理工职业学院李杏丽担任。

本书编写过程中，编者参考了大量资料和文献，并得到了石家庄、上海、邢台、唐山等各地财产保险公司的大力支持与协助，在此，一并表示诚挚的感谢。

由于编者水平有限，且时间仓促，书中错误之处在所难免，欢迎读者提出宝贵意见，以便在今后的修订中不断完善。

编　者

第2版前言

《汽车保险与理赔》一书自2004年正式出版以来，已印刷13次，发行量已达56000册，受到高职师生和广大读者的厚爱。2008年被评为普通高等教育“十一五”国家级规划教材。本书在修订过程中，全部采用最新的机动车辆保险条款和最新费率，增加了《机动车交通事故责任强制保险条例》等内容。本书在内容上的特点为：突出基础理论知识的应用和实践能力的培养，突出针对性和实用性，强化实践教学。

本书第2版共分九章，具体编写分工为：第一章、第四章和第五章由祁翠琴编写，第二章和第七章由何宝文编写，第三章和第九章由刘凤珠编写，第六章由朱晓红编写，第八章由鄢玉编写，王瑛璞参加了编写。全书由祁翠琴担任主编，并负责统稿。丁波，孙凤英任主审。

本书在修订过程中，参考了大量资料和文献，并得到了石家庄、沈阳、邢台等各地财产保险公司的大力支持与协助，在此，一并表示诚挚的谢意。

本教材配有电子课件、复习思考题，汽车保险单证样表、案例及试卷等，凡使用本书作为教材的教师可登录机械工业出版社教材服务网 www.cmpedu.com 注册后下载。咨询邮箱：cmpgaozhi@sina.com。咨询电话：010-88379375。

由于编者水平有限，且时间仓促，书中错误之处在所难免，欢迎读者提出宝贵意见，以便在今后的修订中不断完善。

编　者

第1版前言

中共中央、国务院在第三次全国教育工作会议，做出了“关于深化教育改革，全面推进素质教育的决定”的重大决策，明确提出要大力发展高等职业教育，培养一大批具有必备的理论知识和较强的实践能力，适应生产、建设、管理、服务第一线急需的高等技术应用型专门人才。为此，教育部召开了关于加强高职高专教学工作会议，进一步明确了高职高专是以培养技术应用型专门人才为根本任务，以适应社会需要为目标，要体现地区经济、行业经济和社会发展的需要，即用人的需求。

“教书育人，教材先行”，教育离不开教材。机械工业出版社组织全国11所职业技术学院有多年高职高专教学经验的教师编写了高职高专汽车电子技术专业、汽车贸易专业两套教材。

两套教材是根据高中毕业3年制（总学时为1600～1800学时）、兼顾2年制（总学时为1100～1200学时）的高职高专教学计划需要编写的。本书在内容上的特点是：突出基础理论知识的应用和实践能力的培养，突出针对性和实用性，强化实践教学。

本书具体编写分工如下：第一章、第四章和第五章由祁翠琴编写，第二章和第七章由何宝文编写，第三章和第八章由刘凤珠编写，第六章由朱晓红与王瑛璞共同编写。全书由河北工业职业技术学院祁翠琴统稿并担任主编，邢台职业技术学院何宝文担任副主编，由黑龙江工程学院丁波和孙凤英主审。

本书配有电子教案，凡使用本书作为教材的教师可登录机械工业出版社教材服务网www.cmpedu.com下载。咨询邮箱：cmpgaozhi@sina.com。咨询电话：010-88379375。

编写本书时参考了大量资料和文献，在此，我们对原作者一并表示诚挚的谢意。

由于编者水平有限，又由于时间仓促，书中错误之处在所难免，欢迎读者提出宝贵意见，以便在今后的修订中不断完善。

高职高专汽车类专业系列教材编委会

二维码清单

序号	名称	二维码	序号	名称	二维码
1	交强险保险责任		6	交强险赔款理算要点	
2	保险合同生效		7	定损原则与项目	
3	我国车险分类		8	最大诚信原则	
4	汽车保险与理赔业务工作流程		9	汽车消费信贷保险现状	
5	车损险保险责任		10	风险定义、要素	

目录

项目1

汽车保险认知

项目概述

本项目学习风险的概念及风险管理，了解汽车保险的作用、汽车保险的发展及种类，熟悉汽车保险合同的订立，分析掌握汽车保险的六个原则。

通过学习本项目使我们认识汽车保险，了解汽车保险。

任务1　设计风险管理方案

任务目标

1. 知道风险的定义。
2. 了解风险的分类以及风险管理的过程和方法。
3. 了解可保风险的定义以及可保风险的条件。
4. 掌握保险的定义和分类。

案例导入

张先生新购买了一款宝马740高级轿车，主要是平时上下班用，有专职驾驶人，太太偶尔也会开此车，张家有一个儿子已20岁，有驾驶本，节假日经常全家一起自驾游，张先生家有地下车库。保险工作人员需帮助张先生分析车辆使用中的风险，进行风险识别和有效的风险控制。

相关知识

一、风险认知

（一）风险的定义

常言道：天有不测风云，人有旦夕祸福。在现实生活中，各种风险随时随地都可能发生，洪水、地震、车船碰撞、意外伤亡等，这些都会给人类带来伤害和损失。但是，在发生风险的同时，也产生了解决风险损害的机制。保险是人类社会用来应付风险和处理风险发生后所造成的经济损失的一种有效机制。

风险是指发生某种损失的不确定性。其有两层含义：一是可能存在的损失；二是这种损

失的存在与否是不确定的。

1. 损失

从广义的角度看，损失包括物质损失和精神损失。在风险管理中，损失通常是指物质损失，并且是能够以货币来计量的经济损失，一般表示为一定金额的货币支出或货币收入的减少。风险管理中的损失比一般意义上的损失在范围上要小，同时，作为风险管理中的损失，它还必须符合损失是意外发生的，故意的、有计划的和预期的损失不包括在要讨论的“损失”范畴之内。

按照对象，损失可以分为财产损失、收入损失、责任损失和额外费用损失。其中，前者即财产损失又称直接损失，是实体性的损失；后三者是伴随直接损失而发生的一些其他费用，属于间接损失。

案例：

一家仓储式大卖场遭受火灾，被烧毁的卖场及其卖品称为财产损失；由于大卖场被烧毁而无法对外营业，使其收益减少，称为收入损失；由于无法对外营业，不能按时为顾客送货而造成违约，所支付的违约赔偿，称为责任损失；修复被烧毁的营业场所而支付的费用，称为额外费用损失。

2. 不确定性

风险是客观存在的。但是，由于人们受到知识和能力等诸多条件的限制，不可能准确预测客观世界风险的发生。不确定性就是指人们在客观情况下对风险的主观估计，它是人们的一种心理活动，是人们对某种事件的心理预期。受个人的知识程度和能力、经验等诸多因素的影响，不同的人对某一事件判断的不确定性程度会不同，即使是同一个人，在不同的时期，对某一事件的判断也可能会相差很远，如图1-1所示。

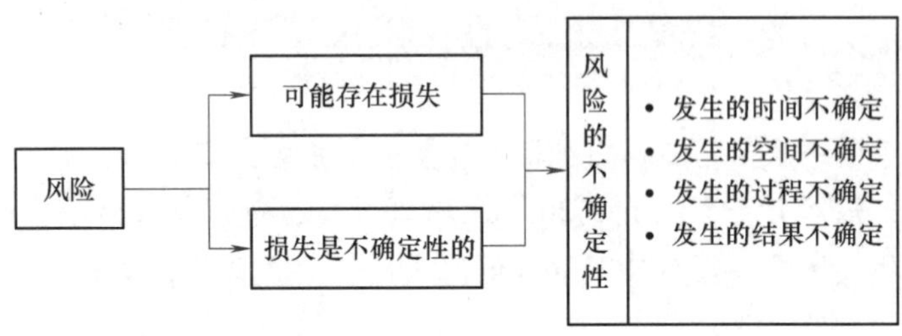

图1-1　风险的不确定性

3. 可测定性

对不确定性进一步细分，可以将不确定性分为可测定的不确定性和不能测定的不确定性。可测定的不确定性通常是指人们能够利用概率论和数理统计的方法，对风险发生的频率和损失程度加以测定的不确定性。不能测定的不确定性通常是指无法运用概率论和数理统计的方法加以测定的不确定性。保险研究的风险是可测定的不确定性，也就是在一定期间，在许多相似的不确定情形中，某一事件的发生具有相当的规则性，可以相当正确地加以预测。

（二）风险的要素

风险因素、风险事件和损失构成了风险的三要素。有关损失的内容，前已述及，在此，

仅就风险因素和风险事件进行阐述。

1. 风险因素

风险因素是指引起或增加风险事件发生的机会或影响损失程度的原因或条件。风险因素越多，风险事件发生的机会就越多，造成损失的可能性以及损失的程度也越大。风险因素是风险事件发生的潜在原因，是隐藏于风险事件背后的、可能造成损失的内在的或间接的原因。

在现实生活中，众多的风险因素可以分为三种类型，即实质风险因素、道德风险因素和心理风险因素。

（1）实质风险因素　它是指影响事物物理功能的直接有形因素。这种直接有形因素涉及事物本身所具有的物理性能和化学性能变化影响风险发生的机会和损失发生的程度。例如，使用了不合格的汽车材料和采用了不合理的汽车结构是引起汽车运行事故的实质风险因素。

（2）道德风险因素　它是指由于人的不诚信甚至是恶意行为促使风险事件发生或扩大已发生损失的程度或引致人身伤亡的因素。道德风险因素是与人的品德修养有关的无形因素，如欺诈、纵火骗赔、谋杀骗赔等。

（3）心理风险因素　它是指由于人的主观疏忽或者过失，引致风险事件发生的机会增多或者扩大了损失程度的因素，这也是一种无形的因素。例如，由于停车忘了锁门，致使增加了偷窃的风险；发动机水管陈旧、电线老化不及时更换，增加了发动机受损的可能性；传动带超期限使用，不及时更换，存在侥幸心理，增加了敲缸发生的可能性；此外，还有如投保后忽视风险的防范等。

2. 风险事件

风险事件是指造成生命财产损失的偶发事件。风险事件是损失的媒介物，是造成损失的直接或外在的原因。也就是说，风险只有通过风险事件的发生，才能导致损失。在一定的条件下，某一事件是造成损失的直接原因，这一事件就是风险事件；在另一条件下，该事件是造成损失的间接原因，这就是风险因素。

案例：

汽车液压制动系统漏油使汽车制动失控造成交通事故而导致人员伤亡，这时汽车液压制动系统漏油是风险因素，汽车制动失控造成交通事故是风险事件，人员伤亡是损失。而如果汽车电气系统漏电短路直接导致人员触电伤亡，这时，汽车电气系统漏电短路为风险事件。再如，汽车电线老化漏电引起火灾而导致人员伤亡、财产损坏，这时电线老化漏电是风险因素，火灾是风险事件，人员伤亡、财产损坏是损失。而如果电线老化漏电直接导致人员触电伤亡，这时，电线老化漏电为风险事件。也就是说，导致损失的直接原因是风险事件，导致损失的间接原因则为风险因素。

3. 风险三要素

风险因素会引起或增加风险事件的发生，风险事件的发生可能导致损失的产生。但是，风险因素、风险事件和损失之间的关系并不一定具有必然性，也即风险因素并不一定引起风险事件，风险事件也不一定导致损失。关于风险因素、风险事件和损失构成风险时的关系，可以用图 1-2 来表示。

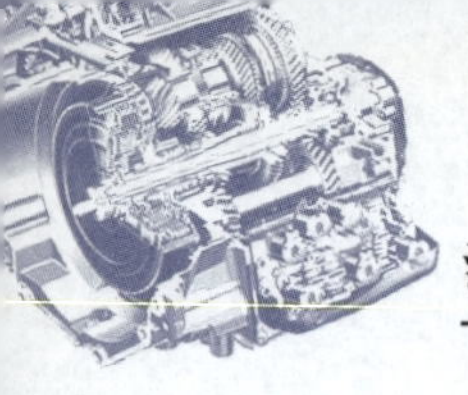

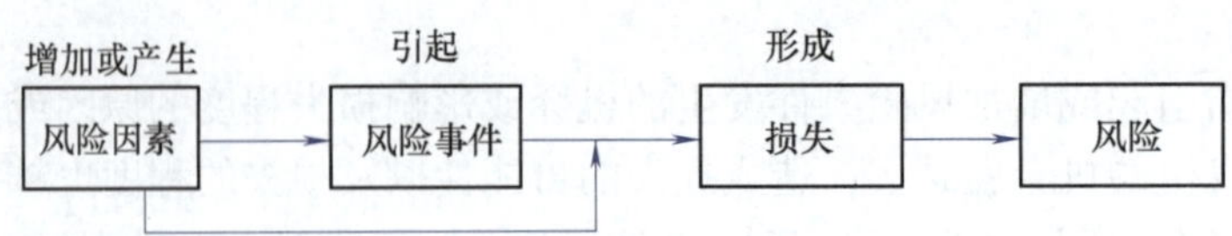

图1-2　风险三要素之间的关系

讨论与交流

1. 设计风险管理方案必须考虑的三要素是什么？
2. 驾驶汽车的风险因素是什么？按照三要素分组列出

（三）风险的特征

风险的特征主要体现在风险存在的客观性和普遍性、风险发生的偶然性和必然性以及风险具有的可变性。正确认识风险的特征，对于建立和完善风险防范机制，加强风险管理，减少风险损失，具有重要的现实意义。

1. 风险的客观性

风险是独立于人们的主观意识之外的客观存在，它不以人们的意志为转移。无论是自然界的洪水、龙卷风等自然灾害，还是社会经济领域中的战争、失业等，总是客观地存在于人们生活的空间中，人们只能在一定的空间和时间内改变风险存在和发生的条件，降低风险发生的频率，减小损失的程度，而不能彻底根除风险。

2. 风险的普遍性

风险的普遍性是指风险渗透到人们社会生活和生产的方方面面，它无处不有、无时不在。

3. 风险的偶然性

风险的偶然性是指某一具体风险的发生是偶然的、随机的，是主观意识不能事先予以准确测定的。风险发生的偶然性源于导致任一风险事件发生的风险因素的本身具有偶然性。并且，风险因素的作用方向、强度、时间以及各种风险因素作用的先后顺序都会影响风险发生与否。因此，风险的发生具有偶然性，这种偶然性使得风险本身具有不确定性，也意味着风险的发生具有突发性。

4. 风险的必然性

虽然风险事件的发生具有偶然性，但是，通过对大量风险事件的观察和统计分析，风险的形成会呈现出一定的规律性，也即风险的发生具有必然性。通过数理统计方法，人们可以比较容易地测定某一地区发生火灾的频率、某种疾病的患病率、某种职业意外事故的出现频率等。也就是说，在一定时期内，风险的发生是必然的，是可测定的不确定性。风险发生的必然性，为数理统计方法描述风险并采取保险等方法来管理风险创造了条件。

5. 风险的可变性

风险的可变性是指某种风险在一定条件下可以转化的特性。

（1）风险性质的变化

案例：

作为交通工具的小型轿车，在轿车进入家庭制度推行之前，只是少数人才拥有私车，绝大部分轿车属于公车，汽车财产风险似乎还是特定风险。但是，随着经济改革的深化，个人拥有汽车不再是极个别的现象，家庭轿车购买成为汽车贸易的重要内容，汽车损失风险将成为汽车贸易的基本风险。对经营汽车保险的保险经营者而言，则是可以获得盈利的投机风险。

（2）风险量的变化 随着经济和科技的发展、社会的进步，人们认识风险、抗御风险的能力不断增强。对于有些风险，人们可以在一定程度上加以抑制，降低其发生的频率及其危害程度。

（3）风险的旧灭新生 随着科学技术的发展、社会的进步，一些旧的风险消失了，如汽车免充气轮胎的使用，大大降低了轮胎爆胎的危险性，随着汽车免充气轮胎的使用越来越普及，汽车的爆胎风险将逐渐消失。但是，另一方面，人类社会在创造现代物质文明的同时，也在创造新的风险，而且，伴随着现代科学技术所产生的风险导致的损失有时更具破坏性和灾难性。随着汽车最高时速的不断提高，汽车行驶安全性也日益受到威胁，并且交通事故的损害也越来越大，一旦发生交通事故，人员伤亡及经济损失都极其惨重。

（四）风险的类型

为了实施有效的风险管理，需要对风险进行分类，按照不同的分类标准，风险有很多种。

1. 按照风险的损失对象分类

（1）人身风险 人身风险是指人们因生、老、病、死等原因而导致损失的风险。这种风险一旦发生，往往给个人或家庭带来很大的损失，在精神上带来痛苦，在经济上造成困难。

（2）财产风险 财产风险是指由于财产发生毁损、灭失和贬值的风险，如汽车遭受交通事故、火灾、地震破坏等所造成的损失。这种风险一旦发生，会影响个人、家庭和单位的日常生活和运作。

（3）责任风险 责任风险是指由于侵权行为或过失使他人的财产遭受损失或人身伤亡，在法律上负有经济赔偿责任的风险。例如，汽车遭受意外爆炸，导致其他车辆或其他物品的财产受损，汽车的主人承担对这些财产损失给予经济赔偿的责任。

（4）信用风险 信用风险是指在经济交往中，权利人与义务人之间由于一方违约或犯罪而给对方造成经济损失的风险。例如，汽车消费信用贷款的借款人未按借款合同的约定还款给贷款银行而造成经济损失。

2. 按照风险的性质分类

（1）纯粹风险 这是指当风险发生时，只有造成损失而无获利可能性的风险，如火灾、水灾、风灾、疾病等。纯粹风险导致的后果有两种可能性：一是损失，二是没有损失。

（2）投机风险 这是指当风险发生时，既存在损失机会又存在获利机会的风险。如金融投资、房产开发投资、博彩等。投机风险导致的后果有三种可能性：一是损失，二是没有损失，三是盈利。

3. 按照风险的起源和影响的范围分类

（1）基本风险 这是指风险的起源与影响范围都不与特定的人有关或不能由个人所阻止的风险，也即全社会普遍存在的风险。这些风险可能与自然灾害有关，如与水灾、风灾、地震等有关的风险，也可能是与社会、政治等有关的风险，如与战争、罢工等有关的风险。

（2）特定风险 这是指起因于特定的个人，损失范围也仅涉及个人的风险，如疾病、死亡等。

基本风险包括纯粹风险和投机风险，而特定风险则属于纯粹风险。但是，两者的界定不是绝对的，随着时代的发展和观念的变更，有的风险的属性会发生变化，如失业过去被认为是特定风险，而现在则被更多的人视为基本风险。

4. 按照风险发生的原因分类

（1）自然风险 这是指由自然因素或物理现象所引致的风险，如洪水、台风、地震等所造成的自然灾害引起的人身伤亡和财产损失。

（2）社会风险 这是指由于个人的异常行为或不可预料的团体行为致使人身伤亡或财产损失的风险，如偷窃、抢劫、罢工、战争和动乱等。

（3）经济风险 这是指在生产经营过程中，由于经营管理不善，市场预测失误，市场供求关系、贸易条件及价格变化等导致经济损失的风险，如通货膨胀风险、关税与非关税壁垒风险、汇率风险等。

5. 按照风险能否处理进行分类

风险按能否处理来分类可以分为可管理风险和不可管理风险。可管理风险是指可以预测及可以在一定程度上进行控制的风险。不可管理风险是指目前不可以预测，并且不可以控制的风险。风险能否管理取决于所搜集的信息多少和风险管理技术水平的高低。如可保风险是能够采用保险方式加以管理的风险。不保风险指该风险在保险上无法处理，但并不一定为不可管理风险。随着风险损失信息资料的积累和风险管理水平的提高，有些不可管理风险可能成为可管理风险。

讨论与交流

1. 按风险的损失对象，讨论驾驶汽车的风险和乘车的风险。
2. 按照风险发生的原因，讨论驾驶汽车的风险和乘车的风险。

二、风险管理

（一）风险管理定义

1. 风险管理

风险管理是指个人、家庭和企业等经济组织对可能遇到的风险进行风险识别、风险估测、风险评价、风险控制，减少风险的负面影响，以最低的成本获得最大的安全保障的决策及行动过程。风险管理是研究风险发生的规律和风险控制技术的一门科学。

风险管理的特征主要表现在以下几个方面：

1）风险管理的主体是个人、家庭和经济组织。

2）风险管理是由风险的识别、估测、评价、控制和效果评价等环节构成的，其核心是

优化组合各种风险管理技术。

3）管理的目标是以最低的成本获得最大安全保障。为此，在做出风险管理决策时，要处理好成本与效益的关系，做好经济决策。

4）管理是一个动态化的过程。在风险管理方案的实施过程中，必须根据风险状态的变化及时调整风险管理的方案，以获得最好的风险管理效果。

2. 风险管理的作用

风险管理的产生源于社会经济发展的需要。它不仅在风险发生以前，积极地避免或减少风险事件形成的机会，避免或减少损失的发生；而且，在风险发生以后，从经济上对损失及时实施补偿，努力使损失的标的恢复到损失前的状态。因此，风险管理对社会经济发展起着积极的作用。

（1）增强风险面临者的安全保障程度　风险的存在会对个人和家庭成员的生命、健康以及经济组织、经营活动的安全构成威胁。通过风险管理，使人们对所面临的风险和可能产生的潜在损失有正确的认识，并能采取切实有效的风险处理技术，尽可能避免或减轻风险对风险面临者的危害，减轻和消除风险的存在对人们的精神压力，增强风险面临者的安全保障程度。

（2）降低损失　风险事件的形成会给经济组织带来经济损失，从而导致经济组织经营活动的成本增加、效益下降。而通过风险管理，选择恰当有效的风险管理技术，可以避免或减轻风险事件一旦形成可能对经济组织造成的损失，达到最大安全保障的目的。

（3）保障经济组织稳定运营和社会稳定　风险发生后，损失的产生会对遭到风险的经济组织和个人或家庭的日常生活带来负面影响。但是，由于实施了风险管理，风险保障措施能在一定程度上补偿风险受害者的损失，使经济组织在损失发生后能够继续维持生存，并有机会减少损失所造成的影响，尽早恢复损失发生前的运营状态，同时，也可以减轻经济组织受损对整个社会的不利影响，保障社会的稳定。

（二）风险管理的过程

风险管理的过程包括风险识别、风险估测、风险评价、选择风险处理方法和风险管理效果评价等环节。

1. 风险识别

风险识别是指对所面临的和潜在的风险加以判断、归类整理和鉴定风险性质的过程。对风险的识别，既可以通过以往经验和直接感知进行判断识别，又可以借助各种客观的经营资料、会计和统计资料以及风险记录进行分析、归纳和整理，借以发现各种风险损害情况，尽可能地把握风险内在的、规律性的东西。对风险的识别，一方面是要识别所面临的风险；另一方面，是更重要的同时也是比较困难的，是对各种潜在风险的识别，在此基础上，还要鉴定可能发生的风险的性质，是可管理风险还是不可管理风险，是纯粹风险还是投机风险，从而为采取风险处理对策做准备。

风险识别是风险管理的基础。由于风险具有可变性，就要求在风险管理前要注意识别和发现风险的变化，以便采取有效的、必要的和经济合理的风险处理措施。

2. 风险估测

风险估测是指在风险识别的基础上，通过对所收集的大量详细损失资料加以分析，运用概率论和数理统计方法对风险事件的发生和风险事件的后果加以估计，从而得出一个比较准

确的概率水平。

风险估测的内容主要包括风险发生频率的估测和风险造成损失程度的估测两个方面。风险发生频率是指在一定时间内，某一风险可能发生的次数。风险发生频率的高低取决于风险单位数目、损失形态和风险事件，这三者的不同组合直接影响风险发生频率的高低。风险造成损失程度是指某一次特定风险发生的严重程度。风险的大小更多的、更重要的取决于损失程度，因为从发生频率上看，有些风险并不是经常发生的，但是，一旦发生，则会引起灾难性后果，造成巨额经济损失。这类风险要比那些虽然经常发生，但是只是产生小额经济损失的风险更为严重。当然，这并不是说可以忽视风险发生频率，在两个风险单位的损失程度相同或相近的情况下，风险发生频率高的风险，其重要程度一定会高于风险发生频率低的风险。在实际的风险估测中，需要将风险发生频率与风险造成损失程度联系起来考虑。

风险估测是一项非常复杂和艰难的工作，但却是风险管理过程中的重要一环。风险估测使风险管理建立在科学的基础之上，而且使风险分析定量化，为风险管理者进行风险决策、选择最佳风险管理技术提供了比较可靠的科学依据。

3. 风险评价

风险评价是在风险识别和风险估测的基础上，根据规定的或公认的安全指标，综合考虑风险发生频率的高低和损失程度的大小，通过定量和定性分析，以便确定是否要采取风险控制措施以及采取风险控制措施的力度的过程。

对风险采取控制措施必然要发生一定的费用，如果所发生的费用超过了由于风险事件导致的损失，这样的风险控制措施就不宜实施，或者风险控制措施实施的代价超过了风险面临者的经济承受能力，这种风险控制措施就不值得采取。风险评价就是要分析风险发生的频率和经济损失程度，并结合风险面临者自身的经济状况，分析其承受能力，确定为处理风险所付出的代价是否合理、值得，为选择风险管理方法提供可靠的依据。

4. 选择风险处理方法

根据风险评价的结论，为了实现风险管理目标，选择最佳风险处理方法是实施风险管理的必经步骤。风险处理方法分为两大类：一类是控制型风险处理方法；另一类是财务型风险处理方法。控制型风险处理方法是用来避免、消除或减少意外事故发生的机会，限制已发生的损失继续扩大的一切措施，着重点在于改变引起意外事故和扩大损失的各种条件。财务型风险处理方法往往是在实施控制型风险处理方法后，对无法控制的风险所做的财务安排，着重点是将消除和减少风险的成本平均分摊在一定时期内，以便减少因随机性的巨大损失发生而引起财务上的剧烈波动，通过财务处理可以把风险成本降低到最低程度。

选择风险处理方法是为了防止风险发生以及减少风险发生带来的损失。在实践中，对于各种可供选择的风硷处理方法可以进行优化组合，使之达到最佳状态，以达到风险管理的目标。

5. 风险管理效果评价

风险管理效果评价是指对已实施的风险管理方法及其实施结果进行分析和评价，比较与预期目标的差异，并对该方法的科学性、适应性和收益性做出评价。由于风险的可变性、风险分析水平的阶段性，风险管理方法处于不断完善和提高的过程中，为了更好地开展风险管理工作，需要在一定时期内对风险的识别、估测、评价及管理方法进行定期检查、修正，对风险管理的效果进行总结评价，以确保风险管理工作能够适应变化、发展了的新情况。

在风险管理效果评价中，风险管理效益的大小取决于是否能以最小的风险成本取得最大的安全保障，其效果可以用效益比值来衡量：

$$效益比值=\frac{采取某项风险处理方法后减少的风险损失}{风险成本}$$

从经济上考虑，效益比值越大，说明该项风险处理方法越可取。反之，效益比值越小，说明该项风险处理方法越不可取。不过，在考虑经济有效性时，还要考虑该项风险处理方法与整体管理目标的一致性与风险处理方法的可操作性。

（三）风险处理的主要方法

风险处理的主要方法包括控制型风险处理方法和财务型风险处理方法。

在控制型风险处理方法和财务型风险处理方法中，各自包含了若干具体方法，如图1-3所示。

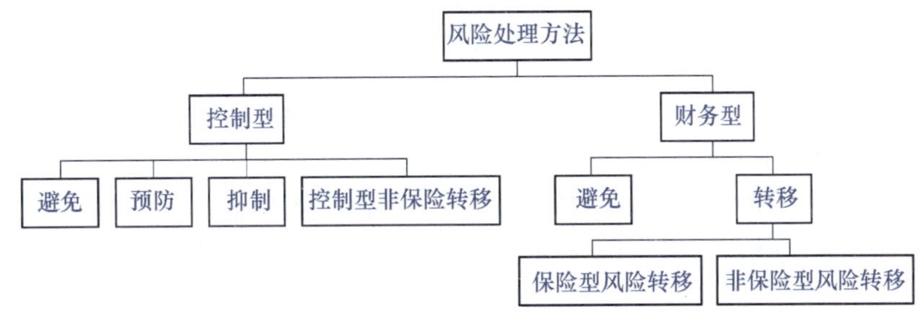

图1-3　风险处理方法构成

1. 控制型风险处理方法

控制型风险处理方法是指避免、消除或减少风险发生频率及控制风险损失扩大的一种风险管理方法。控制型风险处理方法包括避免、预防、抑制和控制型非保险转移四种。

（1）避免　这是指考虑到风险事故存在和发生的可能性较大时，主动放弃或改变某项可能引起风险损失的方案。避免风险是风险处理最彻底的方法，通过这一方法，可以在风险事件发生之前，完全、彻底地消除某种风险可能造成的损失，而不仅仅是减少损失的影响程度。其他控制型风险处理方法只能减少损失发生的概率和损失的严重程度。

采取风险避免方法宜在某项方案实施前，进行必要的风险评价，以便做出是否采取风险避免的方法的决策。当然，风险避免方法也有局限性，这是因为有些风险人类是无法完全避免的，如地震、台风等风险。此外，放弃某项方案，就意味着放弃可能高的收益，要获得高收益，就需要承担高风险，而如果改变某项方案，有时虽然避免了某种风险，但又会产生另一种新的风险。因此，一般只在特殊情况下才使用风险避免方法。

（2）预防　预防是指在风险发生前为了消除或减少可能引发损失的各种因素而采取的风险处理方法。实施预防方法的目的在于通过消除或减少风险因素而达到降低风险频率、减少风险发生的次数的目的，预防为主是风险管理的方针，具体方法有工程法、教育法和程序法。

为防止火灾风险，最先应在汽车生产中，精心选择耐火材料，加强汽油油路的密封，重点是预防各种物质性风险因素；中者如搞好对汽车结构设计、维修人员尤其汽车驾驶人的教育，重点是预防人为风险因素；后者是以制度化的汽车维修工作程序保证风险因素能及时处理，并及时发现可能出现的新风险因素，重点是从制度上规范作业程序，降低损失发生的概率和损失程度。

（3）抑制　抑制是指风险事件发生时或风险事件发生之后，采取的各种防止损失扩大

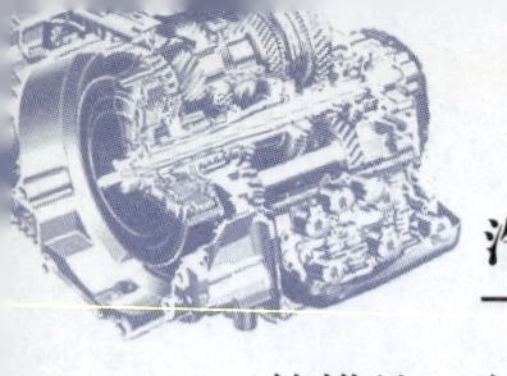

的措施。例如，汽车中设置被动安全装置如安全气囊、自动防抱死控制系统等，其目的是控制事故发生时损失扩大。还有在汽车内设置了灭火器，以防止火灾发生时汽车火灾损失过大。抑制通常在损失可能性高并且风险又无法避免和转嫁的情况下采用，这是处理风险的有效风险处理方法。

（4）控制型非保险转移　控制型非保险转移是指借助于合同,将风险损失的法律责任转移给非保险业的个人或群体。例如,长途汽车运输中,将路况不好的区段运输及比较危险的路段的运输交给比较有经验的职业驾驶人,由于职业驾驶人专业技术和人员经验等方面都比较强,相对来说风险较小。控制型非保险风险在转移过程中,风险由一方转移到另一方,但是,风险本身并没有因此而消失,它只是间接地达到了降低风险损失的频率、减少损失程度的目的。

2. 财务型风险处理方法

财务型风险处理方法是指通过提留风险准备金，事先做好吸纳风险成本的财务安排来降低风险成本的一种风险管理方法。财务型风险处理方法包括避免和转移两种。

（1）自留　自留是指不借助其他力量，完全由自己承担一切风险成本的一种风险处理方法。自留有主动自留和被动自留或全部自留和部分自留之分。

1）主动自留是指在风险识别、风险估测和风险评价的基础上，明确风险的性质和可能的后果，风险面临者主动将风险自留作为处置全部或部分风险的最优选择，并做出相应的财务安排。

2）被动自留是指在未能识别、估测和正确评价风险及其后果的情况下，被迫采取自身承担损失后果的风险处理方法。

3）全部自留是指在风险损失频率、程度有比较准确估计的基础上，对那些损失频率高、损失幅度小的风险采取主动承担的一种风险处理方法。

4）部分自留是指风险面临者根据风险的不同情况，根据自身的财务承受能力，有选择地对部分风险采取自留形式。

采取自留方法，应当考虑经济上的可行性和实务上的可操作性。一般而言，在风险引起损失的频率和幅度低、损失在短期内可预测以及最大损失不足以影响自己的财务稳定时，宜采用自留方法。

（2）转移　转移是指风险面临者为了规避风险，避免承担全部风险的成本，有意识地将可能发生的风险损失通过一定的财务安排转移给其他单位或个人承担的一种风险处理方法。风险转移分为保险型风险转移和非保险型风险转移。

1）保险型风险转移是指以缴纳保险费为前提，把自己可能遭受的风险损失转嫁给保险机构承担的风险处理方法。保险机构接受大量风险面临者的投保，为实际发生损失的少数风险遭受者承担损失。有关汽车保险的详细内容，将在以后章节详细叙述。

2）非保险型风险转移是指风险面临者，利用经济合同把自己可能承担的风险成本转移给其他单位或个人承担的风险处理方法。这种风险处理方法主要依赖合同条款的约束力来实现风险转移的目的。例如，在汽车生产企业，企业要求工作人员必须购买劳动保险，或者在劳动合同条款中明确职工工作过程中可能发生的意外灾害事故引起的材料损失或规定的其他损失由职工承担。

风险转移并不等于不承担风险成本，因为风险转移本身也会产生成本费用支出。不过，非保险型风险转移常以其费用低廉、应用范围较广和灵活性较强等特点而得到认可。尤其是

在经济活动过程中，许多风险并不属于保险公司的承保范围，被保险排斥在外，从而使非保险型风险转移得到了发展的空间。当风险转移者与风险承担者之间的损失能够划分清算，风险承担者有能力承担损失，而且愿意承担损失，并且采取其他风险处理方法的费用成本大于财务型非保险转移所支付的费用成本时，非保险转移方法在不违反国家法律法规的前提下，将会获得实施。

控制型风险处理方法和财务型风险处理方法各有利弊，适用于不同的风险损失状况。有关风险损失的状况及适宜的处理方法见表1-1。

表1-1　风险损失的状况及适宜的处理方法

状况	风险频率	损失程度	适宜的处理方法	状况	风险频率	损失程度	适宜的处理方法
1	高	低	避免或自留	3	高	高	避免或预防
2	低	低	自留	4	低	高	转移

（四）风险管理与保险

风险管理与保险在理论上关系密切，在实践上又有联系，明确两者的关系，正确认识保险在风险管理中的地位和作用，并在实践中科学地利用保险为风险管理服务，发挥保险在风险转移中的作用，不仅对保险本身的发展，而且对整个风险管理工作，都具有重要的现实意义。

1. 风险管理源于保险

从理论起源上看，保险作为一门学科，先于风险管理而产生。保险学中关于保险性质的学说是风险管理理论基础的重要组成部分，并且，在风险管理学的发展过程中，很大程度上得益于对保险理论与实务研究的深入。不过，风险管理学并不局限于保险所研究的风险范畴，而是开辟了自己研究的领域，并且只把保险作为风险处理的一种方法来对待。风险管理着重于从总体上把握风险，研究处理风险的一切经济方法和技术性方法，从管理理论的高度来认识风险、分析风险和应对风险，而保险则着重于风险的分散和转移。

2. 风险管理与保险所研究的对象一致

风险是风险管理和保险的共同研究对象。尽管客观存在的风险是保险存在和发展的自然基础，但是，保险只是风险处理的一种方法。并且，不是所有的风险都能由保险所承担，客观存在的风险其内容更广泛、更复杂。

3. 保险在风险管理中占有重要地位

对风险进行有效的管理，必须借助一切风险处理方法，包括保险手段，来实现降低风险成本的目标。从实践中看，保险是风险管理中最重要、最常用的方法之一。保险的发展使风险管理方法更趋于完善和科学。

4. 风险管理理论的发展促进了保险理论和实践的发展

风险管理使保险理论的基础更加牢固和科学。风险管理的一系列风险分析方法可以为保险所利用，为保险的科学性奠定更为扎实的基础，对促进保险技术水平的提高起到促进作用，有利于保险业正确划分可保风险和不可保风险，恰当划分承保风险的范围，促进保险理论和实践的发展。

任务实施

步骤1　拟定任务实施计划

在车辆使用过程中，为了达到避免、减少和防范车辆风险的目的，必须对车辆进行风险

识别，确定车辆所面临的风险。

步骤2　分析车辆面临的风险

1. 道路交通事故风险

(1) 车辆与车辆之间的碰撞　这是指发生在道路上行驶的各种机动车辆或非机动车辆之间相互碰撞，从而造成财产或人身损害的事故。

(2) 车与人之间发生的碰撞　车与人之间发生的碰撞，是指发生在行驶中的各种机动车辆与道路上活动的行人之间相互碰撞，从而造成财产或人身遭受损害的事故。

(3) 车辆自身的事故　是指车辆在使用过程中，由于自行失控、倾覆、坠落、起火、爆炸而引起财产损失或人身伤害的事故。

(4) 其他事故　车辆与其他固体物体如墙壁、树木之间碰撞，或与牲畜、家禽等碰撞，造成财产损失或人身伤害的事故。

2. 自然灾害风险

车辆遭受到旱灾、洪涝、台风、风暴潮、冻害、雹灾、海啸、地震、火山、滑坡、泥石流、火灾等自然灾害，造成的驾乘人员伤亡或机动车财产损失的风险。

3. 其他风险

如机动车被盗抢、高空坠物、骚乱、诈骗等使机动车遭受损失的风险。

步骤3　识别车辆的风险

1. 识别车辆本身的风险

车辆本身影响风险事故发生的因素有车辆的使用性质和用途、车辆的类型、车龄和车主拥有的车辆数。

(1) 车辆的使用性质和用途　汽车用途的不同，对车辆行驶里程、使用频率、损耗程度以及技术状况有不同的影响，这些因素对引起交通事故发生的概率有较大的影响。车辆的使用性质一般可分为家用和商用。我国汽车保险实践中以营业和非营业为标准划分。

(2) 车辆的类型　车辆的类型与发生事故的危险性有直接的关系。汽车的种类繁多，性能差异很大。一般大型汽车由于体积大、功率大，一旦发生交通事故其后果比较严重，损失比较大；而小型汽车，发生事故的危险性相对而言较小，事故的损失也较小。

(3) 车龄　车龄是指车辆已使用的年限。它与汽车的技术性能有很大的关系，一般车龄越大技术状况越差，其安全性越差，发生风险事故的概率越高。

(4) 车主拥有的车辆数　如果车主或其家庭所拥有的汽车数量较少，而人员较多，则汽车使用频率很大，使汽车发生事故的危险性增大。

2. 识别驾驶人的风险

(1) 驾驶人的年龄和驾龄　研究表明，驾驶人的年龄是影响交通事故发生率的因素之一，具体原因见表1-2。

表1-2　年龄、驾龄与交通事故的关系

年龄	驾龄	事故频率
18～26	1～5	年轻人心理尚未成熟，容易争强好胜，驾车容易超速，事故率最高
26～40	5～8	驾驶人驾车发生事故概率较高
40～50	8～12	驾驶人驾车发生事故概率降到最低
50～60	12以上	驾驶人驾车发生大事故的概率最低

（2）驾驶人的性别和职业　驾驶人的性别与交通事故的发生有很大关系。由于男性驾驶人驾驶车辆时比女性驾驶人更加容易受到干扰，所以事故的发生率男性比女性要高一些，但当女性驾驶人超过60岁时，发生事故的概率要比男性略高。不同职业的汽车驾驶人出事故的概率差别很大。

（3）驾驶人的婚姻情况　如果驾驶人已经结婚，家庭的责任会使其小心驾驶，从而降低事故发生率；反之，则容易发生交通事故。

（4）驾驶人的生活习惯　如果驾驶人有吸烟的习惯，在驾驶过程中吸烟，必然妨碍安全驾驶。如果酗酒，更使事故发生率大增。现交通法已禁止酒后开车。

（5）驾驶人的事故记录　如果驾驶人过去频繁发生交通事故，表明其驾驶技术低下，以后发生事故的概率也较高。

（6）附加驾驶人的数量　附加驾驶人的人数越多，事故发生的概率就越大。

3. 识别车辆环境风险

（1）车辆的行驶范围　由于各地的情况不同，车辆行驶的范围越广，事故发生的概率也会增加。

（2）车辆使用的气候环境　如果车辆使用的地点，经常有自然灾害，如暴雨、台风等则车辆发生损失的概率会增大。

（3）车辆使用的道路环境　如果车辆经常在交通条件恶劣的地方行驶，发生事故的概率也会提高。

步骤4　评价车辆的风险

1. 车辆面临的风险

1）车辆的损失。

2）车辆驾乘人员人身伤害。

3）车辆运载货物损失。

2. 影响车辆发生事故的要素

1）道路要素。

2）车辆要素。

3）天气要素。

4）驾驶人要素。

步骤5　控制车辆的风险

1. 车辆拥有者控制车辆风险的措施

机动车拥有者、管理者，选用合理风险控制方法，以最小成本获得最大的保障，如避免使用车辆、预防车辆风险、转移车辆风险。

2. 保险经营主体控制风险措施

提醒车辆所有者和管理者及时维护车辆，使车辆保持良好的技术状态，建议购买汽车保险；鼓励车辆安装超速报警；加强道路安全宣传；加速被动安全设备的研制等。

3. 从社会整体层面控制车辆风险

加大投入建立高速路网；研发新材料提醒路况；大力宣传影响正常驾驶的因素；国家各部门联合治超等。

相关链接

汽车的概念

（美式英语为 atuo、英语为 car 汽车）（它是由卡尔·本茨发明的）是一种现代交通工具，英文原译为“自动车”，在日本也称“自动车”（日本汉字中的汽车则是指火车），其他文种也多是“自动车”，只有中国例外。1885 年是汽车发明取得决定性突破的一年。当时和戴姆勒在同一工厂的本茨，也在研究汽车。他在 1885 年几乎与戴姆勒同时制成了汽油发动机。

汽车是指使用汽油、柴油、天然气等燃料或者电池、太阳能等新型能源，由发动机作为动力的运输工具。一般具有四个或四个以上车轮，不依靠轨道或驾线而能够在陆地上行驶的车辆。

汽车通常被用作载运客、货和牵引客、货挂车，也有为完成特定运输任务或作业任务而将其改装或经装配了专用设备成为专用车辆，但不包括专供农业使用的机械。

全挂车和半挂车并无自带动力装置，它们与牵引汽车组成汽车列车时才属于汽车范畴。

任务评价

使用任务评价表对任务情况进行评价，任务 1 评价表见表 1-3。

表 1-3　任务 1 评价表

评价项目	评分标准	分数	学生自评	小组互评	小计
团队合作	团队和谐，有分工有合作，组员积极参与	10			
操作过程	正确理解风险概念，风险管理程序清晰，能识别车辆风险，评价车辆风险，能提出风险控制的方法	60			
创新点	有创新点	10			
任务方案	完整、合理	10			
完成情况	圆满完成	10			
	总分	100			
教师评价					

任务小结

1. 风险的定义：指发生某种损失的不确定性。其有两层含义：一是可能存在的损失；二是这种损失的存在与否是不确定的。

2. 风险三要素：风险因素、风险事件和损失构成风险的三要素。

3. 风险的特征：风险具有客观性、普遍性、偶然性、必然性以及可变性的特征。

4. 风险的分类：如图 1-4 所示。

5. 风险的处理方法（参见图 1-3）。

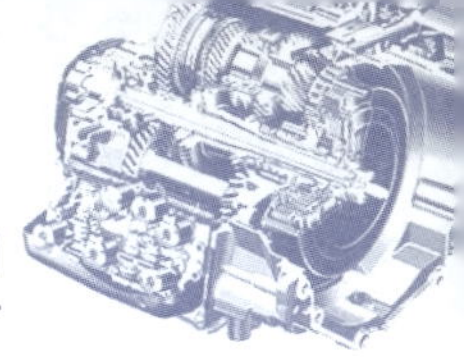

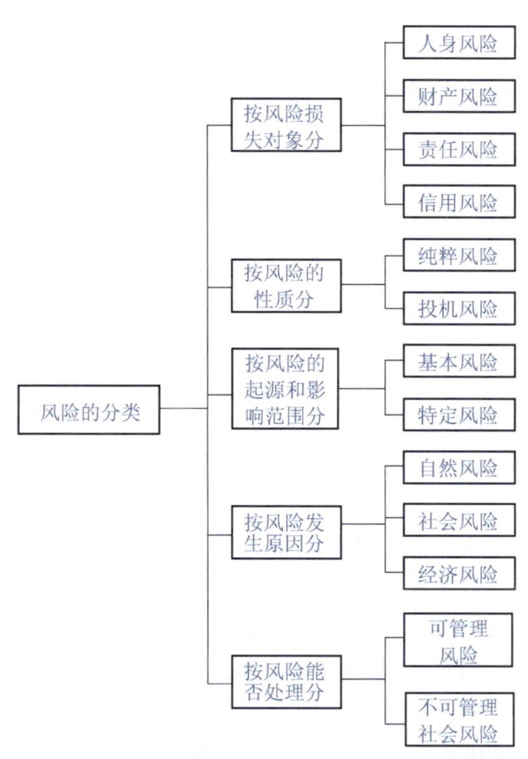

图1-4　风险的分类

任务2　介绍汽车保险

任务目标

1. 掌握汽车保险的含义。
2. 熟悉汽车保险的作用及职能。
3. 了解汽车保险的要素和特征。
4. 掌握我国汽车保险种类。
5. 了解汽车保险业务流程。

案例导入

李先生为了方便平时上下班，新购入一款宝马740高级轿车。该车有专职驾驶人，太太偶尔也会开此车，李先生儿子已20岁，有驾驶本。李先生一家节假日经常自驾游，家中有地下车库。李先生认识到使用车辆存在的风险，想为车辆购买保险，于是，咨询有关保险方面的事项。

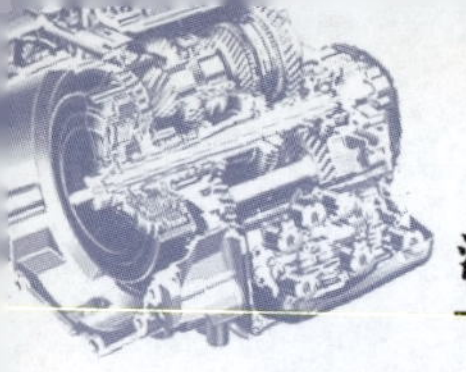

相关知识

一、认知汽车保险

(一) 汽车保险

汽车保险就是保险人通过收取保险费的形式建立保险基金用于补偿因自然灾害或意外事故所造成的车辆的经济损失或在人身保险事故发生时赔偿损失，负担责任赔偿的一种经济补偿制度。

单就保险这一概念而言，可将各种解释归纳为广义保险论和狭义保险论两大类别。广义保险论认为，保险基本特征在于互助性，即所谓“人人为我，我为人人”，因此认为凡是具有互助性的保险形式，皆为保险。按照这种理论，保险可以定义为：保险是集合具有同类风险的单位和个人，以合理计算分担金额的形式，向少数因该风险事故（事件）发生而招致经济损失的成员提供保险经济保障（或赔付或给付）的一种行为。很显然，汽车保险完全符合这一定义。狭义保险论认为，互助性只是保险的技术要求，它是一切互助性组织的共同要求，而不是保险的特殊性。保险的特殊性在于在经济关系中的等价性质，即保险人与被保险人之间权利与义务对等的经济利益关系。因此认为只有建立等价交换关系且以盈利为目的的保险形式才是保险。从经济学的角度而言，保险是一种经济补偿制度；从法学的角度而言，保险是一种经济补偿合同；从社会学的角度而言，保险是一种保障经济生活安定的互助共济制度；从风险管理的角度而言，保险是人们转移风险的一种方法。可见，汽车保险也完全符合狭义保险论的含义。汽车保险作为保险中的一种，它是以各类汽车及其责任为保险标的的保险，它属于财产保险，分为车辆损失险和第三者责任险两个基本险别，二者可以合并承保也可以分开单独承保。除此以外，汽车保险还包括一些附加险，它们是针对车辆损失险和第三者责任险的部分责任免除而举办的，如全车盗抢险和车上责任险等。

汽车保险包括几层含义：①它是一种商业保险行为。保险人按照等价交换关系建立的汽车保险是以盈利为目的的，简而言之，保险公司最终要从它所开展的汽车保险业务上赚到钱，因此汽车保险属于一种商业行为。②它是一种法律合同行为。投保人与保险人要以各类汽车及其责任为保险标的签订书面的具有法律效力的保险合同，比如要填制保险单，否则汽车保险没有存在的法律基础。③它是一种权利义务行为。在投保人与保险人所共同签订的保险合同（如汽车保险单）中，明确规定了双方的权利和义务，并确定了违约责任，要求双方在履行合同时共同遵守。④它是一种以合同约定的保险事故发生为条件的损失补偿或保险金给付的保险行为。正是这种损失补偿或保险金给付行为，才成为人们转移车辆及相关责任风险的一种方法，才体现了保险保障经济生活安定的互助共济的特点。

对于被保险人来讲，保险公司举办车辆保险的目的有两个：①使各种车辆在遭受保险责任范围内的灾害事故损失时能够获得经济补偿。②有效地保护车祸受害者的利益。换句话说，车辆保险不但保障车辆本身，而且为车主或其允许的人在使用车辆过程中给他人造成的损害依法应承担的民事赔偿责任提供保险保障。

(二) 汽车保险的特征

1. 汽车保险的互助性

汽车保险在少数保险车辆出险的特定条件下，分担了它们的风险，对车辆或人员进行了

损失补偿或保险金给付。这就形成了一种经济互助关系。这种经济互助关系是通过保险人用大量车辆投保人缴纳的保险费建立的保险基金对少数遭遇车祸的被保险人提供损失补偿或保险金给付的方式而体现的。因此可见，汽车保险具有“我为人人，人人为我”的互助性。

2. 汽车保险的经济性

汽车保险是一种经济保障活动。汽车保险保障的对象就是汽车及其相关人员，它们分别属于社会再生产中的生产资料和劳动力两大经济要素。汽车保险实现保障的手段，几乎最终都是通过支付货币的方式进行，即损失补偿或保险金给付。汽车保险保障的最终目的，不论是从宏观的角度，还是从微观的角度，都是为了促进汽车工业的发展，发展整个国民经济。

3. 汽车保险的商品性

汽车保险体现了一种商品经济关系，因为它是以等价交换规律为基础的。这种商品经济关系的直接表现是个别保险人与个别车辆投保人之间的交换关系，间接表现是在一段时期内全部保险人与全部车辆投保人之间的交换关系。也就是保险人出卖车辆保险，投保人购买车辆保险。这种汽车保险的商品性具体的表现是：保险人通过提供车辆保险，维护了人民生活的安定，保障了使用车辆的企事业单位或个人的正常工作和生产。

4. 汽车保险的契约性

汽车保险是以合同（如汽车保险单）的形式出现的，因此，从法律的角度讲，汽车保险具有契约性，它是一种契约行为。汽车保险合同不仅是保险关系真正建立的体现，而且它是保险人与被保险人履行其权利和义务的法律根据。没有这种契约性的汽车保险合同，就没有汽车保险关系。

5. 汽车保险的科学性

汽车保险是一种科学处理、转嫁风险的有效措施。汽车保险费率的厘定、汽车保险准备金的提存都是按照概率论和大数法则等科学的数理理论，经过精密和严谨的计算得出的。可见，汽车保险有着很强的科学理论依据，有着很强的科学性。

讨论与交流

1. 找一个汽车保单，讨论交流一下保单的内容或还应增加的内容。
2. 从经济效益出发，讨论投保的动机。

二、汽车保险的发展

汽车保险是财产保险的一种，在财产保险领域中，汽车保险属于一个相对年轻的险种，这是由于汽车保险是伴随着汽车的出现和普及而产生和发展的。同时，与现代机动车辆保险不同的是，在汽车保险的初期是以汽车的第三者责任险为主险的，并逐步扩展到车身的碰撞损失等风险。

（一）汽车保险的起源

国外汽车保险起源于19世纪中后期。当时，随着汽车在欧洲一些国家的出现与发展，因交通事故而导致的意外伤害和财产损失随之增加。尽管各国都采取了一些管制办法和措施，汽车的使用仍对人们的生命和财产安全构成了严重威胁。因此引起了一些精明的保险人

对汽车保险的关注。

1896年11月，由英国的苏格兰雇主保险公司发行的一份保险情报单中，刊载了为庆祝“1896年公路机动车辆法令”的顺利通过，而于同年11月14日举办伦敦至布赖顿的大规模汽车赛的消息。在这份保险情报中，还刊登了“汽车保险费年率”。最早开发汽车保险业务的是英国的“法律意外保险有限公司”，1898年该公司率先推出了汽车第三者责任保险，并可附加汽车火险。到1901年，保险公司提供的汽车保险单，已初步具备了现代综合责任险的条件，保险责任也扩大到了汽车的失窃。

（二）国外汽车保险的发展

20世纪初期，汽车保险业在欧美得到了迅速发展。1903年，英国创立了“汽车通用保险公司”，并逐步发展成为一家大型的专业化汽车保险公司。1906年，成立于1901年的汽车联盟也建立了自己的“汽车联盟保险公司”。到1913年，汽车保险已扩大到了20多个国家，汽车保险费率和承保办法也基本实现了标准化。1927年是汽车保险发展史上的一个重要里程碑。美国马萨诸塞州制定的举世闻名的强制汽车（责任）保险法的颁布与实施，表明了汽车第三者责任保险开始由自愿保险方式向法定强制保险方式转变。此后，汽车第三者责任法定保险很快波及世界各地。第三者责任法定保险的广泛实施，极大地推动了汽车保险的普及和发展。车损险、盗窃险、货运险等业务也随之发展起来。

自20世纪50年代以来，随着欧、美、日等国家和地区的汽车制造业迅速扩张，机动车辆保险也得到了广泛的发展，并成为各国财产保险中最重要的业务险种。到20世纪70年代末期，汽车保险已占整个财产险的50%以上。

（三）我国汽车保险的发展

1. 萌芽时期

我国的汽车保险业务的发展经历了一个曲折的历程。汽车保险进入我国是在鸦片战争以后，但由于我国保险市场处于外国保险公司的垄断与控制之下，加之旧中国的工业不发达，我国的汽车保险实质上处于萌芽状态，其作用与地位十分有限。

2. 试办时期

新中国成立以后的1950年，创建不久的中国人民保险公司就开办了汽车保险。但是因宣传不够和认识的偏颇，不久就出现了对此项保险的争议，有人认为汽车保险以及第三者责任保险对于肇事者予以经济补偿，会导致交通事故的增加，对社会产生负面影响。于是，中国人民保险公司于1955年停止了汽车保险业务。直到20世纪70年代中期为了满足各国驻华使领馆等外国人拥有的汽车保险的需要，开始办理以涉外业务为主的汽车保险业务。

3. 发展时期

我国保险业恢复之初的1980年，中国人民保险公司逐步全面恢复中断了近25年之久的汽车保险业务，以适应国内企业和单位对于汽车保险的需要，适应公路交通运输业迅速发展、事故日益频繁的客观需要。但当时汽车保险仅占财产保险市场份额的2%。

随着改革开放形势的发展，社会经济和人民生活也发生了巨大的变化，机动车辆迅速普及和发展，机动车辆保险业务也随之得到了迅速发展。1983年汽车保险被改为机动车辆保险使其具有更广泛的适应性，在此后的近20年，机动车辆保险在我国保险市场，尤其在财产保险市场中始终发挥着其重要作用。到1988年，汽车保险的保费收入超过了20亿元，占财产保险份额的37.6%，第一次超过了企业财产险（35.99%）。从此以后，汽车保险一直

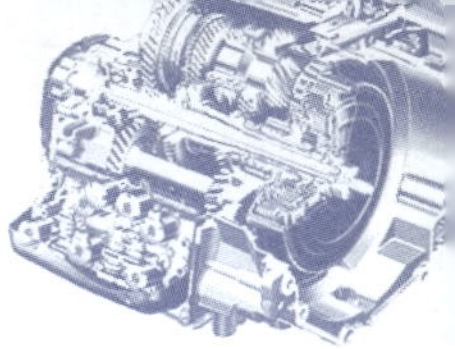

是财产保险的第一大险种，并保持高增长率，我国的汽车保险业务进入了高速发展的时期。2015～2019年，我国车险保险费收入持续增长，从6199亿元增长至8188亿元，到2020年12月，汽车保险的保险费收入到达8245亿元，占财产保险份额的61%。与此同时，机动车辆保险条款、费率以及管理也日趋完善，尤其是中国银行保险监督管理委员会（简称中国银保监会）的成立，进一步完善规范了机动车辆保险的条款，加大了对于费率、保险单证以及保险人经营活动的监管力度，加速建设并完善了机动车辆保险中介市场，对全面规范市场，促进机动车辆保险业务的发展起到了积极的作用。

当前的中国车险市场，呈现出以下的特点和发展态势。

（1）车险市场化、费率自由化　中国保险监督管理委员会决定从2003年1月1日起，在全国范围内改革车辆保险管理制度。改革的主要内容是由各保险公司自主制定车险条款费率，报保监会批准后执行。这是我国保险业的一项重大改革，具有里程碑式的意义。按照中国保监会规定，中国机动车保险费率已于2003年1月1日起放开。各家经营车险的保险公司完全进入了市场化自由公平竞争的时代。

（2）车险细化，更突出个性　各保险公司根据车和驾车人存在的风险因素，制定一套科学的指标体系，科学评估每辆车每个驾车人的风险状况，实行高风险者要交高保费，低风险者交低保费。这种“随车又随人”的模式逐渐进入并在我国车险市场发展。比如中国人民保险公司根据车辆的不同用途，设立了车辆损失条款、家庭自用汽车条款、非营业用汽车条款、营业用汽车条款、特种车条款、摩托车条款和拖拉机条款等。

（3）车险的地域特色　由于在我国的各地区之间，经济发展水平不一致，车辆总体状况差异很大，道路交通条件不一，交通管理水平参差不齐，因而存在事故风险的地区差异。当保险公司被赋予险种制定权之后，能够建立多样化、地区化的保险产品结构，在不同地区，针对当地需求，开发适应市场需求的产品。

（4）保险买卖信息化　现在，我国已经进入了网络化时代，通过电话和网络售卖保险已成现实。投保者只需在电脑上输入自己的身份证号、驾驶证号，再输入车辆的相关信息，就可以收到保险公司的报价，就可以通过在线支付手段付款，签订保险合同；或者拨通保险公司的电话，提供自己的相关信息，由保险公司为投保者和车辆量身定做车辆保险，而这一切，很可能只需要很短的时间。

总之，随着中国改革开放的进一步加大，随着全面建设小康社会的宏伟目标正逐步实现，我国汽车工业和汽车保险业一定会有一个更加辉煌灿烂的明天。

三、汽车保险的功用

机动车辆保险简称车险，是指对机动车辆由于自然灾害或意外事故所造成的人身伤亡或财产损失负赔偿责任的一种商业保险。机动车辆是指汽车、电车、电动车、摩托车、拖拉机、各种专用机械车、特种车。

（一）汽车保险的职能

汽车保险的职能是指汽车保险固有的一种功能。汽车保险的职能包括基本职能和派生职能。

1. 汽车保险的基本职能

汽车保险的基本职能主要是补偿损失职能。补偿损失职能即汽车保险通过组织分散的保险费，建立保险基金，用来对因自然灾害和意外事故造成的车辆损毁给予经济上的补偿，以

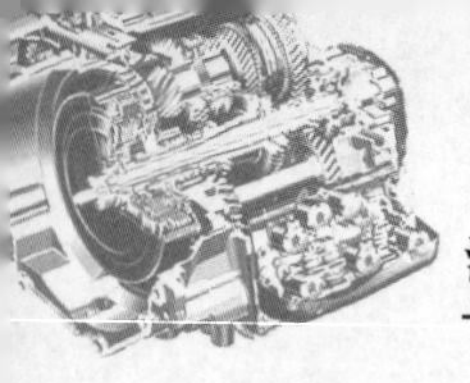

保障社会生产的持续进行，安定人民生活，提高人民的物质福利。这种赔付原则使得已经存在的社会财富即车辆因灾害事故所导致的实际损失在价值上得到了补偿，在使用价值上得以恢复，从而使得集体或个人的再生产得以持续进行，稳定了人民的生活，提高了人民的物质福利。汽车保险的这种补偿职能，只是对社会已有的财富进行了再分配，而不能增加社会财富。因为从社会的角度来讲，个别遭受车辆损失的被保险人的所得，正是没有遭受损害的多数被保险人的所失，它是由全体投保人给予的补偿。

汽车保险的基本职能是汽车保险得以产生和迅速发展的内在根源。补偿损失是建立保险基金的根本目的，也是汽车保险形式产生和发展的原因。

汽车保险的补偿职能具体内容可以概括为：①补偿由于自然灾害和意外事故所致保险车辆的经济损失；②对被保险人在保险期内发生与车祸相关的人身伤亡事故给予经济赔偿；③承担被保险人因车辆事故对受害人所负的经济赔偿的民事责任；④商业信用和银行信用的履约责任。

2. 汽车保险的派生职能

汽车保险的派生职能是在不同经济形态下，由基本职能派生出来的。在社会主义市场经济条件下，汽车保险的派生职能是由保险企业经营管理的特点决定的。汽车保险的派生职能主要有：

（1）金融性融资的职能　汽车保险具有金融性，是指保险企业直接参与社会融资的职能，担负着融通资本的任务，从而扩大社会积累。保险公司作为金融机构的组成部分，其融通资金的方式主要有两种。一种是将保险基金存入银行，通过银行以信贷方式融通资金。另一种是保险公司运用保险基金进行直接投资或放款，使沉淀在企业、集体或个人的那部分保险资金直接投入生产或建设领域。

（2）防灾防损的职能　汽车保险具有风险管理性，是指保险企业参与社会、企业、家庭、个人的风险管理，提供防灾、防损、咨询和技术服务的职能，从而减少社会财富即车辆的损失和社会成员的人身伤害，为保险企业自身效益和社会效益的提高创造有利条件。

（二）汽车保险的作用

我国自1980年国内保险业务恢复以来，汽车保险业务已经取得了长足的进步，尤其是伴随着汽车进入百姓的日常生活，汽车保险正逐步成为与人们生活密切相关的经济活动，其重要性和社会性也正逐步突现，作用越加明显。

1. 促进汽车工业的发展，扩大了对汽车的需求

从我国目前的经济发展情况看，汽车工业已成为我国经济健康、稳定发展的重要支柱产业之一，汽车产业政策在国家产业政策中的地位越来越重要，汽车产业政策要产生社会效益和经济效益，要成为中国经济发展的原动力，离不开汽车保险与之配套服务。汽车保险业务自身的发展对于汽车工业的发展起到了有力的推动作用，汽车保险的出现，解除了企业与个人对使用汽车过程中可能出现的风险的担心，一定程度上提高消费者购买汽车的欲望、扩大了对汽车的需求。

2. 保障了当事人的合法权益，稳定了社会公共秩序

汽车作为一种保险标的，虽然单位保险金不是很高，但数量多而且分散，车辆所有者既有党政部门，也有工商企业和个人。车辆所有者为了转嫁使用汽车带来的风险，愿意支付一定的保险费投保。在汽车出险后，从保险公司获得经济补偿。由此可以看出，开展汽车保险

既有利于社会稳定，又有利于保障保险合同当事人的合法权益。

3. 有利于交通安全，促进了汽车安全性能的提高

在汽车保险业务中，经营管理与汽车维修行业及其价格水平密切相关。原因是在汽车保险的经营成本中，事故车辆的维修费用是其中重要的组成部分，同时车辆的维修质量在一定程度上体现了汽车保险产品的质量。保险公司出于有效控制经营成本和风险的需要，除了加强自身的经营业务管理外，必然会加大事故车辆修复工作的管理，一定程度上提高了汽车维修质量管理的水平。同时，汽车保险的保险人从自身和社会效益的角度出发，联合汽车生产厂家、汽车维修企业开展汽车事故原因的统计分析，研究汽车安全设计新技术，并为此投入大量的人力和财力，从而促进了汽车安全性能方面的提高。

4. 汽车保险业务在财产保险中占有重要的地位

目前，大多数发达国家的汽车保险业务在整个财产保险业务中占有十分重要的地位。美国汽车保险保费收入，占财产保险总保费的45%左右，占全部保费的20%左右。我国台湾地区和日本的汽车保险的保费占整个财产保险总保费的比例更是高达58%。从我国情况来看，随着积极的财政政策的实施，道路交通建设的投入越来越多，汽车保有量逐年递增。在国内各保险公司中，汽车保险业务保费收入占其财产保险业务总保费收入的50%以上，部分公司的汽车保险业务保费收入占其财产保险业务总保费收入的60%以上。汽车保险业务已经成为财产保险公司的“吃饭险种”。其经营的盈亏，直接关系到整个财产保险行业的经济效益。

四、汽车保险的种类

车险种类按性质可以分为强制保险与商业险。强制保险（交强险）是国家规定强制购买的保险，商业险是非强制购买的保险，车主可以根据实际情况进行购买。汽车保险种类根据保障的责任范围分为主险和附加险。2020年中国银保监会出台的“中国保险行业协会机动车商业保险示范条款（2020版）”将原来的机动车全车盗抢保险的保险责任归入机动车损失保险的保险责任。因此，目前机动车商业保险主险包括机动车损失保险（简称车损险）、机动车第三者责任保险（简称第三者责任险）、机动车车上人员责任保险共3个独立的险种，投保人可以选择投保全部险种，也可以选择投保其中部分险种。车轮单独损失险、新增加设备损失险、修理期间费用补偿险等是机动车损失保险的附加险，是必须先投保机动车损失保险后才能投保的险种。精神损害抚慰金责任险、车上货物责任险、法定节假日限额翻倍险等是机动车第三者责任保险的附加险，必须先投保机动车第三者责任保险后才能投保这几个附加险。每个险别的不计免赔是可以独立投保的。汽车保险的主要险种介绍见表2-1。

表2-1　汽车保险险的主要种介绍

险　种	责　任　范　围	注　意　事　项
机动车交通事故责任强制保险条款（简称交强险）	保险期间内，被保险人在使用被保险机动车过程中发生交通事故，致使受害人遭受人身伤亡或者财产损失，依法应当由被保险人承担的损害赔偿责任，保险人按照交强险合同的约定对每次事故在下列赔偿限额内负责赔偿：有责赔偿限额：死亡伤残费180000元、医疗费18000元、财产损失2000元；无责赔偿限额：死亡伤残费18000元、医疗费1800元、财损失产100元	必须投保：不得拒保或退保，受害人不包括被保险人和本车车上人员

（续）

险种	责任范围	注意事项
机动车损失保险	保险期间内，被保险人或驾驶人在使用被保险机动车过程中，因自然灾害、意外事故造成被保险机动车直接损失；被保险机动车被盗窃、抢劫、抢夺，经出险地县级以上公安刑侦部门立案证明，满60天未查明下落的全车损失，以及因被盗窃、抢劫、抢夺受到损坏造成的直接损失，且不属于免除保险人责任的范围，保险人依照本保险合同的约定负责赔偿	自然磨损、锈蚀、故障、轮胎单独损坏、仅车上零部件被盗；驾驶员饮酒、吸毒、被麻醉或无证驾驶等为免责
机动车第三者责任保险	保险期间内，被保险人或其允许的合法驾驶人在使用被保险机动车过程中发生意外事故，致使第三者遭受人身伤亡或财产直接损毁，依法应当对第三者承担的损害赔偿责任，且不属于免除保险人责任的范围，保险人依照本保险合同的约定，对于超过机动车交通事故责任强制保险各分项赔偿限额的部分负责赔偿	驾驶人、被保险人以及车上人员的人身伤亡、所有或代管的财产损失；对第三者造成的间接损失；驾驶人员饮酒、吸毒、被麻醉期间使用车辆出现事故；被保险人故意行为等属免责
机动车车上人员责任保险	保险期间内，被保险人或其允许的驾驶人在使用被保险机动车过程中发生意外事故，致使车上人员遭受人身伤亡，且不属于免除保险人责任的范围，依法应当对车上人员承担的损害赔偿责任，保险人依照本保险合同的约定负责赔偿	违章搭乘人员的人身伤亡；车上人员因疾病、分娩、自残、斗殴、自杀、犯罪等行为或在车下造成的伤亡等属免责
附加绝对免赔率特约条款	被保险机动车发生主险约定的保险事故，保险人按照主险的约定计算赔款后，扣减本特约条款约定的免赔，即主险实际赔款=按主险约定计算的赔款×（1-绝对免赔率）	绝对免赔率为5%、10%、15%、20%，由投保人和保险人在投保时协商确定
附加车轮单独损失险	保险期间内，被保险人或被保险机动车驾驶人在使用被保险机动车过程中，因自然灾害、意外事故，导致被保险机动车未发生其他部位的损失，仅有车轮（含轮胎、轮毂、轮毂罩）单独的直接损失，且不属于免除保险人责任的范围，保险人依照本附加险合同的约定负责赔偿	车轮（含轮胎、轮毂、轮毂罩）的自然磨损、朽蚀、腐蚀、故障、本身质量缺陷；未发生全车盗抢，仅车轮单独丢失的属免责
附加车身划痕损失险	保险期间内，被保险机动车在被保险人或被保险机动车驾驶人使用过程中发生无明显碰撞痕迹的车身划痕损失，保险人按照保险合同约定负责赔偿	被保险人及其家庭成员、驾驶人及其家庭人员的故意行为造成的损失；因与他人的民事、经济纠纷导致的任何损失；车身表面自然老化、损坏、腐蚀造成的任何损失属免责
附加发动机进水损坏除外特约条款	保险期间内，投保了本附加险的被保险机动车在使用过程中，因发动机进水后导致的发动机的直接损毁，保险人不负责赔偿	是车损险的附加险，车损险包含此保险责任，供不需要保发动机进水损坏责任的车主选择，并享受车损险保费优惠
附加新增加设备损失险	保险期间内，投保了本附加险的被保险机动车因发生机动车损失保险责任范围内的事故，造成车上新增加设备的直接毁损，保险人在保险单载明的保险金额内按照实际损失计算赔偿	保险金额根据新增加设备的实际价值确定

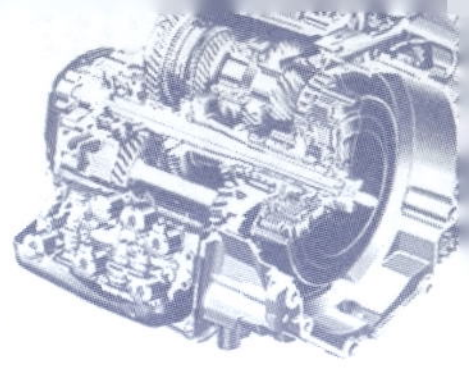

（续）

险　种	责　任　范　围	注　意　事　项
附加修理期间费用补偿险	保险期间内，投保了本条款的机动车在使用过程中发生机动车损失保险责任范围内的事故，造成车身损毁，致使被保险机动车停驶，保险人按保险合同约定，在保险金额内向被保险人补偿修理期间费用，作为代步车费用或弥补停驶损失	动车损失保险责任范围以外的事故而致被保险机动车的损毁或修理免责
附加车上货物责任险	保险期间内，发生意外事故致使被保险机动车所载货物遭受直接损毁，依法应由被保险人承担的损害赔偿责任，保险人负责赔偿	因包装、紧固不善，装载、遮盖不当导致的任何损失；车上人员携带的私人物品的损失等属免责
附加精神损害抚慰金责任险	保险期间内，被保险人或其允许的驾驶人在使用被保险机动车的过程中，发生投保的主险约定的保险责任内的事故，造成第三者或车上人员的人身伤亡，受害人据此提出精神损害赔偿请求，保险人依据法院判决及保险合同约定，对应由被保险人或被保险机动车驾驶人支付的精神损害抚慰金，在扣除机动车交通事故责任强制保险应当支付的赔款后，在本保险赔偿限额内负责赔偿	未发生交通事故，仅因第三者或本车人员的惊恐而引起的损害；怀孕妇女的流产发生在交通事故发生之日起30天以外的免责
附加法定节假日限额翻倍险	保险期间内，被保险人或其允许的驾驶人在法定节假日期间使用被保险机动车发生机动车第三者责任保险范围内的事故，并经公安部门或保险人查勘确认的，被保险机动车第三者责任保险所适用的责任限额在保险单载明的基础上增加一倍	投保了机动车第三者责任保险的家庭自用汽车，可投保本附加险
附加医保外医疗费用责任险	保险期间内，被保险人或其允许的驾驶人在使用被保险机动车的过程中，发生主险保险事故，对于被保险人依照中华人民共和国法律（适用范围不含港澳台地区）应对第三者或车上人员承担的医疗费用，保险人对超出《道路交通事故受伤人员临床诊疗指南》和国家基本医疗保险同类医疗费用标准的部分负责赔偿	在相同保障的其他保险项下可获得赔偿的部分；所诊治伤情与主险保险事故无关联的医疗、医药费用；特需医疗类费用属免责

相关链接

交强险的实施

按照《机动车交通事故责任强制保险条例》（简称“《交强险条例》”）的规定，机动车交通事故责任强制保险（简称“交强险”）是由保险公司对被保险机动车发生道路交通事故造成本车人员、被保险人以外的受害人的人身伤亡、财产损失，在责任限额内予以赔偿的强制性责任保险，属于责任保险的一种。它是因应《道路交通安全法》的实行推出的针对机动车的车辆险种，于2006年7月1日正式施行，根据配套措施的最终确立，于2007年7月1日正式普遍推行。

五、汽车保险业务流程

（一）投保

由于各家保险公司推出的汽车保险条款种类繁多，价格不同，因此投保人在购买汽车保险时应注意如下事项：

1. 合理选择保险公司

投保人应选择具有合法资格的保险公司营业机构购买汽车保险。汽车保险的售后服务与产品本身一样重要，投保人在选择保险公司时，要了解各公司提供服务的内容及信誉度，以充分保障自己的利益。

2. 合理选择代理人

投保人也可以通过代理人购买汽车保险。选择代理人时，应选择具有执业资格证书、展业证及与保险公司签有正式代理合同的代理人；应当了解汽车保险条款中涉及赔偿责任和权利义务的部分，防止个别代理人片面夸大产品保障功能，回避责任免除条款内容。

3. 了解汽车保险内容

投保人应当询问所购买的汽车保险条款是否经过保监会批准，认真了解条款内容，重点条款的保险责任、除外责任和特别约定，被保险人权利和义务，免赔额或免赔率的计算，申请赔偿的手续、退保和折旧等规定。此外还应当注意汽车保险的费率是否与保监会批准的费率一致，了解保险公司的费率优惠规定和无赔款优待的规定。通常保险责任比较全面的产品，保险费比较高；保险责任少的产品保险费较低。

4. 根据需要购买

投保人选择汽车保险时，应了解自身的风险和特征，根据实际情况选择个人所需的风险保障。对于汽车保险市场现有产品应进行充分了解，以便购买适合自身需要的汽车保险。

5. 其他注意事项

1）对保险重要单证的使用和保管。投保者在购买汽车保险时，应如实填写投保单上规定的各项内容，取得保险单后应核对其内容是否与投保单上的有关内容完全一致。对所有的保险单、保险卡、批单、保费发票等有关重要凭证应妥善保管，以便在出险时能及时提供理赔依据。

2）如实告知义务。投保者在购买汽车保险时应履行如实告知义务，对与保险风险有直接关系的情况应当如实告知保险公司。

3）购买汽车保险后，应及时交纳保险费，并按照条款规定，履行被保险人义务。

4）合同纠纷的解决方式。对于保险合同产生的纠纷，消费者应当依据在购买汽车保险时与保险公司的约定，以仲裁或诉讼方式解决。

5）投诉。消费者在购买汽车保险过程中，如发现保险公司或中介机构有误导或销售未经批准的汽车保险等行为，可向保险监督管理部门投诉。

（二）保险公司或代理人应提供合理的保险方案

在开展汽车保险业务的过程中，保险公司或代理人应从加大产品的内涵、提高保险公司的服务水平入手，在开展业务的过程中为投保人或被保险人提供完善的保险方案。

1. 保险方案制订的基本原则

（1）充分保障的原则　是指保险方案的制订应建立在对于投保人的风险进行充分和专

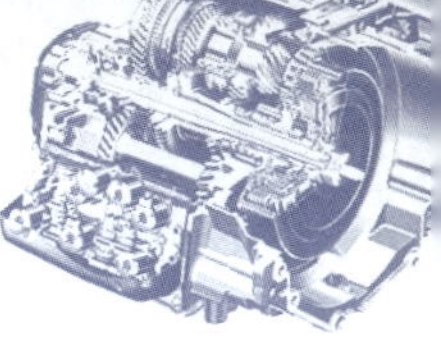

业评估的基础上，根据对风险的了解和认识制订相应的保险保障方案，目的是通过保险的途径最大限度地分散投保人的风险。

（2）公平合理的原则　是指保险人或代理人在制订保险方案的过程中，应贯彻公平合理的精神。所谓合理就是要确保提供的保障是适用和必要的，防止提供不必要的保障。所谓公平主要应体现在价格方面，包括与价格有关的赔偿标准和免赔额的确定，既要合法，又要符合价值规律。

（3）充分披露的原则　是指保险人在制订保险方案的过程中，应根据保险最大诚信原则的告知义务的有关要求，将保险合同的有关规定，尤其是可能对于投保人不利影响的规定，要向投保人进行详细的解释。以往汽车保险业务出现纠纷的重要原因之一就是保险公司或代理人出于各种目的的考虑，在订立合同时没有对投保人进行充分的告知。

2. 制订保险方案前的调查工作

在制订保险方案之前应对投保人或潜在被保险人的情况进行充分的调查，根据调查结果进行分析是制订保险方案的必要前提。调查的主要内容有：

1）了解企业的基本情况，包括企业的性质、规模、经营范围和经营情况。

2）了解企业拥有车辆的数量、车型和用途，了解车况、驾驶人素质情况、运输对象、车辆管理部门等。

3）了解企业车辆管理的情况，包括安全管理的目标，对于安全管理的投入、安全管理的实际情况、以往发生事故的情况以及分类等。

4）了解企业以往的投保情况，包括承保公司、投保险种、投保的金额、保险期限和赔付率等情况。

5）了解企业投保的动机，防止逆向投保和道德风险。

3. 保险方案的主要内容

保险方案是在对投保人进行风险评估的基础上提出的保险建议书。首先，应当包括从专业的角度对投保人可能面临的风险进行识别和评估。其次，在风险评估的基础上提出保险的总体建议。第三，应当对条款的适用性进行说明，介绍有关的险种并对条款进行必要的解释。第四，对保险人及其提供的服务进行介绍。其具体内容有：

1）保险人情况。

2）投保标的风险评估。

3）保险方案的总体建议。

4）保险条款以及解释。

5）保险金额以及赔偿限额的确定。

6）免赔额以及适用情况。

7）赔偿处理程序以及要求。

8）服务体系以及承诺。

9）相关附件。

（三）保险承保

1. 填写投保单

投保人购买保险，首先要提出投保申请，即填写投保单，交给保险人。投保单是投保人向保险人申请订立保险合同的依据，也是保险人签发保单的依据。投保单的基本内容有：投

保人的名称、厂牌型号、车辆种类、号牌号码、发动机号码及车架号、使用性质、吨位或座位、行驶证、初次登记年月、保险价值、车辆损失险保险金额的确定方式、第三者责任险赔偿限额、附加险的保险金额或保险限额、车辆总数、保险期限、联系方式、特别约定、投保人签章。

2. 核保

核保是保险公司在业务经营过程中的一个重要环节。核保是指保险公司的专业技术人员对投保人的申请进行风险评估，决定是否接受这一风险，并在决定接受风险的情况下，决定承保的条件，包括使用的条款和附加条款、确定费率和免赔额等。

（1）核保的意义

1）防止逆选择，排除经营中的道德风险。在保险公司的经营过程中始终存在一个信息问题，即信息的不完整、不精确和不对称。尽管最大诚信原则要求投保人在投保时应履行充分告知的义务，但是，事实上始终存在信息的不完整和不精确的问题。保险市场信息问题，可能导致投保人或被保险人的道德风险和逆选择，给保险公司经营带来巨大的潜在风险。保险公司建立核保制度，由资深人员运用专业技术和经验对投保标的进行风险评估，通过风险评估可以最大限度地解决信息不对称的问题，排除道德风险，防止逆选择。

2）确保业务质量，实现经营稳定。保险公司是经营风险的特殊行业，其经营状况关系社会的稳定。保险公司要实现经营的稳定，关键一个环节就是控制承保业务的质量。但是，随着国内保险市场供应主体的增多，保险市场竞争日趋激烈，保险公司在不断扩大业务的同时，经营风险也在不断增大。其主要表现为：一是为了拓展业务而急剧扩充业务人员，这些新的工作人员业务素质有限，无法认识和控制承保的质量；二是保险公司为了扩大保险市场的占有率，稳定与保户的业务关系，放松了拓展业务方面的管理；三是保险公司为了拓展新的业务领域，开发了一些不成熟的新险种，签署了一些未经过详细论证的保险协议，增加了风险因素。保险公司通过建立核保制度，将展业与承保相对分离，实行专业化管理，严格把好承保关。

3）扩大保险业务规模，与国际惯例接轨。我国加入WTO以后，国外的保险中介机构正逐步进入中国保险市场；同时，我国保险的中介力量也在不断壮大，现已成为推动保险业务的重要力量。在看到保险中介组织对于扩大业务的积极作用的同时，也应注意到其可能带来的负面影响。由于保险中介组织经营目的和价值取向的差异以及人员的良莠不齐，保险公司在充分利用保险中介机构进行业务开展的同时，也应对保险中介组织的业务加强管理，核保制度是对中介业务质量控制的重要手段，建立和完善保险中介市场的必要前提条件。

4）实现经营目标，确保持续发展。在市场经济条件下，企业发展的重要条件是对市场进行分析，并在此基础上确定企业的经营方针和策略，包括对企业的市场定位和选择特定的业务和客户群。同样在我国保险市场的发展过程中，保险公司要在市场上争取和赢得主动，就必须确定自己的市场营销方针和政策，包括选择特定的业务和客户作为自己发展的主要对象，确定对各类风险承保的态度，制订承保业务的原则、条款和费率等。而这些市场营销方针和政策实现的主要手段是核保制度，通过核保制度对风险选择和控制的功能，保险公司能够有效地实现其既定的目标，并保持业务的持续发展。

（2）核保的主要内容

1）投保人资格。对于投保人资格进行审核的核心是认定投保人对保险标的拥有保险利

益，汽车保险业务中主要是通过核对行驶证来完成的。

2）投保人或被保险人的基本情况。投保人或被保险人的基本情况主要是针对车队业务的。通过了解企业的性质、是否设有安保部门、经营方式、运行主要线路等，分析投保人或被保险人对车辆管理的技术管理状况，保险公司可以及时发现其可能存在的经营风险，采取必要的措施降低和控制风险。

3）投保人或被保险人的信誉。投保人与被保险人的信誉是核保工作的重点之一。对于投保人和被保险人的信誉调查和评估逐步成为汽车核保工作的重要内容。评估投保人与被保险人信誉的一个重要手段是对其以往损失和赔付情况进行了解，那些没有合理原因，却经常"跳槽"的被保险人往往存在道德风险。

4）保险标的。对保险车辆应尽可能采用"验车承保"的方式，即对车辆进行实际的检验，包括了解车辆的使用和管理情况，复印行驶证、购置车辆的完税费凭证，拓印发动机与车架号码，对于一些高档车辆还应当建立车辆档案。

5）保险金额。保险金额的确定涉及保险公司及被保险人的利益，往往是双方争议的焦点，因此保险金额的确定是汽车保险核保中的一个重要内容。在具体的核保工作中应当根据公司制订的汽车市场指导价格确定保险金额。对投保人要求按照低于这一价格投保的，应当尽量劝说并将理赔时可能出现的问题进行说明和解释。对于投保人坚持己见的，应当向投保人说明后果并要求其对于自己的要求进行确认，同时在保险单的批注栏上明确。

6）保险费。核保人员对于保险费的审核主要分为费率适用的审核和计算的审核。

7）附加条款。主险和标准条款提供的是适应汽车风险共性的保障，但是作为风险的个体是有其特性的。一个完善的保险方案不仅解决共性的问题，更重要的是解决个性问题，附加条款适用于风险的个性问题。特殊性往往意味着高风险，所以，在对附加条款的适用问题上更应当注意对风险的特别评估和分析，谨慎接受和制订条件。

3. 接受业务

保险人按照规定的业务范围和承保的权限，在审核检验之后，有权做出承保或拒保的决定。

4. 缮制单证

缮制单证是在接受业务后填制保险单或保险凭证等手续的程序。保险单或保险凭证是载明保险合同双方当事人权利和义务的书面凭证，是被保险人向保险人索赔的主要依据。因此，保险单质量的好坏，往往直接影响汽车保险合同的顺利履行。填写保险单的要求有：单证相符、保险合同要素明确、数字准确、复核签章、手续齐备。

（四）保险理赔

保险理赔是指保险人在保险标的发生风险事故导致损失后，对被保险人提出的索赔要求进行处理的过程。保险理赔应遵循"重合同、守信用、实事求是、主动、迅速、准确、合理"的原则，以保证保险合同双方行使权利与履行义务。保险理赔的程序如下：

1. 接受损失通知

保险事故发生后，被保险人应将事故发生的时间、地点、原因及其有关情况，在规定的时间内通知保险人，并提出索赔要求。发出损失通知书是被保险人必须履行的义务。被保险人发出损失通知的方式可以是口头方式，也可以是函电等其他方式，但随后应及时补发正式的书面通知，并提供必备的索赔凭证，如保险单、出险证明书、损失鉴定书、损失清单、检

验报告等。

2. 审核保险责任

保险人收到损失通知书后，应当立即审核该索赔案件是否属于保险责任范围，其审核的主要内容为：损失是否发生在保险单的有效期内、损失是否由所承保的风险所引起，损失的车辆是否是保险标的、请求赔偿人是否有权提出索赔等。

3. 进行损失检查

保险人审核保险责任后，应派人到出险现场进行查勘，了解事故情况，分析事故损害原因，确定损害程度，认定索赔权利。

4. 赔偿给付保险金

保险事故发生后，经过核查属实并估算赔偿金额后，保险人应当立即履行赔偿给付的责任。

任务实施

步骤1　拟定任务实施计划

有些投保人不了解汽车保险的作用，觉得汽车保险用不到，无须购买，或者对汽车保险活动的过程不了解，必须让投保人懂得在投保时和进行保险事故处理中应遵循的一些规则，了解汽车保险的分类。确定2~3个汽车保险公司，分别登录网站查询或咨询汽车保险的种类。

步骤2　讨论汽车保险的必要性

汽车保险的必要性，即为什么要购买保险，说明足够的理由。

1）车辆面临的各种风险使汽车保险成为必要。

2）转移汽车风险的必要。

保险是建立在“我为人人，人人为我”的基础上，其基本原理是集合危险，分散损失。

步骤3　说明汽车保险的作用

说明汽车保险的作用，即解释汽车保险能够做什么，对被保险人能够起到什么作用。

1）对经济损失补偿是保险的基本功能。

2）汽车保险能减轻汽车使用者的后顾之忧。

步骤4　介绍汽车保险的种类（表2-2）

表2-2　任务2调查汽车保险种类

保险种类	作　用
交强险	
车辆损失险	保障车辆本身的损失
第三者责任险	保障对于第三者的赔偿责任
全车盗抢险	保障车辆遭受盗抢所造成的损失
车上人员责任险	保障标的车辆上人员的人身伤害所造成的损失
玻璃单独破碎险	保障车辆玻璃单独破碎时的玻璃损失
车载货物坠落责任险	保障由于车上货物坠落所造成的赔偿责任
车身单独划痕险	保障车身划痕刮花所造成的车辆损失
自燃损失险	保障车辆由于自燃所遭受的损失
不计免赔特约险	保障由于保险人相对责任免除而造成的损失

任务评价

使用任务评价表对任务完成情况进行评价，任务 2 评价表见表 2-3。

表 2-3　任务 2 评价表

评价项目	评分标准	分数	学生自评	小组互评	小计
团队合作	团队和谐，有分工有合作，组员积极参与	10			
操作过程	正确理解保险含义，清楚说明汽车保险的作用，能分析汽车保险的必要性，清楚的介绍汽车保险的种类	60			
创新点	有创新点，注重逻辑思维	10			
任务方案	完整、合理	10			
完成情况	圆满完成	10			
	总分	100			
教师评价					

任务小结

1. 汽车保险任务实施流程框图，见图 2-1。

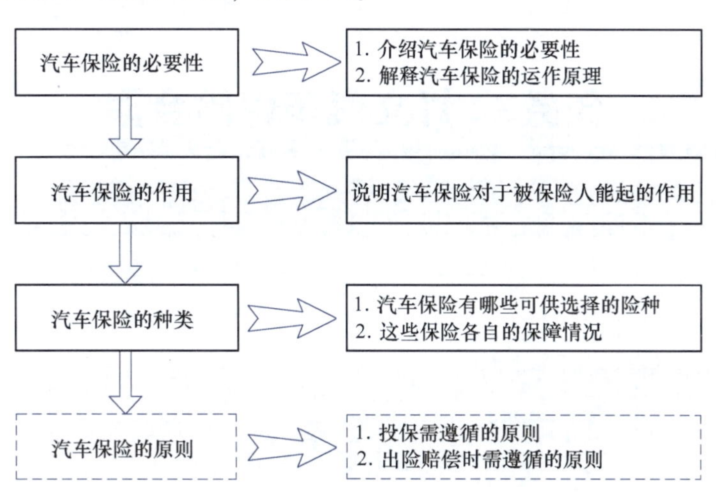

图 2-1　汽车保险任务实施流程框图

2. 汽车保险的必要性，如图 2-2 所示。

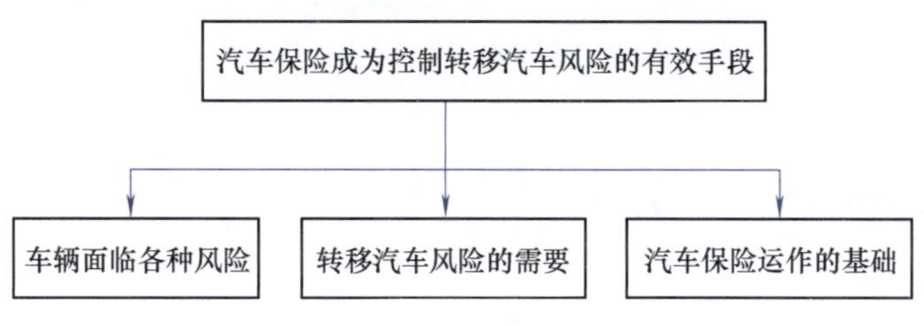

图 2-2　汽车保险的必要性

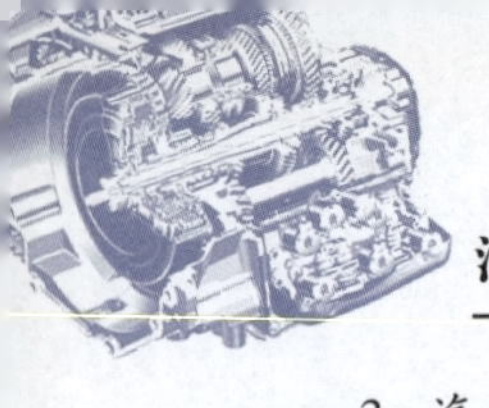

3. 汽车保险险种分类，如图2-3所示。

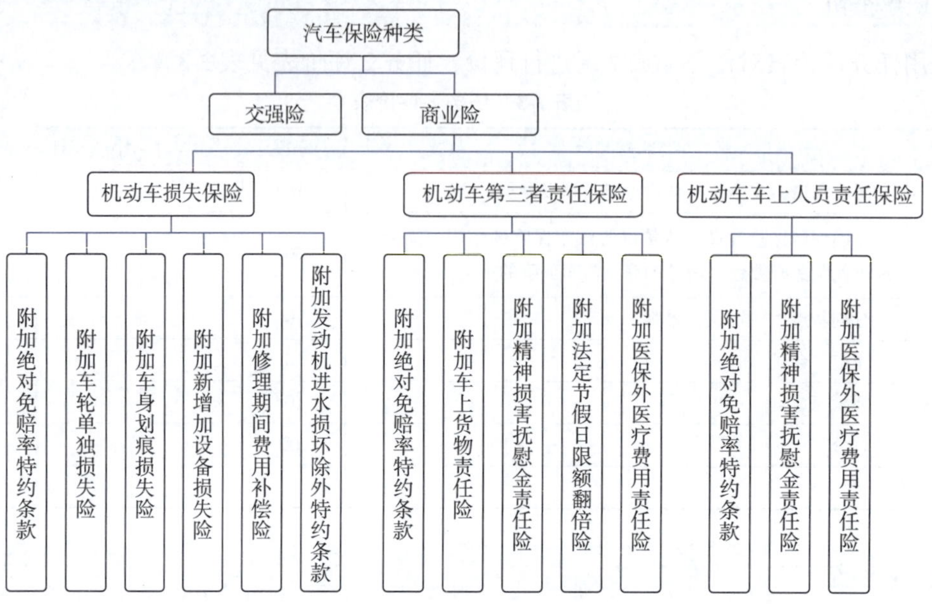

图2-3　汽车保险险种分类

任务3　订立汽车保险合同

任务目标

1. 掌握汽车保险合同的特征。
2. 能进行保险合同的订立。
3. 熟悉汽车保险合同的变更与解除。

案例导入

赵先生最近新购买了一款宝来1.4TSI轿车。他主要是在平时上下班时开，太太偶尔也会开，其女儿已20岁，有驾驶本，节假日经常一家三口自驾游。赵先生家有地下车库，他想为车辆购买保险，于是，咨询有关保险合同方面的事项。

相关知识

一、汽车保险合同订立

（一）汽车保险合同的特征

汽车保险合同是投保人与保险人约定保险权利和义务关系的协议。近年来，随着我国汽车保险业务的逐渐扩大，汽车保险合同纠纷的案例越来越多，其焦点多集中在保险人与投保

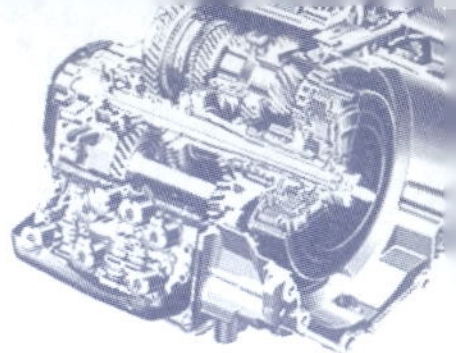

人或保险人的责任及责任大小、保险合同是否成立与生效、以及保险人是否应承担责任和承担多少责任等问题上。掌握汽车保险合同的特征和订立与履行过程中涉及的原则问题，对解决围绕汽车保险合同的纠纷具有十分重要的现实意义。

保险合同属于合同的一种，具有一般合同所共有的法律特点。①保险合同是一种双方法律行为，它必须具有双方当事人，即投保人和保险人，而且两者处于彼此利害相反的地位，相互为意思表示。②保险合同是当事人发生保险权利义务关系的合意。即保险合同必须有投保人与保险人意思表示的一致，否则保险合同不能成立。③保险合同以发生、变更、终止保险权利义务关系为目的，即保险合同当事人为发生、变更、终止保险法律关系的法律后果而为的行为。④保险合同是具有法律约束力的协议。合法的保险合同受法律保护，违反合同义务的当事人应承担法律责任。

保险合同是一种特殊类型的合同，具有以下特点：

1. 保险合同是双方有偿合同

合同有单务合同和双务合同之分,在单务合同中,当事人一方享有权利,另一方仅负有义务。而双务合同则是当事人双方都享有权利和承担义务,一方的权利即为另一方(对方)的义务,保险合同属于双务合同。保险合同的投保人负有按约定给付保险费的义务,保险人则负有于保险事故发生给付保险金的义务。但保险合同与一般的双务合同有所不同,在一般的双务合同,比如在买卖合同中,买方给付价金之后,卖方应依合同规定给付标的物,不存在其他任何条件。但保险合同之保险人在投保人给付保险费之后,只有在保险事故发生后才履行保险金给付义务。换言之,保险人履行保险金给付义务以保险事故为停止条件,因此,保险合同是附停止条件的合同。

在国外,英美法学系的有些学者认为保险合同是一种单务合同。理由是在保险合同成立时,仅有投保人一方负有给付保险费的义务;保险合同成立后,保险人一方承诺于保险事故发生后给付保险金,而不能强制投保人有任何义务,因此是单务合同。

2. 保险合同是射幸合同

射幸合同是指合同当事人一方的履行有赖于偶然事件的发生的协议。保险合同是射幸合同，对投保人来说，其所支付一定数额的保险费，在保险事故发生时，可获得大大超过所付保险费数额的保险金，如果保险事故不发生，则丧失所交付的保险费；对于保险人来说，保险事故发生后，其支付的保险金数额将大大超过保险费的收入，如果保险事故不发生，则获得保险费的利益，而无支付保险金的责任。保险合同的射幸性是由危险事故的不确定性所决定的，这在财产保险合同中表现得尤为明显，而在人寿保险中，因为保险人给付保险金的义务是确定的，只是存在时间的问题，故其具有储蓄性，射幸性较弱。

保险合同虽是一种射幸合同，但它与赌博有着本质的区别。因为这种射幸性质是对单个保险合同而言的，保险事业并非投机性的事业。就保险业承保的全部保险合同来看，保险费总额与保险金总额的关系是以精确的数理计算为基础的，原则上收入与支出保持平衡。因此，从总体上来看，保险合同不存在偶然性。

3. 保险合同是最大诚信合同

合同的订立及履行要遵守诚实信用原则。保险合同的诚信度要比一般的合同高，故称之为“最大诚信合同”（Contract Uberrimae Fidei；Contract of the Utmost Good Faith）。诚实信用原则要求投保人对订立和履行保险合同过程中的一切重要事实和情况做出真实可靠的陈述，不能有任何隐瞒和虚假。对保险合同的最大诚信要求，在最早的海上保险中就已存在。海上

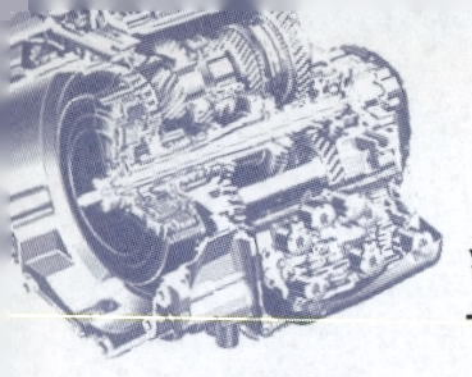

保险的标的是在海上运输中的财产，危险性较大，而且远在海外，保险人在承保前无法进行实际勘查，只能根据投保人提供的情况予以承保，这就要求当事人具有超过一般交易合同的最大诚信。目前，各国的保险立法也对此做出了明确规定。我国在《中华人民共和国保险法》（以下简称《保险法》）第十六条规定："订立保险合同，保险人就保险标的或者被保险人的有关情况提出询问的，投保人应当如实告知。""投保人故意或者因重大过失未履行前款规定的如实告知义务，足以影响保险人决定是否同意承保或者提高保险费率的，保险人有权解除合同，且不承担赔偿或者给付保险金的责任"。《保险法》还对对投保人的"如实告知义务""危险增加的通知义务""出险的通知义务"等做出了具体的规定，这些都是对保险合同最大诚信要求在立法中的体现。

4. 保险合同是要式合同

合同有要式合同和不要式合同之分。要式合同是在法律上具备一定的形式和手续的合同。反之，在法律上不要求具备一定的形式和手续的合同，称为不要式合同。各国的保险惯例均将保险合同做成保险单，而且在保险立法上也有规定。《保险法》第十三条规定："投保人提出保险要求，经保险人同意承保，保险合同成立。保险人应当及时向投保人签发保险单或者其他保险凭证。""保险单或者其他保险凭证应当载明当事人双方约定的合同内容。当事人也可以约定采用其他书面形式载明合同内容。"由此可见，保险合同是采取书面形式的要式合同，换言之，保险合同是以保险单或保险凭证作为保险合同的书面形式。

值得说明的是，强调保险合同为要式合同，并非指保险合同在做成或交付保险单或保险凭证后方能成立。首先，保险合同是在当事人双方意思表示一致时即告成立。其次，在实践中，如果保险合同当事人在意思表示一致后，保险单或保险凭证做成交付之前即发生保险事故，保险人仍应承担保险责任。如果强调保险合同于保险保险单或保险凭证做成之后生效，则与保险分散危险，消化损失，维护社会经济生活稳定的宗旨相违背。保险合同即属这类要式合同。

5. 保险合同为附合合同

附合合同则是由一方当事人提出合同的主要内容，另一方则只是做出取与舍的决定，一般没有商议变更的余地。保险合同具有这种合同的特点，保险人依一定的根据，制定出保险合同的基本条款；投保人依照该条款，或同意接受，或不同意投保，无权修改通用的某项条款，如果有必要修改或变更保险单的某项内容，也只准采用保险人事先准备和附加条款或附属保险单，而不能依自己的意思自由规定保险合同的内容。

随着保险事业的发展，各国保险业务的交流与协作的加强，保险的业务量大量增加，要求保险手续力求迅速简洁，也由于保险经营的特殊性，保险合同逐渐趋向技术化、标准化和定型化。但这一发展同时也使合同自由受到限制，保险单或保险凭证从某种意义上只是保险人一方的片面文件，其中一些内容很难解释为当事人双方经自愿协商意思表示一致的结果。因此，在司法实践中，保险人与被保险人双方对于保险合同发生纠纷时，法院要做出有利于被保险人的解释，以保护被保险人的利益。而且要求保险单的制定要力求周密、合理，经主管机关审批后方能实施。

讨论与交流

1. 汽车保险合同与其他合同的共同点是什么？
2. 汽车保险合同的特点是什么？

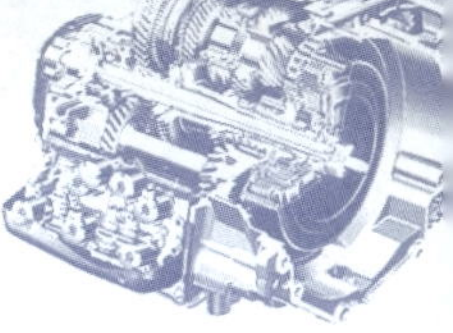

（二）汽车保险合同的订立与生效

1. 汽车保险合同的订立

汽车保险合同在订立时必须基于保险人和投保人的意见一致，才能成立生效，所以汽车保险合同采取要约与承诺的方式订立，要约又称为“订约提议”，是一方当事人向另一方当事人提出订立合同建议的法律行为，是签订保险合同的一个重要程序。要约中需要提出合同的主要条款，包括合同中的标的、数量、质量、价款、履行期限和地点以及违约的责任等。承诺又称为“接受订约提议”，是承诺人向要约人表示同意与其缔结合同的意思表示。在保险实务中保险人通过审核保单决定是否接受投保人提出的保险业务，所以对保险公司来说，承诺也就是保险公司承保的过程。

由于保险时间较长，双方的权利和义务复杂，为了避免产生争议，汽车保险合同一般采用书面文件形式，这些书面文件可以统称为“凭证”。汽车保险合同的凭证除了保险单外，还包括正式订立合同之前的辅助性文件，如投保单、暂保单等。

（1）投保单　投保单由保险人缮制，经投保人如实填写后交给保险人，是投保人表示愿意同保险人订立保险合同的书面要约。投保单应载明订立保险合同所涉及的主要内容，如机动车名称、型号、车牌号、发动机号、使用性质、行驶区域、保险金额、保险期限、责任免除、保险费等。其中的保险费条款最关键，如果投保人填写的投保单上没有保险费和保险费率记载，就不是一个完整的要约。投保单经过保险人的核保以后，就成为保险合同的组成部分。

（2）暂保单　暂保单是保险人或其代理人在接受投保人保险又不能马上出具正式保险单或保险凭证时，向投保人签发的临时保险凭证。

一般在下列情况下使用暂保单：

1）当保险公司的分支机构受经营权限和经营程序的限制，需要上级公司的批准才能签发保险单时，一般在接受投保人的要保申请后，签发暂保单。

2）当保险代理人或保险经纪人在争取到保险业务后，在未向保险人办妥保险单之前，要向投保人签发暂保单。

3）在保险人原则上已经承保，但由于保险双方对保险单尚未记载的事项没有完全协商一致时，保险人需要向投保人先签发暂保单。

4）对于需要再保险的场合，尚未安排好再保险时，需要签发暂保单。

暂保单与正式保单同样具有法律效力，但有效期较短，一般不超过30天，是特定情况下使用的一种临时单证。有些国家的保险法规定，保险人在事先通知投保人的情况下，可以提前终止暂保单的效力且无须说明理由。保险人出具正式的保险单或保险凭证后，或暂保单的有效期满时，暂保单终止其法律效力。

我国现行的汽车保险实务中，有一种提车暂保单，承保车辆损失险和第三者责任险，其中第三者责任的赔偿限额为5万元。

（3）保险单　保险单是保险人与投保人订立保险合同的正式凭证，由保险人制作、签章并交付给投保人。保险单的主要内容一般包括：保险单格式、保险责任、除外责任、附加条件等。

保险单是保险合同的重要组成部分，甚至有人称保险单为保险合同，其正本由投保人收执，是保险事故发生后，被保险人索赔和保险理赔的重要凭证。

（4）保险凭证 保险凭证是保险人签发给投保人以证明保险合同已经生效的文件，是一种简化的保险单，虽不像保险单那样详细记载保险条款的内容，但与保险单具有同样的作用和效力。一般保险凭证上未列明的内容均应以保险单上的内容为准，当两者有抵触时，以保险凭证上的内容为有效。在订立预约的汽车保险合同的情况下，使用保险凭证可以大大方便保险业务的开展。

2. 汽车保险合同的生效

汽车保险合同生效的时间是保险人开始履行保险责任的时间。《保险法》第十四条规定："保险合同成立后，投保人按照约定交付保险费，保险人按照约定的时间开始承担保险责任。"在汽车保险的实务中，保险合同成立的时间与其生效的时间有同一时间和非同一时间两种可能。

投保人提出投保申请，保险人经过核保签章，投保人交纳保险费，保险期限的约定与交纳保险费的时间是统一的，对于这样依法成立的汽车保险合同，合同生效与成立的时间相同，属于第一种情况。此时，履行保险合同不易发生因合同效力引起的纠纷。

汽车保险合同的成立与生效为非同一时间的情形，多发生在附生效条件或附生效期间的汽车保险合同的履行过程中。此类保险合同一般约定投保人应按时如数交纳保险费，作为生效的条件或者约定一个合同的生效期限，保险人开始承担保险责任。虽然投保人办理了有关保险手续，但如果没有按照约定的时间全额交纳保险费，汽车保险合同也没有法律效力，即使发生了保险责任事故，保险人也不负赔偿责任。在保险时间中常遇到这样的情况：投保人在违反约定条件而发生保险责任事故后，试图通过补缴保险费的方式获得保险赔偿，或从保险赔偿中扣除保险费，这种违反保险经营原则的行为没有法律依据。因为保险属于承担不确定性的风险，汽车事故一旦发生就是确定性的风险，不是可保风险的范畴，保险是通过收取保险费建立保险基金实施补偿的，没交保险费而取得补偿无疑会损害其他被保险人的利益；再者，投保人不履行所附的生效条件，保险合同就不生效，更谈不上履行合同。同样，对于约定合同生效期限的保险合同，只有在生效期限届满时，合同才开始生效，此时，合同履行与否取决于约定的生效期是否届满，与保险合同成立的时间无关。

二、汽车保险合同订立后会遇到的常见问题

（一）汽车保险合同的变更

1. 保险合同变更的含义

保险合同的变更是指在保险合同的期限届满之前，当事人根据主客观情况的变化，依照法律规定的条件和程序，对保险合同的某些条款进行修改或补充。保险合同一般是一年或一年以上的长期合同，在合同的有效期限内，难免不发生一些变化，因而会产生变更合同的要求。我国《保险法》第二十条规定："投保人和保险人可以协商变更合同内容。变更保险合同的，应当由保险人在保险单或者其他保险凭证上批注或者附贴批单，或者由投保人和保险人订立变更的书面协议。"

2. 保险合同变更的内容

保险合同变更的内容主要包括以下几个方面：①主体内容的变更，包括保险人如有分立或合并时，可以变更保险人；投保人或被保险人将保险标的转让给第三人的，可以变更投保人或被保险人。②标的内容的变更，包括保险标的的价值、用途或者危险程度的变化等。③

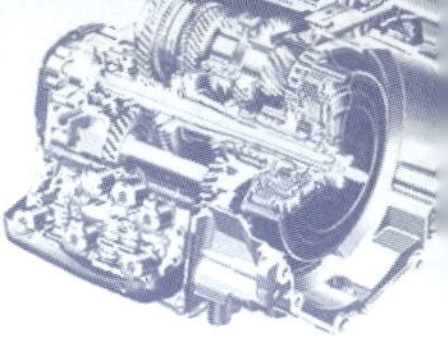

保险责任条款内容的变更，包括保险人承担的保险责任范围的扩大或减小等。如果投保人或被保险人有变更保险合同责任条款的需要，经过双方协商，可以采用保险人事先准备的附加条款，或者由保险人在原保险单上批注。为了明确批注后的保险合同中各条款的效力，根据国际惯例，手写批注优于打字批注；打字批注优于加贴的附加条款；加贴的附加条款优于基本条款；旁注的附加优于正文的附加。汽车保险合同变更可能的变更事项主要包括：

1）保险车辆转卖、转让或赠送他人，需要变更被保险人。

2）保险车辆增加或减少危险程度，保险车辆变更使用性质。

3）增减投保的车辆数目，增加或减少保险金额或赔偿限额。

4）增加某种附加险的投保。

5）保险期限的变更。

3. 保险合同变更的形式

保险合同的变更必须采用书面形式，并经过双方协商一致，才能发生变更的效力。其书面形式既可以是保险人在原保险单或者其他保险凭证上的批注或者附贴批单，也可以是投保人和保险人双方就保险合同的变更问题专门签订的书面协议。

4. 保险合同变更的效力

保险合同一经变更，变更的那一部分内容取代了原合同中被变更的内容，与原合同中未变更的内容一起，构成了一个完整的合同。当事人应以变更后的合同为依据履行各自的义务。

（二）汽车保险合同的解除

1. 交强险合同的解除

机动车交通事故责任强制保险合同一般不能解除。保险公司不得解除机动车交通事故责任强制保险合同；但是，投保人对重要事项未履行如实告知义务的除外。投保人对重要事项未履行如实告知义务，保险公司解除合同前，应当书面通知投保人，投保人应当自收到通知之日起5日内履行如实告知义务；投保人在上述期限内履行如实告知义务的，保险公司不得解除合同。但有下列情形之一的可以解除：

1）被保险机动车被依法注销登记的。

2）被保险机动车办理停驶的。

3）被保险机动车经公安机关证实丢失的。

2. 商业险合同的解除

根据《保险法》第五十四条：“保险责任开始前，投保人要求解除合同的，应当按照合同约定向保险人支付手续费，保险人应当退还保险费。保险责任开始后，投保人要求解除合同的，保险人应当将已收取的保险费，按照合同约定扣除自保险责任开始之日起至合同解除之日止应收的部分后，退还投保人。”具体解除合同及退保的条件各公司有详细的说明，如：

太平洋汽车商业险投保人及被保险人随时可以要求退保。一般下列情况可以申请退保：

1）汽车按规定报废。

2）汽车转卖他人。

3）重复保险，为同一辆汽车投保了两份相同的保险。

4）对保险公司不满。

以上情况都可以申请解除保险合同，要求退还未到期的保费。退保保费为自投保人提出退保申请之日起的未了责任期保险费，即：退保保费 = 保费 ×（保单剩余有效天数/保单总有效天数）。

自退保之日起，同时合同解除。

3. 保险合同解除的后果

保险合同解除的后果就是合同效力的提前消灭。解除的效力从何时发生，一般有两种情形：一是溯及自合同成立时发生；二是向将来发生。在前一种情形下，原合同已经履行的部分恢复到履行前的状态，双方当事人从对方取得的财产返还给对方。在后一种情形下，原合同已经履行的部分继续有效，未履行的部分不再履行。

（1）投保人解除保险合同的后果　投保人解除保险合同的，其解除的效力自何时发生，取决于保险合同的种类。

1）在财产保险合同中，投保人解除合同的，其解除的效力仅向将来发生。我国《保险法》第五十四条规定："保险责任开始前，投保人要求解除合同的，应当按照合同约定向保险人支付手续费，保险人应当退还保险费。保险责任开始后，投保人要求解除合同的，保险人应当将已收取的保险费，按照合同约定扣除自保险责任开始之日起至合同解除之日止应收的部分后，退还投保人。"

2）在人身保险合同中，投保人解除合同的，其解除的效力溯及自保险合同成立时发生。我国《保险法》第四十七条规定；"保险人应当自收到解除合同通知之日起三十日内，按照合同约定退还保险单的现金价值。"

（2）保险人解除保险合同的后果　保险人解除保险合同的，其解除的效力自何时发生，取决于解除合同的条件。

1）基于以下条件，保险人解除合同的效力仅向将来发生：投保人故意隐瞒事实，不履行如实告知义务的，保险对于保险合同解除前发生的保险事故，不承担赔偿或者给付保险金的责任，并不退还保险费。投保人、被保险人或者受益人因其欺诈而被解除保险合同的，保险人不退还保险费。

2）基于以下条件，保险人解除合同的效力溯及自保险合同成立时发生，投保人因过失未履行如实告知义务，保险人解除合同的，对于保险合同解除前发生的保险事故，保险人不承担赔偿或者给付保险金的责任，但可以退还保险费。人身保险合同投保人申报的被保险人的年龄不真实，且其真实年龄不符合合同约定的年龄限制，保险人解除合同的，在扣除手续费后，向投保人退还保险费。

（三）保险合同的终止

保险合同的终止，即保险合同权利义务关系的绝对消灭。引起保险合同终止的原因主要有以下几个方面：

（1）自然终止　这也称届期终止，即保险合同的有效期限届满，保险人承担的保险责任即告终止。它是保险合同终止的最普遍、最基本的原因。保险合同期限届满以后的续保，不是原保险合同的继续，而是一个新合同的成立。

（2）因解除而终止　保险合同被解除的后果是导致保险合同终止的又一重要原因。保险合同双方当事人中的任何一方都可以根据法律规定或双方的约定行使合同的解除权解除合同，在这种情况下，合同解除的效力从解除合同的书面通知送达对方当事人时开始。当事人

也可以通过协商，在不损害国家利益、社会公共利益和他人利益的情况下，达成解除合同的协议，合同解除的效力从当事人达成一致的协议时开始。

（3）因义务已履行而终止　保险合同约定的保险事故发生，保险人以合同约定赔偿或给付保险金后，保险合同即告终止。保险汽车若一次事故全部损毁或推定全损，赔足保险金额后，合同终止。

（4）协议终止　协议终止是指在保险合同的有效期限内，经过合同双方当事人协商一致直接终止合同的行为。协议终止必须出于当事人的自愿，并经过双方协商一致，才产生终止合同的后果。通常汽车保险中会因保险车辆转让、赠予他人或报废等原因中途终止合同。

（四）保险合同的解释和争议处理

1. 保险合同的解释原则

对保险合同的理解，双方当事人往往会在主张权利或履行义务时发生争议，这种争议有相当部分是由于对合同条款的解释差异造成的。在这种情况下，采用适当的原则对合同的内容及其用词进行解释就显得非常重要。《中华人民共和国合同法》（以下简称《合同法》）第四十一条规定：“对格式条款的理解发生争议的，应当按照通常理解予以解释。对格式条款有两种以上解释的，应当做出不利于提供格式条款一方的解释。格式条款和非格式条款不一致的，应当采用非格式条款。”第一百二十五条规定：“当事人对合同条款的理解有争议的，应当按照合同所使用的词句、合同的有关条款、合同的目的、交易习惯以及诚实信用原则，确定该条款的真实意思。合同文本采用两种以上文字订立并约定具有同等效力的，对各文本使用的词句推定具有相同含义。各文本使用的词句不一致的，应当根据合同的目的予以解释。”根据以上规定，保险合同的解释应当依据以下几个原则：

（1）合法解释原则　保险合同当事人对保险合同条款的理解有分歧，需要对有分歧的条款进行解释时，不得违反法律、行政法规的强制性规定。

（2）文义解释原则　文义解释原则即按照保险条款文字的含义进行解释的原则。保险条款文字的含义包括两部分：①文字的普通含义。②文字的专门含义，即专业术语。在一般情况下，保险合同条款中的用语是以其普通含义来解释的，但是如果用语涉及专业术语时，如保险专业术语（如暴风、暴雨）或法律词语（如盗窃、抢劫），则应按所属的各行业的通用含义进行解释。

（3）意图解释原则　保险合同是双方当事人自由意志表示一致的结果。因此，在对合同进行解释时，必须尊重双方订立合同的真实意图。当事人在订约时的真实意图不能由当事人在发生争议时任意改动，而要根据合同的文字、订约时的背景等，按客观实际情况进行逻辑分析、演绎来确定。意图解释原则只适用于文义不清、用语模糊的情况。如果文字写得准确，意义毫不含糊，则应当按照文义原则进行解释。

（4）整体解释原则　对保险合同的解释，不论采用以上的哪一个原则，都不能只拘泥于合同的某一个条款或某一个条款的只言片语，不能断章取义，而应当把合同的某一个条款放到整个合同中，根据双方订立合同的目的，结合合同其他条款的内容来确定具体合同条款的含义。

（5）诚实信用解释原则　诚实信用原则是当事人在订立合同以及履行合同过程中必须遵守的基本原则，它要求当事人讲诚实、守信用，以善意的方式行使自己的权利，并以合同约定全面履行自己的义务。在对保险合同进行解释时，也要遵循诚实信用原则。

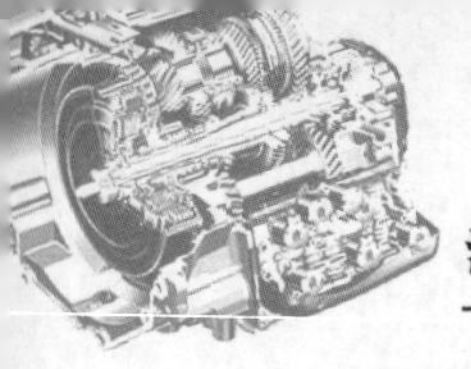

(6) 有利于被保险人的解释原则 保险合同是附和合同，保险合同条款是由保险人或其主管机关事先拟就的，投保人在订立合同时，对合同条款只能表示是否接受，在法律地位上相对处于弱势；而保险人则有很大的优势。对此，为了平衡保险合同双方当事人的地位，在对合同条款进行解释应采取的原则上，法律做了一些倾斜。《合同法》规定，对同一条款如果有两种以上解释的，应当做出不利于提供条款一方的解释。

我国《保险法》第三十条规定："采用保险人提供的格式条款订立的保险合同，保险人与投保人、被保险人或者受益人对合同条款有争议的，应当按照通常理解予以解释。对合同条款有两种以上解释的，人民法院或者仲裁机构应当做出有利于被保险人和受益人的解释。"

2. 保险合同的争议处理

(1) 什么是合同争议 合同争议是指保险人与投保人（包括被保险人和受益人）双方关于保险责任的归属问题，赔偿或给付保险金数额的确定等，对保险条款的解释产生异议，各执己见而发生的纠纷。合同产生争议的原因一般有：合同条款文字的含义模糊，对条款的解释产生分歧；或者由于保案情况比较复杂，特别是发生事故造成损失以后，对于引起损失的多种原因的确定，有的属于保险责任，有的不属于保险责任，或兼有两者并存的交织状态。因此，对责任归属的判断，保险人和投保人或被保险人、受益人的意见容易产生分歧，争议就不可避免。所以，在保险合同中，都包括关于争议处理的规定。

(2) 争议的处理 既然发生争议，为明确当事人双方的权利和义务，就必须对发生的争议进行适当的处理。《合同法》第一百二十八条规定："当事人可以通过和解或者调解解决合同争议。当事人不愿和解、调解或者和解、调解不成的，可以根据仲裁协议同仲裁机构申请仲裁。涉外合同的当事人可以根据仲裁协议向中国仲裁机构或者其他仲裁机构申请仲裁。当事人没有订立仲裁协议或者仲裁协议无效的，可以向人民法院起诉。当事人应当履行发生法律效力的判决、仲裁裁决、调解书；拒不履行的，对方可以请求人民法院执行"。保险合同争议可以采用以下方式解决：

1）和解。它是指当事人双方在互谅互让的基础上，通过进一步协商达成协议，从而自行解决争议的一种方法。这种解决纠纷的方式，不仅可以节约费用和减少许多麻烦，而且还能增进彼此的了解，不伤和气，有利于合同的继续履行。

2）调解。它是指在第三人的主持下，合同当事人双方依据自愿合法的原则，在明辨是非、分清责任的基础上达成协议，从而解决纠纷的方法。根据第三人的身份不同，调解可以分为自愿调解和司法调解。自愿调解是指在双方当事人共同选择在第三人的主持下达成和解的协议；司法调解则是在仲裁机构或者人民法院的主持下，双方当事人达成和解的协议。从法律效果来看，自愿调解达成的协议不具有强制执行的效力，当事人不履行调解协议的，对方当事人只能将争议提交仲裁或者向人民法院起诉，而无权向法院请求强制执行。司法调解达成的已经生效的和解协议具有强制执行的效力，任何一方不执行的，对方都有权向法院请求强制执行。

3）仲裁。它是指双方当事人在争议发生之前或者争议发生后，达成协议，自愿将争议交给仲裁机构做出裁决，争议双方有义务执行该裁决，从而解决争议的法律制度。仲裁是解决保险合同争议的重要方法，我国已制定和颁布了统一的仲裁法。仲裁以自愿为基本原则，以仲裁协议为基础。只有双方当事人订立有仲裁协议时，才可以将双方的争议提交仲裁，一旦当事人选择仲裁作为解决双方争议的方式，就不能再向法院提起诉讼。国内保险合同纠纷

的仲裁机构为各直辖市和省、自治区人民政府所在地或其他地区的市的人民政府组织有关部门和商会统一组建的仲裁委员会。涉外保险合同纠纷，可以提交由国际商会组织设立的涉外仲裁委员会仲裁。仲裁采取一裁终局制度，仲裁机构做出仲裁裁决后，当事人就同一纠纷，不能再申请仲裁或者向人民法院起诉。生效的仲裁裁决对双方当事人具有法律约束力，当事人必须执行，一方不执行仲裁裁决的，另一方可以申请法院强制其执行。

4）诉讼。双方当事人对保险合同的争议，还可以通过诉讼方式，请求法院予以解决。法院处理保险合同争议，应以事实为根据，以法律为准绳，实事求是地分清是非、明确责任，使争议得以及时、准确地解决。这对于维护合同双方当事人的合法权益，加强法制观念，保障社会经济秩序，都有重要意义。

保险合同属于民事法律关系的范畴，在诉讼过程中，适用民事诉讼法的有关规定。法院在审理保险合同纠纷的过程中，也必须坚持以调解为主的原则，尽量通过调解促使双方协商解决，调解不成的，及时做出判决。如果合同发生纠纷后，一方向法院提起诉讼：首先，应向法院递交起诉书，写明诉讼当事人的姓名、住址，诉讼请求和事实根据，按被告人数送交副本；其次，应提供合同、记录、原始凭证、来往信件和其他证明等，如果起诉人是法人，还应有委托书，明确诉讼代理人或代表的姓名、职务、代理权限等，并在委托书上加盖单位公章后，递交法院。法院收到原告的起诉书后，连同证明材料等，按时送达被告，被告应在法定的期限内提出答辩书递交法院，然后等待法院的开庭通知，参加诉讼。

为确保人民法院的判决得以顺利执行，当事人可以申请诉讼保全，请求扣押或冻结另一方当事人的财产，以防止其将财产转移或隐匿；当事人没有提出诉讼保全申请的，人民法院也可以依职权做出诉讼保全的决定，以保障当事人的权益不受损害。

我国现行诉讼制度，实行合议、回避、公开审判和两审终审制度。对于一审人民法院的判决不服的，当事人可以在收到判决书十五日内向上一级人民法院提起上诉，由上一级人民法院进行二审审理，二审法院做出的判决为终审判决。生效的判决对当事人具有法律约束力，当事人必须执行，任何一方不执行生效判决的，对方当事人可以申请人民法院予以强制执行。

任务实施

步骤1　拟定任务实施计划

在车辆使用过程中，为了达到避免、减少和防范车辆风险的目的，必须进行车辆投保。之前要了解保险合同在什么条件下生效。

步骤2　汽车保险合同的订立

保险合同的订立是投保人与保险人之间基于意思表示一致而做出的法律行为。保险合同的订立需经过投保人提出要求和保险人同意两个阶段，这两个阶段即为合同实践中的要约与承诺。

步骤3　汽车保险合同的生效

保险合同的成立是指投保人与保险人就保险合同条款达成协议。机动车保险合同自双方当事人签字或盖章时合同成立。

保险合同的生效是指保险合同对当事人双方发生约束力，即合同条款产生法律效力。保险合同的生效与成立的时间不一定一致。我国保险公司普遍推行“零时起保制”，把保险合

同生效的时间放在合同成立日的次日零时。

步骤4　汽车保险合同的变更与解除

保险合同的变更是指在保险合同有效期内，投保人和保险人相互协商，在不违反有关法规、法律的情况下，变更保险合同的主体、客体和内容。

保险合同的解除是指在保险合同生效后、有效期限届满之前，一方当事人根据法律规定或当事人双方的约定行使解除权，从而提前结束合同效力的法律行为。

1）法定解除。法定解除是法律赋予当事人的一种单方解除权。

2）协议解除。协议解除又称约定解除，是指当事人双方经协商同意解除保险合同的一种法律行为。

任务评价

使用任务评价表对任务完成情况进行评价，任务3评价表见表3-1。

表3-1　任务3评价表

评价项目	评分标准	分数	学生自评	小组互评	小计
团队合作	团队和谐，有分工有合作，组员积极参与	10			
操作过程	了解汽车保险合同的特点，清楚说明汽车保险合同订立的过程，清楚地介绍汽车保险合同的变更与解除	60			
创新点	有创新点，注重逻辑思维	10			
任务方案	完整、合理	10			
完成情况	圆满完成	10			
	总分	100			
教师评价					

任务小结

汽车保险合同的特点如图3-1所示。

图3-1　汽车保险合同的特点

任务4　分析汽车保险原则

任务目标

1. 掌握汽车保险五个基本原则的内容、适用范围。
2. 了解汽车保险五个基本原则的主要目的和条件。
3. 了解汽车保险五个基本原则在汽车保险业务中的具体应用。

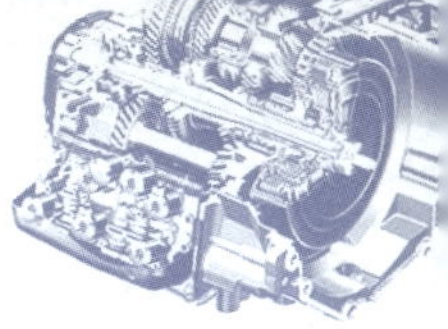

案例导入

刘先生为了方便上下班新购买了一款宝来 1.4TSI 轿车。刘先生的太太和 20 岁的儿子都有驾驶本，偶尔也会开此车。刘先生家有地下车库，节假日经常全家一起自驾游。刘先生想为车辆购买保险，于是，咨询保险公司，详细了解汽车保险原则方面的事项。

相关知识

一、保险利益原则

保险利益（又称可保利益）是指投保人对保险标的具有法律上承认的经济利益，而保险利益原则（又称可保利益原则）是指投保人或被保险人对于保险标的具有法律上认可的、经济上的利害关系。如果没有这种关系，投保人或被保险人对该保险标的就没有保险利益。

（一）利益构成必须具备的条件

1. 必须是法律认可的利益

保险利益必须是符合法律规定，符合社会公共秩序要求，为法律认可并受到法律保护的利益。如果投保人以非法律认可的利益投保，则保险合同无效。

2. 必须为经济上的利益

保险利益必须是可以用货币、金钱计算和估价的利益。保险不能补偿被保险人遭受的非经济上的损失。精神创伤、刑事处罚、政治上的打击等，虽与当事人有利害关系，但这种利害关系不是经济上的，不能构成保险利益。但人身保险的保险利益不纯粹以经济上的利益为限。

3. 必须是确定的利益

保险利益必须是已经确定的利益或者能够确定的利益。这包括两层含义：第一，该利益能够以货币形式估价。如属无价之宝而不能确定价格，保险人则难以承保。第二，该利益不是当事人主观估价的，而是事实上的或客观上的利益。所谓事实上的利益包括现有利益和期待利益（预期利益）。运费保险、利润损失保险均直接以预期利益作为保险标的。

（二）保险利益原则的立法方式

对保险利益，国际上有两种立法方式。

1. 定义式

在保险立法中对保险利益的概念进行定义，凡符合这一定义的，即认为是有保险利益。英国、美国采取这种方式。

2. 列举式

在立法中，对依法具有保险利益的情况一一列举。这种立法方式比较严格、清楚，但缺乏灵活性。一般而言，我国法律是国家对人身保险的保险利益立法，多采用列举式。

（三）遵循保险利益原则的主要目的

遵循保险利益原则的主要目的在于避免变保险为赌博、限制损害赔付程度和防止诱发道德风险。

1. 避免变保险为赌博

保险利益原则是体现保险人对投保人或被保险人已拥有的经济利益的保障，投保人不可

能因保险而额外获利，从而避免了保险成为赌博或类似于赌博的行为。

2. 限制损害赔付的程度

保险利益不仅具有质的规定，而且还具有量的规定。保险利益货币的量化金额是保险赔付的最高限额，对超过这一金额部分的经济利益不属于投保方的保险利益，从而有效地限制损害赔付的程度。

3. 防止诱发道德风险

保险利益原则防止投保人投保的目的不是为了被保险人得到的经济保障，而是单纯为了谋取保险金。

（四）保险利益的适用范围

保险利益原则适用于财产保险的保险利益和人身保险的保险利益。

（五）保险利益的转移和消灭

在财产保险合同方面，保险标的消灭，则保险利益消灭；在人身保险合同方面，被保险人因人身保险合同除外责任规定的原因死亡，如自杀、刑事犯罪被处决等，均构成保险利益的消灭。

财产保险保险利益的转移基本上有三种情况。

1. 让与

国际上，除海上货物运输保险以外的财产保险通常要求，如果投保人或被保险人将标的物转移他人而未经保险人同意或批注，则保险合同的效力终止。不过，这一规定侧重于要求保险标的物获得者履行批注手续，并未排除保险利益可随保险标的物让与而转移的情形。有的国家如法国、日本、瑞士、德国均侧重对受让人利益的保护，承认保险利益随保险标的的让与而转移，保险合同继续有效。而奥地利等国家则规定，保险标的物若为不动产，保险利益随之转移；若为动产，保险利益不得转移，保险合同消灭。

2. 继承

国际上大多数国家的保险立法规定，在财产保险中投保人或被保险人死亡，其继承人自动获得继承财产的保险利益，保险合同继续有效直至合同期满。

3. 破产

在财产保险中，被保险人破产，保险利益转移给破产财产的管理人和债权人。但各国法律通常规定一个期限，在此期限内保险合同继续有效。经过这一期限，破产财产的管理人或债权人应与保险人解除保险合同。

（六）保险利益原则的运用

在机动车辆保险的经营过程中，涉及保险利益原则方面存在一个比较突出的问题，即被保险人与车辆所有人不吻合的问题。在车辆买卖过程中，由于没有对保单项下的被保险人进行及时的变更，导致其与行驶证的车辆所有人不吻合，一旦车辆发生损失，原车辆所有人由于转让了车辆不具备对车辆的保险利益，而导致在其名下的保单失效，而车辆新的所有者由于不是保险合同中的被保险人，当然也不能向保险人索赔，这种情况在出租车转让过程中更明显。

二、最大诚信原则

最大诚信原则是指保险当事人在订立、履行保险合同的过程中要诚实守信，不得隐瞒有

关保险活动的任何重要事实，特别是投保人必须主动地向保险人陈述有关保险标的的风险情况的重要事情，不得以欺骗手段诱使保险人与之订立保险合同，否则，所订立的合同不具备法律效力。其中重要事实是指那些足以影响保险人判断风险大小、决定保险费率和确定是否接受风险转移的各种情况。

最大诚信原则是保险合同的基本原则，要求当事人所具有的诚信程度比其他民事活动更为严格，保险合同必须建立在双方最大诚信的基础上，任何一方如有违反，另一方有权提出合同无效。从理论上讲，最大诚信原则对保险合同的双方当事人都有约束，但在实践中，最大诚信原则更多地体现为对投保人或被保险人的要求。因为保险标的具有多样性和复杂性，在决定承保之前，保险人不可能做到对标的进行全面彻底的持续了解，即使要做到也需要投保人主动全面地配合。保险人通常是依据投保人告知的情况来决定承保与否及承保条件的，这就要求投保人本着最大诚信原则履行如实告知保证的义务。当然，最大诚信原则，对保险人也有约束，保险人也必须遵守。因为保险合同是一种附合合同，即保险合同的条款往往是由保险人单方面拟定的，保险合同的技术性、复杂性都很强，一般投保人难以充分了解和掌握，这就要求投保人从最大诚信原则出发，履行合同规定的责任和义务。

最大诚信原则的内容主要包括告知、保证、弃权与禁止反言等方面的内容。

（一）告知

告知是投保人的义务，它的含义有广义、狭义之分。狭义的告知是指合同当事人双方在订约前与订约时，当事人双方互相据实申报、陈述；广义的告知是指合同订立前、订立时及在保险合同有效期内，投保方对已知或应知的风险和标的有关实质性重要事实据实向保险方作口头或书面申报，同时，保险方也应将与投保方利害相关的实质性重要事实据实通告投保方。这里的实质性重要事实是指那些影响保险人确定保险费率或影响其是否承保及承保条件的每一项事实。

告知义务的立法形式主要有无限告知义务和询问回答告知义务。无限告知义务又称客观告知义务，即对告知的内容没有确定性的规定，只要求投保人具有告知保险人有关保险标的危险状况任何重要事实的义务。目前，法国、比利时以及英美法系国家的保险立法均采取这一形式；询问回答告知义务又称主观告知义务，即对保险人询问的问题必须如实告知，对询问以外的问题，投保人没有义务告知。保险人没有询问到的问题，投保人不告知不构成告知义务的违反。目前，大多数国家的保险立法采用询问回答告知义务的形式。我国《保险法》规定，订立保险合同，保险人就保险标的或者被保险人的有关情况提出询问的，投保人应当如实告知。

国际上违反告知义务的法律后果通常分为两大类：

1. 宣告保险合同无效

这种做法等于说告知是保险合同订立的必要条件和基础。如果投保人违反了告知义务，则合同失去了存在的基础，保险合同自始无效。采用该规定的国家有法国、荷兰、比利时等。随着保险技术的提高和保险业的发展，对这种宣告保险合同无效的做法已有新修正。

2. 保险人享有保险合同解除权

一般情况下，保险合同一经成立，保险人不能解除或变更保险合同。如投保人违反了告知义务，则保险人有权在规定期限内解除保险合同。这一规定较宣告保险合同无效的形式要灵活一些，保险人既可以解除保险合同，也可以放弃合同解除权，通过加收保险费或减少保

险金额的形式使保险合同继续有效。目前，英国、日本、德国基本上采取这种做法。

（二）保证

保证是最大诚信原则的一项重要内容，是指保险人和投保人在保险合同中约定，投保人对某一事项的作为或不作为，或担保某一事项的真实性。保证是保险合同的基础。因而，各国对保险合同中保证条款的掌握十分严格。被保险人违反保证，不论其是否有过失，亦不论是否给对方当事人造成损害，保险人均可解除合同，并不负赔偿责任。

1. 根据保证事项是否存在的划分，保证分为确认保证和承诺保证

1）确认保证，是投保人对过去或现在某一特定事实存在或不存在的保证，是对过去或投保当时的事实陈述，不包括保证该事实继续存在的义务。投保人只要事实上陈述不正确，即构成违反保证。

2）承诺保证，是投保人对将来某一特定事项的作为或不作为的保证。被保险人对承诺保证的违反，保险人得自其发生违反保证的行为之日起可解除合同。

2. 根据保证存在的形式划分，保证分为明示保证和默示保证

1）明示保证是保证的主要表现形式。在投保单式保险单中载明的保证条款为明示保证。通常采用书面形式。

2）默示保证是指保险合同中没有载明，但在保险实践中应予遵守的一类保证。例如：被保险的船舶必须有适航保证、适货保证、不得绕航保证及航行合法等保证。

（三）弃权与禁止反言

弃权是指放弃主张某项权利的行为。禁止反言是指对放弃的权利不得再向对方主张。例如：保险合同中规定了被保险人保证做某项事或者不做某项事，但保险人放弃了这项要求，那么保险人日后就不能以此为由而拒绝承担保险责任。

案例分析

某建筑公司以一辆奔驰轿车向保险代办处投保机动车辆保险。承保时，保险代理人误将该车以国产车计收保费，少收保费482元。保险公司发现这一情况后，遂通知投保人补缴保费，但遭拒绝。无奈下，保险公司单方向投保人出具了保险批单，批注："如果出险，我司按比例赔偿"。合同有效期内，该车不幸出险，投保人向保险公司申请全额赔偿。

如果本着保险价格与保险责任相一致的精神，此案宜按比例赔偿，但依法而论，应按保险金全额赔偿。其中重要的理由是依据最大诚信原则，保险合同是最大诚信合同。如实告知、弃权、禁止反言是保险最大诚信原则的内容。本案投保人以奔驰轿车为标的投保是履行如实告知义务。保险合同是双务合同即一方的权利为另一方的义务。在投保人履行合同义务后，保险公司依法必须使其权利得以实现，即依合同规定全额赔偿保险金。保险代理人误以国产车收取保费的责任不在投保人，代理人的行为在法律上应推定为放弃以进口车为标准收费的权利即弃权。保险公司单方出具批单的反悔行为是违反禁止反言的，违背了最大诚信原则，不具法律效力。因此，保险代理人具有准确适用费率的义务。在法律上，保险公司少收保费的损失应当由负有过错的保险代理人承担，不能因投保人少交保费而按比例赔偿。保险公司在收取补偿保费无结果的情况下，只能按照奔驰进口车的全额给付，而不是按比例赔付。否则，有违民事法律过错责任原则，使责任主体与损失承担主体错位。

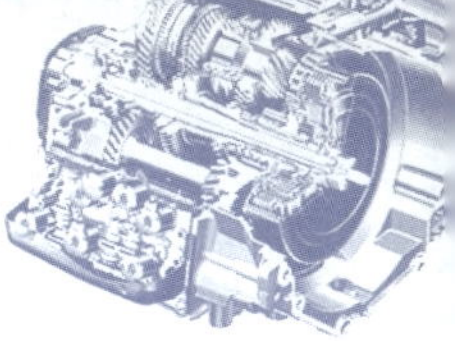

三、近因原则

（一）近因原则的含义

所谓近因是指造成保险标的的损失的最直接、最有效、起决定作用的原因，而不是指在时间上最接近损失的原因。

近因原则是指保险人承担赔偿或给付保险金的条件是造成保险标的损失的近因必须属于保险责任。即只有当保险事故的发生与损失的形成有直接因果关系时，才构成保险人赔付的条件。近因原则是保险理赔过程中必须遵循的重要原则。按照这一原则，只有当被保险人的损失是直接由于保险责任范围内的事故造成的，保险人才能予以赔偿。

（二）近因的认定方法

认定近因主要是确定损失的因果关系。如果因果关系一旦确定，导致其结果的近因是什么自然就十分清楚了。认定因果关系有顺序法和逆推法两种基本方法。

顺序法是指由原因推断结果的方法。该方法是按照逻辑推理，从第一个事件出发，分析判断下一个事件可能是什么，然后从下一个事件出发分析判断再下一个事件是什么，如此下去，直至分析到损失为止，最初事件发生的原因就是最终损失的近因。逆推法是指从结果推断原因的方法，该方法正好与顺序法相反。

（三）保险责任的确定

1. 损失由单一原因所致

保险标的的损失由单一原因所致，该原因即为近因。若该原因属于保险责任，保险人应负赔付责任；若该原因属于责任免除项目，保险人不负赔付责任。

2. 损失由多种原因所致

多种原因同时发生导致损失。导致原因同时发生而无先后之分，且均为保险标的损失的近因。这时将存在三种可能：一是所有近因均属保险责任，保险人理应承担全部责任；二是所有近因均属责任免除范围的原因，保险对该事件不承担任何责任；三是这些原因不全是保险责任，则应严格区分。对能区分保险责任和责任免除的，保险人只负保险责任范围所致损失的赔付责任。对不能区分的，可以协商赔付。

多种原因连续发生导致损失。导致原因连续作用下造成的损失，因各个原因之间没有间断，前后之间互为因果。因此，如果这些原因均为保险责任范围内的原因，保险人承担赔付责任。如果这些原因有些是保险责任范围内的原因，有些不是，则以保险风险因素为初始原因，保险人负责赔付，反之，保险人不承担赔付责任。

多种原因间断发生导致损失。间断发生，致使原有的因果关系断裂，形成一种相互独立关系，此时也应严格区分。保险人是否承担赔付责任，其根本依据是看导致的原因是否为保险责任，如果是，则承担，否则不承担。

案例分析

在日本有这样一个典型案例：在一起交通事故中被害者负伤后，由于无法忍受伤痛而自杀，该交通事故和被害者自杀之间有无因果关系，引起了一场诉讼。因为，这涉及保险公司是否应当承担保险责任的问题。在交通事故日益增加的今天，如何公正地解决这个问题，有着重要的社会意义。

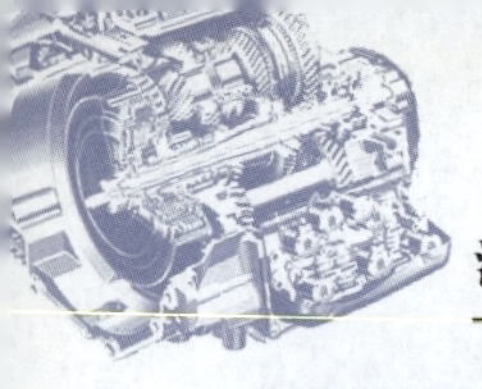

本案争论的焦点是：在交通事故发生以后，所遗留下来的后遗症对引发自杀这个结果，是否存在因果关系。

从案情分析中可知交通过失导致了受害者的负伤，并在积极治疗以后，仍然留下了十分严重的后遗症。受害者为病痛所折磨，并且遭受了精神上的打击，使得受害者在无法忍受肉体和精神上的痛苦之后，走上不归之路。从导致受害者自杀这一结果来看，其原因是双重的，就是肉体和精神上的痛苦，而产生这双重痛苦的直接原因为本案中所涉及的交通事故。为此，根据案情所列举的事实，可以推断出该自杀与交通事故有相当的因果关系。另外，根据日本的《自动车损害赔偿责任保障法》的规定，凡是机动车辆必须加入“自动车损害赔偿责任保险”，它是第三者责任保险，属于强制性保险。受害者已经加入了上述保险。根据交通事故现场的勘察，肇事者在该交通事故中应当负全部责任。日本地方法院在对交通事故与受害者的自杀之间做出了有相当因果关系的判断，根据“自动车损害赔偿责任保险”条款的损害补偿原则的规定，本应由肇事者承担的损害赔偿责任，就应当由保险公司来填补。

四、损失补偿原则

（一）补偿原则的含义

损失补偿原则是指在补偿性的保险合同中，当保险事故发生造成保险标的或被保险人损失时，保险人给予被保险人的赔偿数额，不能超过被保险人所遭受的经济损失。

这里的补偿有两层含义：其一是保险人对风险损失的赔偿可能是充分的，也可能是不充分的。若风险损失属保险责任范围内的损失，即补偿金额应等于保险标的的实际损失，那么补偿是充分的；若风险损失超过了保险责任范围内损失，则补偿限于保险标的的实际损失，补偿则为不充分的。其二是补偿不能使被保险人获取超过实际损失的经济利益，即保险人支付的赔偿金额不应超过被保险人的实际经济损失。补偿原则是财产保险理赔的基本原则，该原则的实现方式通常有现金赔付、修理、更换和重置。补偿原则一般不适用于人身保险，尤其不适用于人寿保险。

（二）补偿的限度

在具体赔偿时，应掌握三个限度：

1）以实际损失为限。它是保险补偿最基本的限制条件。当被保险人遭受损失后，不论其保险合同约定的保险金额为多少，其所能获得的保险赔偿以标的的实际损失为限。

2）以保险金额为限。它是保险人收取保险费的基础和依据，也是其发生赔偿责任的最高限额。因此，保险人的赔偿金额在任何情况下，均不能超过保险金额。

3）以被保险人对保险标的的保险利益为限。在被保险人的保险利益发生变更减少时，则应以被保险人实际存在的保险利益为限。如果发生风险时，一般的对保险人已经丧失的保险利益，保险人将不予赔偿。

（三）补偿原则的派生原则

1. 代位原则

代位原则是指保险人依照法律或保险合同约定，对被保险人遭受的损失进行赔偿后，依法取得向对财产损失负有责任的第三者进行追偿的权利或取得被保险人对保险标的的所有

权。它包括代位求偿和物上代位。

1）代位求偿是指当保险标的遭受保险风险损失，依法应当由第三者承担赔偿责任时，保险人自支付保险赔偿金之时，在赔偿金额的限度内，相应取得对第三者请求赔偿的权利。

2）物上代位是指保险标的遭受风险损失后，一旦保险人履行了对保险人的赔偿义务，即刻拥有对保险标的的所有权。

保险的目的是保障被保险人的利益不因保险风险的损失的存在而丧失。因此，被保险人在获得对保险标的所具有的保险利益的补偿后，就达到了保险的目的，保险标的理应归保险人所有。若保险金额低于保险价值时，保险人应按照保险金额与保险价值的比例取得受损保险标的的部分权利。

2. 分摊原则

分摊原则仅适用于财产保险中的重复保险。它是指在同一投保人对同一保险标的、同一保险利益、同一保险事故分别与两个以上保险人订立保险合同的情况下，被保险人所得到的赔偿金由各保险人采用适当的方法进行分摊。比例责任制和责任限额制是保险分摊常用的两种方法。其中，比例责任制分摊方法是以每个保险人所承保的保险金额比例来分摊损失赔偿责任。责任限额制分摊方法是指每个保险人对损失的分摊并不以其保险金额作为分摊基础。而是按照他们在无他保的情况下单独应负的限额责任比例分摊。

比例责任制分摊方法计算公式：

$$\text{某保险人责任}=\frac{\text{某保险人的保险金额}}{\text{所有保险人的保险金额之和}}\times\text{损失额}$$

责任限额制分摊方法计算公式：

$$\text{某保险人责任}=\frac{\text{某保险人独立责任限额}}{\text{所有保险人独立责任之和}}\times\text{损失额}$$

案例分析

甲、乙两个保险人承保某单位同一财产，甲保险人承保4万元，乙保险人承保8万，在保险期内发生了6万元的损失，则：

按比例责任制分摊为

$$\text{甲保险人赔付}=\frac{4}{4+8}\times 6\text{ 万元}=2\text{ 万元}$$

$$\text{乙保险人赔付}=\frac{8}{4+8}\times 6\text{ 万元}=4\text{ 万元}$$

按责任限额制分摊为

$$\text{甲保险人赔付}=\frac{4}{4+6}\times 6\text{ 万元}=2.4\text{ 万元}$$

$$\text{乙保险人赔付}=\frac{6}{4+6}\times 6\text{ 万元}=3.6\text{ 万元}$$

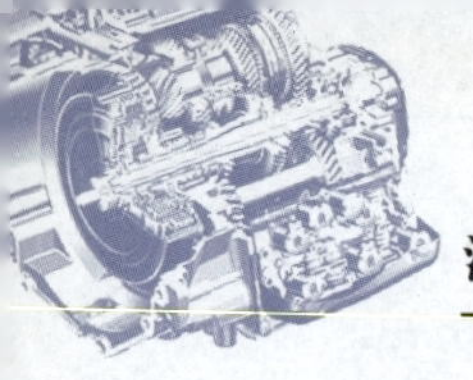

在机动车辆保险的经营过程中围绕补偿原则存在一个大的纠纷，即在机动车辆全部损失的情况下是应当按照出险前机动车辆的实际价值进行赔偿，还是应当按照保险金额进行赔偿的问题。不少保险人与被保险人对簿公堂，也不乏保险人败诉的案例，媒体也曾经严厉批评过保险人，出现这些现象的根本原因是在保险补偿原则及其例外的问题上存在从条款到实务的不完善的地方，在“2012版机动车商业保险示范条款”中明确机动车辆投保车损险按照车辆实际价值投保，从根本上解决这个长期困扰机动车辆保险正常经营和健康发展的问题。

五、公平互利原则

公平互利原则是指在平等的民事主体之间订立的合同，应当使合同双方当事人享有的权利与义务是对等的，对合同双方都应是有利的。公平互利原则是衡量合同是否有效的标准之一，也就是说，合同不应存在一方只享受权利而另一方只承担义务或权利义务极端不对称等的情况，一旦经法院确认。即可宣布合同无效。此项原则对保护合同双方当事人的利益，防止一方以大欺小、以强凌弱等行为发生，具有十分重要的意义。

公平互利原则是对守法原则的补充，也是对守法原则的具体化，在市场经济条件下，所有的市场主体都是平等的，无论是卖方或买方、提供服务方或接受服务方，他们的法律地位都是平等的，没有人享有法外优先权。保险业经营者在向市场提供产品或者服务时，除了遵循守法原则外，还要遵守公平互利原则，在提高和改善服务质量上下功夫，通过增加服务项目和优质服务赢得客户和获得经济效益。保险业的经营者不得通过采取不正当的手段获得或者强占市场份额，不得以损害客户的利益来获取自己的利益，不得以损害其他同业经营者的利益获取自己的利益。

六、与防灾减损相结合的原则

保险从根本上说，是一种危险管理制度，目的是通过危险管理来防止或减少危险事故，把危险事故造成的损失缩小到最低程度，由此产生了保险与防灾减损相结合的原则。

1. 保险与防灾相结合的原则

这一原则主要适用于保险事故发生前的事先预防。根据这一原则，保险方应对承保的危险责任进行管理，其具体内容包括：调查和分析保险标的的危险情况，据此向投保方提出合理建议，促使投保方采取防范措施，并进行监督检查；向投保方提供必要的技术支援，共同完善防范措施和设备；对不同的投保方采取差别费率制，以促使其加强对危险事故的管理，即对事故少、信誉好的投保方给予降低保费的优惠；相反，则提高保费等。遵循这一原则，投保方应遵守国家有关消防、安全、生产操作、劳动保护等方面的规定，主动维护保险标的的安全，履行所有人、管理人应尽的义务；同时，按照保险合同的规定，履行危险增加通知义务。

2. 保险与减损相结合的原则

这一原则主要适用于保险事故发生后的事后减损。根据这一原则，如果发生保险事故，投保方应尽最大努力积极抢险，避免事故蔓延、损失扩大，并保护出险现场，及时向保险人报案。而保险方则通过承担施救及其他合理费用来履行义务。

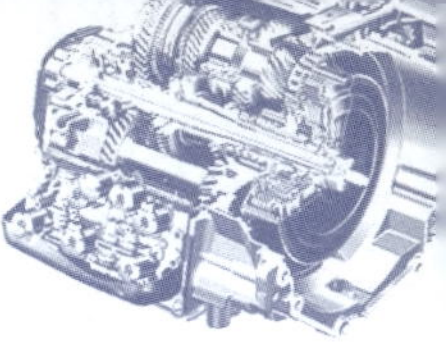

任务实施

步骤 1　拟定任务实施计划

在车辆使用过程中，为了达到避免、减少和防范车辆风险的目的，必须进行车辆投保。之前要了解保险的原则。

步骤 2　运用汽车保险基本原则分析有关保险合同案例

2020 年 5 月，孙某和王某合伙开了一家运输公司，各出资 30 万元购得一辆解放牌货车，孙某主外，负责货车驾驶；王某主内，负责公司经营与管理，所得利润按双方出资比例分配。保险公司营业员赵某得知朋友孙某购车，于是向其推销保险，孙某同意并购买了机动车损失保险和机动车第三者责任保险。当年 10 月，孙某在一次运输过程中由于路滑，车辆翻入悬崖，造成车毁人亡的交通事故。王某从赵某处得知孙某已购买车险一事，于是联合孙某家人一起向保险公司索赔。

理赔过程中保险公司认为：孙某对车辆出资 30 万元，因此对车辆只具备 30 万的保险利益，主张按 30 万元的车损计算赔款。王某及孙某家人认为应该按 60 万元赔偿车损，双方产生纠纷，诉诸法院。

案例剖析：

对于此案争议焦点是保险利益的界定，保险公司片面理解保险利益，认定只有所有权人才具备保险利益。保险利益原则指投保人对保险标的具备法律上认可的经济利害关系，因此只要满足这一条件就具备完全的保险利益。

孙某作为货车的共有人之一，虽然仅享有该车辆的一半所有权，但其现实保管和经营该车辆，其对该车具备法律认可的经济利害关系，所以孙某对该货车具有完全保险利益，所以保险公司应该按 60 万元计算机动车损失保险赔款。

任务评价

使用任务评价表对任务完成情况进行评价，任务 4 评价表见表 4-1。

表 4-1　任务 4 评价表

评价项目	评分标准	分数	学生自评	小组互评	小计
团队合作	团队和谐，有分工有合作，组员积极参与	10			
操作过程	了解汽车保险利益原则，最大诚信原则，近因原则，损失补偿原则，公平互利原则，并分析案例	60			
创新点	有创新点，注重逻辑思维	10			
任务方案	完整、合理	10			
完成情况	圆满完成	10			
	总分	100			
教师评价					

任务小结

汽车保险基本原则如图 4-1 所示。

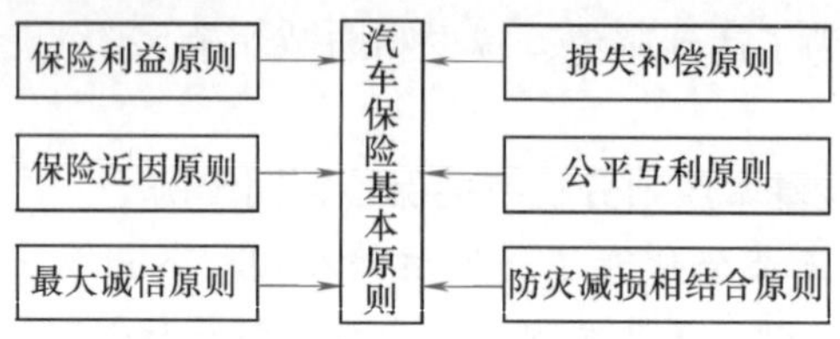

图 4-1　汽车保险基本原则

项目 1 检测

一、单选（每题 2 分，共 18 分）

1. 在汽车制动系统失灵酿成车祸而导致车毁人亡的事件中，属于风险因素的是（　　）。（易）

A. 制动失灵　　B. 车祸　　C. 车辆毁坏　　D. 人员伤亡

2. 按照风险性质分类，风险可分为（　　）。（中）

A. 静态风险与动态风险　　B. 基本风险和特定风险

C. 责任风险和信用风险　　D. 纯粹风险和投机风险

3. 在社会信用中，投机风险大量存在如（　　）等。（中）

A. 买入的股票等财物有被盗的可能性

B. 古董店可能遭受的火灾

C. 期货市场上交易的原油的风险

D. 农民的养鸡场可能遭受的瘟疫

4. 风险管理的基本程序正确的是（　　）。（难）

A. 风险识别—风险估测—风险评价—选择风险管理技术—风险管理效果评价

B. 风险识别—风险评价—风险估测—选择风险管理技术—风险管理效果评价

C. 风险评价—风险识别—风险估测—选择风险管理技术—风险管理效果评价

D. 风险评价—风险估测—风险识别—选择风险管理技术—风险管理效果评价

5. 风险管理的基本目标是（　　）。（中）

A. 以最小的成本获得最小的安全保障　　B. 以最大的成本获得最大的安全保障

C. 以最小的成本获得最大的安全保障　　D. 以最大的成本获得最小的安全保障

6. 投保人对保险标的所具有的法律上承认的利益称为（　　）。（易）

A. 保险利益　　B. 经济利益　　C. 法律权益　　D. 经济权益

7. 保险损失的近因，是指在保险事故发生时（　　）。（难）

A. 时间上最接近损失的原因　　B. 引起损失发生的第一个原因

C. 空间上最接近损失的原因　　D. 最直接起主导和支配作用的原因

8. 丁某投保了保险金额为80万元的房屋火灾保险,一场大火将该保险房屋全部焚毁,而火灾发生时该房屋的房价已跌至65万元,那么,丁某应得的保险金额为(　　)。(中)

A. 80万元　　B. 67.5万元　　C. 65万元　　D. 60万元

9. 投保人将市价为150万元的财产同时向甲、乙两家保险公司投保，保险金额分别为50万元和150万元，若一次保险事故造成实际损失为80万元，则按照比例责任分摊原则，甲、乙两家保险公司应分别承担的赔款是（　　）。(难)

A. 20万元和60万元　　B. 30万元和50万元

C. 40万元和40万元　　D. 60万元和20万元

二、判断（每题4分，共20分）

1. 人们常说的风险“无处不有，无时不在”反映了风险的普遍性特征。（　　）(易)

2. 只有损失机会而无获利可能的风险称为投机风险。(　　)(易)

3. 风险管理的第一步是风险评价。(　　)(中)

4. 风险因素是风险事故发生的潜在原因，是造成损失的内在的或间接的原因。(　　)(难)

5. 企业或单位自我承担风险损害后果的风险管理方法被称为自留。(　　)(中)

三、名词解释（每题6分，共24分）

1. 风险（易）

2. 可保风险（中）

3. 保险（难）

4. 汽车保险（难）

四、简答（每题8分，共24分）

1. 简述风险的组成要素及三者之间的关系。(易)

2. 简述可保风险应具备的条件。(中)

3. 简述损失补偿原则。(难)

五、论述（共14分）

试论述风险与保险的关系。(中)

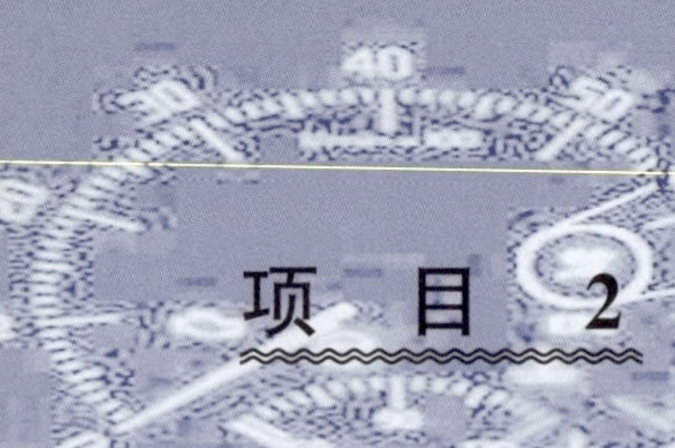

项目 2

介绍汽车保险产品

项目概述

本项目将介绍汽车保险的销售及销售技巧，汽车交强险的意义及内容，汽车商业险的内容，汽车损失险、盗抢险的内容，汽车保险的第三者责任险及车上人员责任险的内容。

学习本项目，熟悉交强险及商业险的主要内容。

任务5 汽车保险销售

任务目标

1. 了解汽车保险销售的准备。
2. 掌握汽车保险销售流程。
3. 掌握汽车保险销售的技巧。
4. 了解汽车保险销售的禁忌。

案例导入

保险业务员小王接触到张先生的信息，得知张先生的公司有几辆车的保险快要到期了，张先生向小王咨询交强险与商业险事宜，想尽量减少汽车保险的投入，得到最大的保障。这是一个比较好的销售对象，小王应当如何开展工作。小王必须全部熟悉汽车保险的分类及各项保险的作用，以及大概的理赔情况，掌握汽车保险的销售流程。

相关知识

一、汽车保险销售内容

（一）汽车保险销售准备

1. 保险员必备的素质

（1）主动热情、敬业爱业　保险产品不是看得见、摸得着的有形商品，销售人员推销的是一种观念，是对近期或者远期可能发生的某些事件的风险转移。因此，主动购买保险的客户通常占保险销售量的少数。大多数情况下销售人员要以“凭着爱心与信任，主动热情去接近，能量付出一百分”的姿态和面貌，积极主动地寻找客户，激发保险需求，帮助建

立保障。要非常热爱自己的产品，对产品不热爱的销售人员永远做不好业务；要懂得自己的产品，这一点相当重要，没有客户愿意和不懂产品的销售人员打交道，因为你根本无法说服客户购买你的产品。

（2）要有吃苦耐劳的精神　销售人员的工作是要主动寻找客户、向客户介绍和销售自己的产品，工作的成绩以客户的数量来衡量。要做好销售工作需要有吃苦耐劳的精神，每天走访2个客户和5个客户效果是截然不同的。

（3）态度诚恳形象专业　靓丽英俊的外表与销售成功并没有必然的联系，而诚恳的态度，却能在客户心中树立起很好的形象。在销售人员的眼中，所有的客户在需要建立保险、保障这一点是相同的，而没有金钱、地位、权势上的区别。对待普通客户不藐视、不冷落；对待有钱、有权、有势的客户，不降低自己的身份。对任何人都应该平等而热情，诚恳而坦率。说话时的口气不应咄咄逼人，态度一定要诚恳而坚决。

（4）知识广博、专业精深　保险业对从业人员的素质要求越来越高，不见得学历高就一定能够成功。一个优秀的销售人员应储备专业的保险知识，以及由保险衍生出来的金融、法律、财税、医学等多方面的知识。除此之外，销售人员还要不断地学习顾客心理学、行为科学、社会学、人际关系等多学科内容，并在实践中不断地感悟和总结。

（5）为客户着想　一个优秀的销售人员应该站在客户的立场上，根据个人财务状况等，帮助客户分析保险需求、制订计划、选择产品。这个时候，销售人员的身份是一个参谋。只有真正为客户利益而非为佣金着想的时候，才能做出让客户满意的工作。客户满意度高会吸引更多的客户，为销售人员带来更多的工作机会，在工作中形成良性循环。

（6）善于沟通　要说服客户购买自己的产品，除了要有竞争力的产品质量和价格外，还需要有良好的沟通技巧，向客户介绍产品时除了要有逻辑性还要兼顾好语言的艺术性。

2. 保险销售员的形象准备

（1）仪容仪表　着装要得体、大方、整洁，不着奇装异服；男性穿衬衣不能卷起袖子，不打领带要扣好除脖子扣外的其他扣子；头发梳理整齐，男性不能留长发，女性原则上不留夸张发型、不染刺眼的发色；女性不化太浓的妆，不留过长的指甲，不染指甲，香水原则上不要太浓；经常洗澡确保身上没有异味；鞋子要经常清擦，保持清洁、光亮；每日保持一个好心情，有个良好的精神面貌。

（2）言语　语调要清晰、平和、礼貌，用普通话；对客人的提问要明快地说明、率直地应答、充满自信；保持微笑；不说粗话、脏话，不说有损企业形象和信誉的话。

（3）举止　站立时要将臂伸直、两手自然放下，收小腹，重心集中在两脚的大拇指上；走路时将背挺直，不拖着脚跟走路，不在屋内奔跑，室外行走一秒钟不少于两步；同事间走路不勾肩搭背，不挽着手走路；不将手插在口袋中走路；坐着时要将背挺直，不靠在椅背上，双脚不可晃动或抖动；不在办公室内大声喧哗，不吃零食，不乱扔纸屑；如有过时不用的文件应撕碎后扔在纸篓内；严格遵守公司作息制度、劳动纪律、规章制度。

（二）汽车保险销售的流程

第一步，要去了解准保户的问题或需要。销售人员必须知道自己在第一次拜访准保户时，要得到的是些什么讯息。例如：准保户是否税务负担过重？目前投保的保费太高，所以希望以另外一份保费低、保障高的保险来取代？他和自己家人的关系怎样，有否给予他们最

大保障的强烈欲望？还有，他对自己未来有何抱负和计划？无论问题或需要些什么，销售人员都要充分地了解和掌握。

第二步，确认准保户希望获得哪些解决问题的方法。销售人员必须知道准保户希望怎样去解决当前自己所遭遇到的问题，以满足个人的需要，而这一点对销售来说是相当重要的。销售人员必须多了解保户的观念和想法，从中获取信息解读保户的需求，然后结合实际提出解决之道，务必使准保户对这个解决方法感到称心如意。

第三步，探知准保户的经济能力。销售人员必须要了解保户的经济状况，看看他投保的能力如何，然后才能对症下药。否则，纵然花上不少时间，仍旧会不得要领，徒劳无功。

第四步，要再确认准保户是否有解决问题的意愿。许多销售人员耗时费力地了解准保户的问题，也替对方找到了解决的方法，但却发现对方目前并不在意此问题能不能有所解决。因此，建议销售人员不妨用一个最简单的问题，来问准保户："李先生，您已经了解您的问题所在了，如果现在我能够协助您解决这些问题，您是否愿意跟我们进一步谈谈？"

第五步，知己知彼，百战不殆。在与准保户面谈中，销售人员必须了解其是否有经济决定权，或者是经济决定权在哪些家庭成员或其他人身上。此外，销售人员还要了解，有没有其他同业的销售人员也向该保户销售保险。如果确实有竞争者存在，销售人员就必须多花点时间去了解准保户与竞争者之间，对投保一事已进展到哪个程度。同时也要多注意这位竞争者的工作特点，以便能争取主动，占得上风。总之，应多了解准保户投保方面的情况，绝对不能掉以轻心，否则势必功败垂成。

第六步，与准保户谈妥最后的解决方案。在这个步骤里，最重要的是再确认准保户希望的是怎样的解决方案，他要有什么保障，能缴多少保费等，这些都需要我们再一次的求证。然后，尽可能在公司现有政策及产品里，设计出最合适准保户的保单来。在这个时候，充分地与准保户沟通，务求所得到的资料都是完整无缺的，同时也就初步的构想和准保户做进一步的讨论，以期得到最令准保户感到满意的方案。

第七步，找出谁是决定准保户可否投保的关键人物。当然，如果准保户可以独自决定，就没有这个问题。若是销售人员辛苦了半天，才发现决定准保户可否投保的却是另有其人的话，这对销售人员来说是没有什么好处的。所以在前面第五个步骤，就曾提到要先行打听，谁有该准保户的经济决定权。在完成第六步之后，销售人员，就一定要设法与这位人士见面。此时，销售人员可以直接问准保户是否要和他的财务顾问、律师、会计师或家人等商量。但是无论如何，只要准保户表示必须先和某人商量后才能决定，销售人员就得评估一番，看是否需要在开始进行保单设计之前，先和这位关键人物谈谈，把握送保单时机。

第八步，把握住送保单给保户的时机。每一位销售人员都会亲自将保单送给准保户，但是绝不是将保单交给他之后，就等待他的答复。在保险销售的过程中，最简单的，就是送交计划书给准保户，但是为了不让自己的辛苦成为幻影，为了使送交计划书就相当于促成这桩生意，销售人员就必须为准保户详细分析和解说这份保单能给保户带来的保障和优势，使保户同意在保单上签字。另外，当销售人员了解其他同业竞争者的产品，更重要的就是要告诉准保户，只要准保户做好选择，自己很乐意为他的选择提供专业的评估，看能否有更周到的方案提供给他。而亲自送上保单就是评估的最好时机。千万不要小看这一步，它可以让销售人员扭转劣势，创造出令人刮目相看的业绩。但是，光是知道这八大步，还是不够的。在

此，提醒每一位销售人员，跨出这八大步的一个先决条件，是要做一个好听众，同时还要多多发问。这是许多优秀而且满腹专业知识、技术的销售人员最容易忽略的一点。他们花了不少时间表达自己所知道的一切，但却不曾用些心思去了解准保户的问题。

汽车保险销售的基本流程见图 5-1。

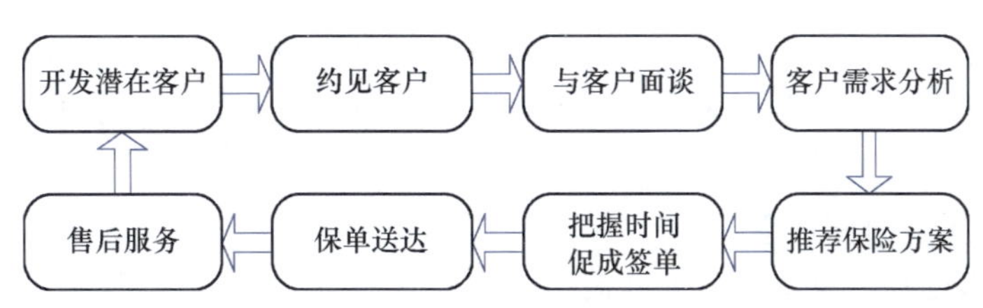

图 5-1　汽车保险销售流程

二、汽车保险销售技巧和禁忌

（一）汽车保险销售技巧

汽车保险销售技巧，主要是为了顾客提出的各种问题而准备的应对方法，以下是一些常用的应对话术。

1）客户对销售员有疑问。

客户：去年是在小陈那里买的。

销售员：您说的对！但今年您的保险由我来跟进吧，绝对保证质量。

2）客户回应已经有别人服务。

客户：我已经有人跟进了，不用麻烦您了！

销售员：是这样啊，我们公司的保险服务也很全面，难道您不想比较一下吗？

客户：我有熟人跟进了，不用你了。

销售员：这样的话，如果理赔时发生配件价格的维修工时差额纠纷可容易伤感情了啊。遇到这种情况我们车行会协助您和保险公司协商的，服务更重要嘛。

3）客户推迟洽谈。

客户：还没到期啊，到时再说吧！

销售员：对呀！我们通常是提前 45 天提醒客户的，让您早一点知道今年保险的方案和价格，多点考虑时间。而且对提前购买保险的客户有额外的优惠呢！

4）客户对理赔有意见。

客户：怎么我买了保险都不能赔呢？

销售员：能详细跟我谈一下吗？是什么原因被拒赔呢？再出现的话要第一时间联系我们。

5）客户对价格有异议。

客户：能不能便宜一点？

销售员：对不起，这个是最优惠的，您的这个想法我也很认同，消费者的共性啦。但我认为您的车得到保障比价格高低更重要，您也不想要打折的服务吧？我们公司只卖 ×× 公司的保险，服务高于价格也是我们的理念。请问价格之外，还有其他顾虑和疑问吗？

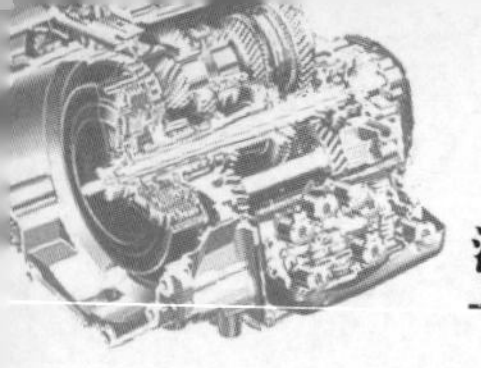

6）客户询问优惠情况。

客户：你们打多少折呢？

销售员：其实打多少折是根据具体情况而定的，您是关注我们最终的保费和能提供的服务吧？

7）客户寻求销售员的承诺。

客户：我在你这里买保险是不是到时候有什么问题都找你，我就不用管了？

销售员：这是我们的服务，我们会为客户代做理赔和全面跟踪，协助您快速理赔的。不过，不清楚的地方，一定要给我们机会先解释清楚哦。

8）客户表示需要时间考虑。

客户：我考虑之后，会给你打电话的。

销售员：××先生，您是成功人士，我怕您工作太忙误了续保时间。要不我们定个时间，我打过去吧。

（二）汽车保险销售的禁忌

1）无法控制好愤怒的情绪。

2）无法掌控良好的交流环境。销售人员要具有服务意识，用乐观感染客户、自信激励客户、诚信感动客户、热忱打动客户。

3）不诚信。夸大保险产品，诋毁同业公司是保险营销的大忌。

4）强迫推销。

5）工作不规范。

6）相互抢单。销售人员之间相互抢单是保险营销的一大禁忌。

7）生搬硬套。一套工作方案不要套用在所有客户上。要利用所得信息，有效地对症下药。

任务实施

步骤1 拟定任务实施计划

在进行保险销售时，可根据不同客户的情况，具体情况具体分析。

步骤2 潜在客户开发

潜在客户是关注保险或有投保意愿，但尚未签单的客户群体。开发的方法有：咨询、电话、信函、陌生拜访、老客户转介绍、网络营销、交叉介绍和权威介绍。

步骤3 客户的约见拜访

拥有了潜在的客户后，需要与潜在客户进一步接触，建立双方的关系，才能为其提供服务，促成交易。

1）客户约见：电话约定客户。明确打电话的目的和目标，确认对方时间的可行性。

2）信函邮件约见：运用信函的有效通信方式。措辞入情入理，说明公司的性质和服务质量。

步骤4 与客户面谈

1）制订拜访计划：拜访客户，了解客户的选择，才能使销售活动更加有效。

2）明确面谈目的：掌握主动权，掌握对方的信息越多越好。

3）建立与客户的信任关系：从陌生到熟悉，从熟悉到朋友。

4）采取合适的沟通风格：在与客户面谈时，了解对方的个性、爱好。

步骤 5 客户需求分析

客户需求分析所需了解的信息：

1）车辆使用情况，用途、车龄、车辆数量，车辆使用环境等。

2）驾驶车辆的人员的情况，如驾龄、性别、是否多人驾驶等。

3）客户的经济能力，风险偏好等。

步骤 6 介绍保险产品

1）设计保险方案：根据客户需求设计保险方案，推荐给客户。

2）介绍保险方案：分别介绍保险产品，分析利弊。

3）说明具体步骤。

步骤 7 保险促成签单

把握成交的时机，观察客户的行为，倾听客户的话语。运用恰当的方法促成，包括：风险分析法、激将法、假设成交法、利益驱动法、邀请法和行动法。

步骤 8 售后服务

理赔是保险售后服务的核心。但是客户购买保险并不是希望出事，而是担心出事，所以保险售后服务的价值应该是帮助客户进行风险防范。另外就是接受客户的咨询。

任务评价

使用任务评价表对任务完成情况进行评价，任务 5 的评价表见表 5-1。

表 5-1 任务 5 评价表

评价项目	评分标准	分数	学生自评	小组互评	小计
团队合作	团队和谐，有分工有合作，组员积极参与	10			
操作过程	分析拟投保人具体情况，主动约见客户面谈，介绍保险的意义，服务理念及服务保障，促成签单	60			
创新点	介绍有创新点	10			
任务方案	完整、合理	10			
完成情况	圆满完成	10			
	总分	100			
教师评价					

任务小结

1. 汽车保险销售的实施流程（图 5-2）。
2. 潜在客户的开发方法（图 5-3）。
3. 潜在客户分类（图 5-4）。

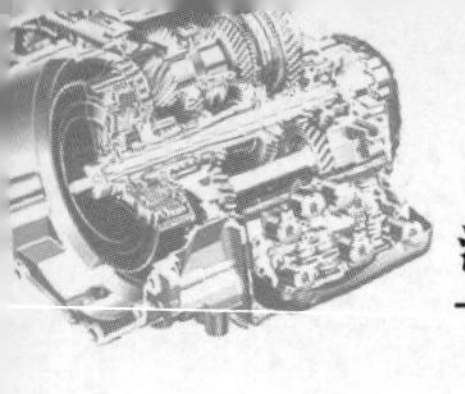

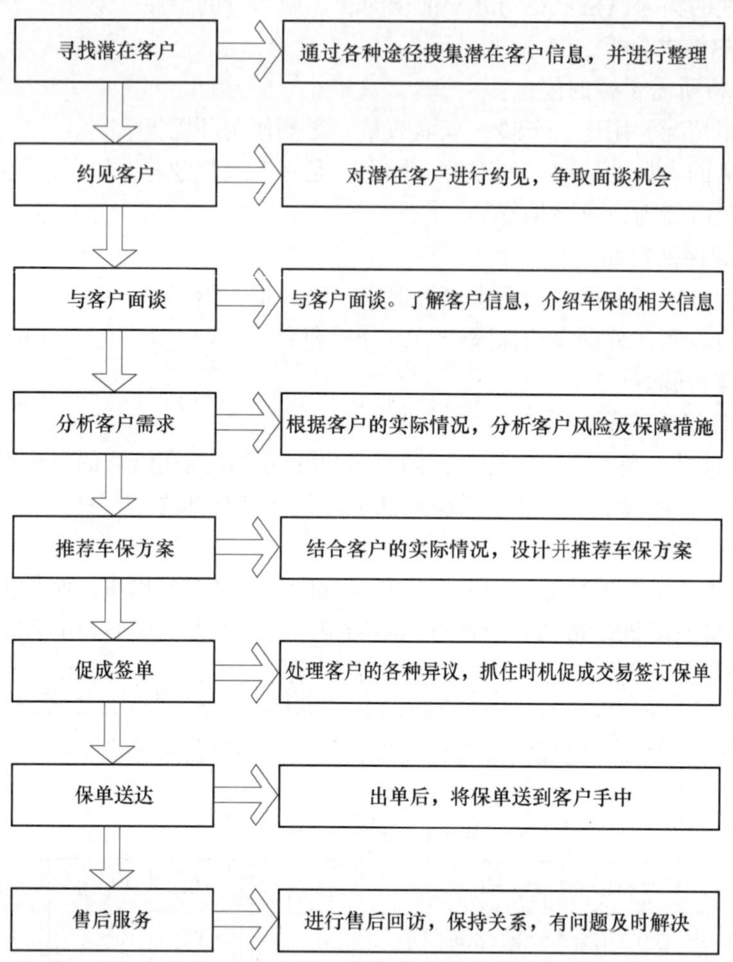

图5-2　汽车保险销售任务实施流程

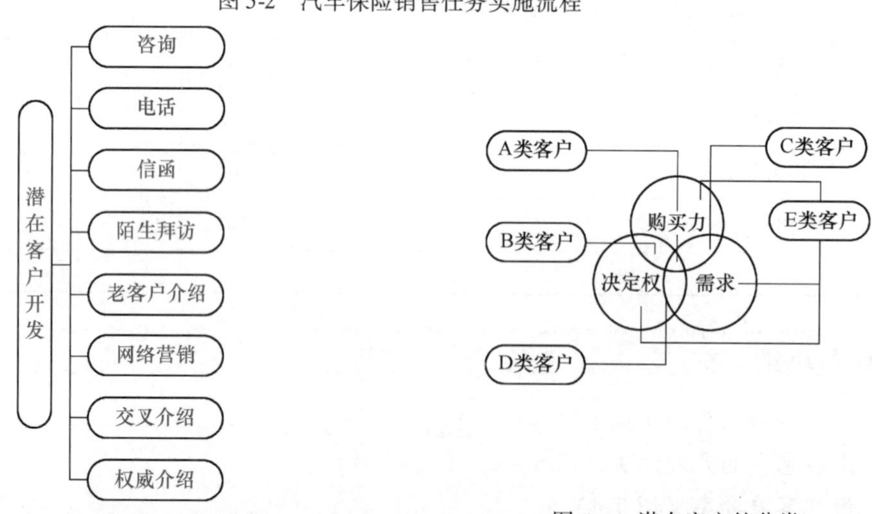

图5-3　开发潜在客户的方法

图5-4　潜在客户的分类

任务6　介绍交强险

任务目标

1. 了解交强险的意义。
2. 掌握交强险的内容。
3. 掌握交强险的保险金额及赔偿限额。
4. 能进行交强险的保险费率计算。

案例导入

王先生购买一辆雪佛莱1.6L，只是上班的代步车，想咨询一下交强险的投保注意事项，以及可否不交或能否少缴交强险事宜。请保险接待人员进行解释。

相关知识

一、交强险意义

（一）交强险的发展

交强险的全称是“机动车交通事故责任强制保险”，是由保险公司对被保险机动车发生道路交通事故造成受害人（不包括本车人员和被保险人）的人身伤亡、财产损失，在责任限额内予以赔偿的强制性责任保险。交强险是中国首个由国家法律规定实行的强制保险制度。

2004年5月1日起实施的《道路交通安全法》首次提出“建立机动车第三者责任强制保险制度，设立道路交通事故社会救助基金”。

2006年3月21日国务院颁布《机动车交通事故责任强制保险条例》，机动车第三者责任强制保险从此被“交强险”代替，条例规定自2006年7月1日起实施。

2006年6月30日，中国保监会发布《机动车交通事故责任强制保险业务单独核算管理暂行办法》，规定自发布之日起实施。

2007年6月27日，保监会发布《机动车交通事故责任强制保险费率浮动暂行办法》，规定自7月1日实行。

2007年7月1日随着配套措施的完善，交强险最终普遍实行，期间普遍实行的仍旧为“机动车第三者责任强制保险”（第三者强制保险）。

“机动车第三者责任强制保险”与现行的“机动车第三者责任保险”——属于商业保险，而新施行的“交强险”保险费率比“机动车第三者责任保险”高，根据被保险人在交通事故中所承担的事故责任来确定其赔偿责任。

无论被保险人是否在交通事故中负有责任，保险公司均将按照《交强险条例》以及交强险条款的具体要求在责任限额内予以赔偿。对于维护道路交通通行者人身财产安全、确保

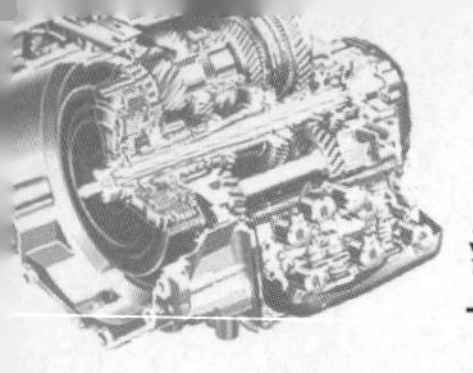

道路安全具有重要的作用，同时能减少法律纠纷、简化处理程序，确保受害人获得及时有效的赔偿。

2012年3月30日，《国务院关于修改〈机动车交通事故责任强制保险条例〉的决定》修改了如下内容：第五条第一款修改为“保险公司经保监会批准，可以从事机动车交通事故责任强制保险业务。”

根据中央人民政府网站公布的条例修改内容及全文，新版《机动车交通事故责任强制保险条例》（简称《条例》）只有以上一处修改。在2006年7月1日起施行的旧版条例中，允许从事交强险业务的只限于“中资保险公司”。去掉“中资”两个字，意味着中国正式向外资保险公司开放交强险市场，中国保险业进入全面开放阶段。

2012年12月17日，国务院决定对《机动车交通事故责任强制保险条例》进行如下修改：增加一条，作为第四十三条“挂车不投保机动车交通事故责任强制保险。发生道路交通事故造成人身伤亡、财产损失的，由牵引车投保的保险公司在机动车交通事故责任强制保险责任限额范围内予以赔偿；不足的部分，由牵引车方和挂车方依照法律规定承担赔偿责任。”本决定自2013年3月1日起施行。

（二）《交强险条例》的主要特点

《交强险条例》立足现实，着眼长远，既考虑了中国当前经济社会发展水平和能力，又充分借鉴了国外先进经验，具有较强的针对性和鲜明的特点。

一是突出“以人为本”。将保障受害人得到及时有效的赔偿作为首要目标。《交强险条例》规定，被保险机动车发生道路交通事故造成本车人员、被保险人以外的受害人人身伤亡、财产损失的，由保险公司依法在机动车交通事故责任强制保险责任限额范围内予以赔偿。

二是体现“奖优罚劣”。通过经济手段提高驾驶人守法合规意识，促进道路交通安全。《交强险条例》要求有关部门要逐步建立机动车交通事故责任强制保险与道路交通安全违法行为和道路交通事故的信息共享机制，被保险人缴纳的保险费与是否有交通违章挂钩。安全驾驶者将享有优惠的费率，经常肇事者将负担高额保费。

三是坚持社会效益原则。《交强险条例》要求保险公司经营机动车交通事故责任强制保险不以营利为目的，且机动车交通事故责任强制保险业务必须与其他业务分开管理、实行单独核算。保监会将定期核查保险公司经营机动车交通事故责任强制保险业务的盈亏情况，以保护广大投保人的利益。

四是实行商业化运作。机动车交通事故责任强制保险条款费率由保险公司制定，保监会按照机动车交通事故责任强制保险业务总体上不盈利不亏损原则进行审批。

《交强险条例》主要从机动车交通事故责任强制保险的投保、赔偿以及监督管理等方面进行了规定，明确了机动车交通事故责任强制保险制度的各项原则、保险双方当事人的权利义务以及监督管理机构的职责。

（三）交强险的重要意义

1）交强险是一项全新的保险制度。交强险制度的实施不仅关系到广大保险消费者的切身利益，还关系到保险行业的健康发展，也关系到社会的和谐稳定。交强险制度有利于道路交通事故受害人获得及时的经济赔付和医疗救治；有利于减轻交通事故肇事方的经济负担，化解经济赔偿纠纷；有利于促进驾驶人增强交通安全意识，促进道路交通安全；

有利于充分发挥保险的保障功能，维护社会稳定。财产保险业要充分认识其重要意义，以高度的政治意识和责任意识，切实做好交强险的各项工作，在构建社会主义和谐社会中发挥重要作用。

2）交强险有利于普及保险知识，增强全民保险意识，是保险业发展的重要历史机遇。保险公司要通过管理创新、经营创新、产品创新、服务创新，为社会提供全面丰富的保险保障和保险服务，树立良好的行业形象，实现又快又好地发展。

3）实施交强险制度是促进财产保险业诚信规范经营的有利契机。保险公司要根据法律法规要求，切实加强交强险的经营管理，通过转变增长方式，转换经营机制，加强内部控制管理，促进财产保险业规范管理和诚信经营。

【导读】

2012 年 12 月 21 日施行前的最高人民法院《关于审理道路交通事故损害赔偿案件适用法律若干问题的解释》第十九条明确规定："未依法投保交强险的机动车发生交通事故造成损害，当事人请求投保义务人在交强险责任限额范围内予以赔偿的，人民法院应予支持。"

二、交强险内容

（一）交强险的定义

交强险合同中的被保险人是指**投保人及其允许的合法驾驶人**。投保人是指与保险人订立交强险合同，并按照合同负有支付保险费义务的机动车的所有人、管理人。交强险合同中的受害人是指因被保险机动车发生交通事故遭受人身伤亡或者财产损失的人，但不包括被保险机动车本车车上人员、被保险人。交强险合同中的责任限额是指被保险机动车发生交通事故，保险人对每次保险事故所有受害人的人身伤亡和财产损失所承担的最高赔偿金额。责任限额分为死亡伤残赔偿限额、医疗费用赔偿限额、财产损失赔偿限额以及被保险人在道路交通事故中无责任的赔偿限额。其中无责任的赔偿限额分为无责任死亡伤残赔偿限额、无责任医疗费用赔偿限额以及无责任财产损失赔偿限额。交强险合同中的抢救费用是指被保险机动车发生交通事故导致受害人受伤时，医疗机构对生命体征不平稳和虽然生命体征平稳但如果不采取处理措施会产生生命危险，或者导致残疾、器官功能障碍，或者导致病程明显延长的受害人，参照国务院卫生主管部门组织制定的交通事故人员创伤临床诊疗指南和国家基本医疗保险标准，采取必要的处理措施所发生的医疗费用。

（二）交强险的保险责任、垫付与追偿、责任免除和保险期限

1. 保险责任

在中华人民共和国境内（不含港、澳、台地区），被保险人在使用被保险机动车过程中发生交通事故，致使受害人遭受人身伤亡或者财产损失，依法应当由被保险人承担的损害赔偿责任，保险人按照交强险合同的约定对每次事故在下列赔偿限额内负责赔偿：

1）死亡伤残赔偿限额为 180000 元。

2）医疗费用赔偿限额为 18000 元。

3）财产损失赔偿限额为 2000 元。

4）被保险人无责任时，无责任死亡伤残赔偿限额为 18000 元；无责任医疗费用赔偿限

额为1800元；无责任财产损失赔偿限额为100元。

死亡伤残赔偿限额和无责任死亡伤残赔偿限额项下负责赔偿丧葬费、死亡补偿费、受害人亲属办理丧葬事宜支出的交通费用、残疾赔偿金、残疾辅助器具费、护理费、康复费、交通费、被扶养人生活费、住宿费、误工费，被保险人依照法院判决或者调解承担的精神损害抚慰金。

医疗费用赔偿限额和无责任医疗费用赔偿限额项下负责赔偿医药费、诊疗费、住院费、住院伙食补助费，必要的、合理的后续治疗费、整容费、营养费。

2. 垫付与追偿

被保险机动车在下面1）至4）之一的情形下发生交通事故，造成受害人受伤需要抢救的，保险人在接到公安机关交通管理部门的书面通知和医疗机构出具的抢救费用清单后，按照国务院卫生主管部门组织制定的交通事故人员创伤临床诊疗指南和国家基本医疗保险标准进行核实。对于符合规定的抢救费用，保险人在医疗费用赔偿限额内垫付。被保险人在交通事故中无责任的，保险人在无责任医疗费用赔偿限额内垫付。对于下列情况造成的损失和费用，保险人负责垫付和追偿。

1）驾驶人未取得驾驶资格的。

2）驾驶人醉酒的。

3）被保险机动车被盗抢期间肇事的。

4）被保险人故意制造交通事故的。

对于垫付的抢救费用，保险人有权向致害人追偿。

3. 责任免除

下列损失和费用，交强险不负责赔偿和垫付：

1）因受害人故意造成的交通事故的损失。

2）被保险人所有的财产及被保险机动车上的财产遭受的损失。

3）被保险机动车发生交通事故，致使受害人停业、停驶、停电、停水、停气、停产、通信或者网络中断、数据丢失、电压变化等造成的损失以及受害人财产因市场价格变动造成的贬值、修理后因价值降低造成的损失等其他各种间接损失。

4）因交通事故产生的仲裁或者诉讼费用以及其他相关费用。

4. 保险期限

除国家法律、行政法规另有规定外，交强险合同的保险期间为一年，以保险单载明的起止时间为准。

（三）投保人、被保险人义务

1）投保人投保时，应当如实填写投保单，向保险人如实告知重要事项，并提供被保险机动车的行驶证和驾驶证复印件。重要事项包括机动车的种类、厂牌型号、识别代码、号牌号码、使用性质和机动车所有人或者管理人的姓名（名称）、性别、年龄、住所、身份证或者驾驶证号码（组织机构代码）、续保前该机动车发生事故的情况以及保监会规定的其他事项。投保人未如实告知重要事项，对保险费计算有影响的，保险人按照保单年度重新核定保险费计收。

2）签订交强险合同时，投保人不得在保险条款和保险费率之外，向保险人提出附加其他条件的要求。

3）投保人续保的，应当提供被保险机动车上一年度交强险的保险单。

4）在保险合同有效期内，被保险机动车因改装、加装、使用性质改变等导致危险程度增加的，被保险人应当及时通知保险人，并办理批改手续。否则，保险人按照保单年度重新核定保险费计收。

5）被保险机动车发生交通事故，被保险人应当及时采取合理、必要的施救和保护措施，并在事故发生后及时通知保险人。

6）发生保险事故后，被保险人应当积极协助保险人进行现场查勘和事故调查。

发生与保险赔偿有关的仲裁或者诉讼时，被保险人应当及时书面通知保险人。

（四）赔偿处理

1. 被保险机动车发生交通事故

被保险机动车发生交通事故的，由被保险人向保险人申请赔偿保险金。被保险人索赔时，应当向保险人提供以下材料：

1）交强险的保险单。

2）被保险人出具的索赔申请书。

3）被保险人和受害人的有效身份证明、被保险机动车行驶证和驾驶人的驾驶证。

4）公安机关交通管理部门出具的事故证明，或者人民法院等机构出具的有关法律文书及其他证明。

5）被保险人根据有关法律法规规定选择自行协商方式处理交通事故的，应当提供依照《道路交通事故处理程序规定》规定的记录交通事故情况的协议书。

6）受害人财产损失程度证明、人身伤残程度证明、相关医疗证明以及有关损失清单和费用单据。

7）其他与确认保险事故的性质、原因、损失程度等有关的证明和资料。

2. 保险事故发生后

保险事故发生后，保险人按照国家有关法律法规规定的赔偿范围、项目和标准以及交强险合同的约定，并根据国务院卫生主管部门组织制定的交通事故人员创伤临床诊疗指南和国家基本医疗保险标准，在交强险的责任限额内核定人身伤亡的赔偿金额。

3. 因保险事故造成受害人人身伤亡

因保险事故造成受害人人身伤亡的，未经保险人书面同意，被保险人自行承诺或支付的赔偿金额，保险人在交强险责任限额内有权重新核定。因保险事故损坏的受害人财产需要修理的，被保险人应当在修理前会同保险人检验，协商确定修理或者更换项目、方式和费用。否则，保险人在交强险责任限额内有权重新核定。

4. 被保险机动车发生涉及受害人受伤的交通事故

被保险机动车发生涉及受害人受伤的交通事故，因抢救受害人需要保险人支付抢救费用的，保险人在接到公安机关交通管理部门的书面通知和医疗机构出具的抢救费用清单后，按照国务院卫生主管部门组织制定的交通事故人员创伤临床诊疗指南和国家基本医疗保险标准进行核实。对于符合规定的抢救费用，保险人在医疗费用赔偿限额内支付。被保险人在交通事故中无责任的，保险人在无责任医疗费用赔偿限额内支付。

（五）合同变更与终止

1）在交强险合同有效期内，被保险机动车所有权发生转移的，投保人应当及时通知保

险人，并办理交强险合同变更手续。

2）在下列三种情况下，投保人可以要求解除交强险合同：

①被保险机动车被依法注销登记的。

②被保险机动车办理停驶的。

③被保险机动车经公安机关证实丢失的。

交强险合同解除后，投保人应当及时将保险单、保险标志交还保险人；无法交回保险标志的，应当向保险人说明情况，征得保险人同意。

3）发生《机动车交通事故责任强制保险条例》所列明的投保人、保险人解除交强险合同的情况时，保险人按照日费率收取自保险责任开始之日起至合同解除之日止期间的保险费。

任务实施

步骤1　制订任务实施计划

分析了解交强险及客户信息。

步骤2　分析交强险条款

（1）分析哪些人需要投保机动车交通事故责任强制保险，强制性如何体现　《条例》第二条规定，在中华人民共和国境内道路上行驶的机动车的所有人或者管理人应当投保机动车交通事故责任强制保险。机动车交通事故责任强制保险的强制性不仅体现在强制投保上，同时也体现在强制承保上。一方面，未投保机动车交通事故责任强制保险的机动车不得上道路行驶；另一方面，具有经营机动车交通事故责任强制保险资格的保险公司不能拒绝承保机动车交通事故责任强制保险业务，也不能随意解除机动车交通事故责任强制保险合同（投保人未履行如实告知义务的除外）。违反强制性规定的机动车所有人、管理人或保险公司都将受到处罚。

（2）分析机动车交通事故责任强制保险保障对象和保障内容　机动车交通事故责任强制保险涉及全国1亿多辆机动车，保障全国十几亿道路和非道路通行者的生命财产安全。机动车交通事故责任强制保险保障的对象是被保险机动车致害的交通事故受害人，但不包括被保险机动车本车人员、被保险人。限定受害人范围，一是考虑到机动车交通事故责任强制保险作为一种责任保险，以被保险人对第三方依法应负的民事赔偿责任为保险标的。二是考虑到2004年实施的《中华人民共和国道路运输条例》要求从事客运服务的承运人必须投保承运人责任险，乘客的人身财产损害可以依法得到赔偿。

机动车交通事故责任强制保险保障内容包括受害人的人身伤亡和财产损失。《条例》第二十一条规定，被保险机动车发生道路交通事故造成本车人员、被保险人以外的受害人人身伤亡、财产损失的，由保险公司依法在机动车交通事故责任强制保险责任限额范围内予以赔偿。目前，从已经建立机动车交通事故责任强制保险的国家和地区看，机动车交通事故责任强制保险的保障范围一般有两类：一类是仅保障受害人人身伤亡，对财产损害不予赔偿，如日本、韩国等国家和台湾地区。另一类对人身伤亡和财产损失均予以保障，如英国、美国等。我国的机动车交通事故责任强制保险保障内容既包括人身伤亡也包括财产损失，这贯彻了《道路交通安全法》第七十六条的有关规定，更好地维护了交通事故受害人的合法权益。

（3）分析理解机动车交通事故责任强制保险业务总体上不盈利不亏损的原则　《条例》第六条规定，保监会按照机动车交通事故责任强制保险业务总体上不盈利不亏损的原则审批保险费率。所谓不盈利不亏损原则，是指保险公司在厘定机动车交通事故责任强制保险费率时只考虑成本因素，不设定预期利润率，即费率构成中不含利润。也就是说，不盈不亏原则体现在费率制定环节，而不是简单等同于保险公司的经营结果。保险公司在实际经营过程中，可以通过加强管理、降低成本来实现微利，也可能由于新环境下赔付成本过高而出现亏损。

为了能够核查保险公司经营机动车交通事故责任强制保险的实际情况，《条例》第七条规定，保险公司的机动车交通事故责任强制保险业务，应当与其他保险业务分开管理，单独核算。同时，《条例》还规定，保监会应当每年对保险公司的机动车交通事故责任强制保险业务情况进行核查，并向社会公布。根据保险公司机动车交通事故责任强制保险业务的总体盈利或者亏损情况，可以要求或者允许保险公司调整保险费率。对于费率调整幅度较大的，还应当进行听证。

步骤3　了解交强险保费

（1）交强险费率的浮动比率　机动车交通事故责任强制保险基础费率浮动因素和浮动比率按照《机动车交通事故责任强制保险费率浮动暂行办法》。

（2）交强险保险费的计算办法

交强险最终保险费 = 交强险基础保险费 ×（1 + 与道路交通事故相联系的浮动比率）

步骤4　选择保险公司

给客户介绍保险公司性质，优惠条件，解释理赔注意事项。

步骤5　促成签单

介绍交强险的必须性，提供权限优惠，促成签单。

任务评价

使用任务评价表对任务完成情况进行评价，任务6的评价表见表6-1。

表6-1　任务6评价表

评价项目	评分标准	分数	学生自评	小组互评	小计
团队合作	团队和谐，有分工有合作，组员积极参与	10			
操作过程	能介绍交强险的特点，交强险保险责任，交强险险种责任免除，交强险保险金额；能向投保人介绍索赔事项及与商业险的区别	60			
创新点	介绍有创新点	10			
任务方案	完整、合理	10			
完成情况	圆满完成	10			
	总分	100			
教师评价					

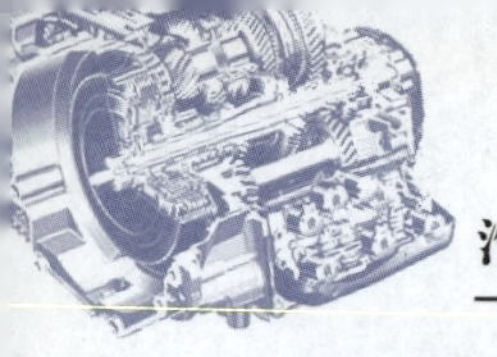

任务小结

1. 交强险特点（图6-1）。

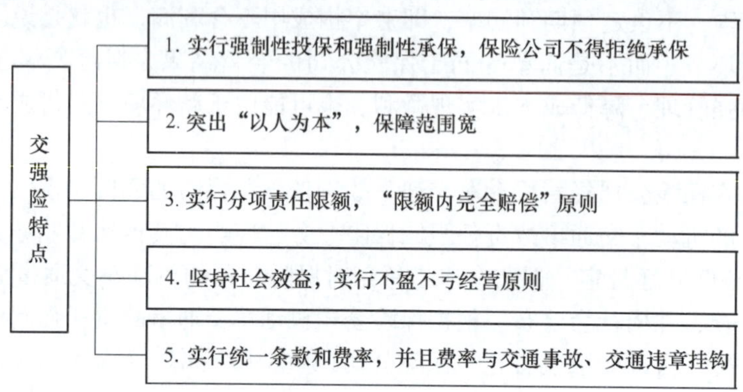

图6-1　交强险特点

2. 交强险条款结构（图6-2）。

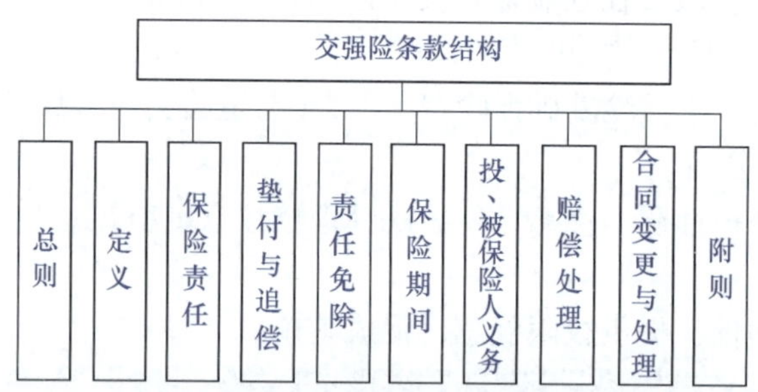

图6-2　交强险条款结构

任务7　介绍车损险及附加险

任务目标

1. 了解汽车损失险的重要意义。
2. 掌握汽车损失险及附加险条款。
3. 能计算损失险及附加险费率。

案例导入

王先生购买一辆雪佛莱1.6L，主要是上班的代步车，有时节假日全家一起就近自驾游，王先生老家在附近县城，有时周六日要回老家探望父母，想咨询一下损失险的投保注意事项，以及可否不交或能否少缴事宜。请保险接待人员进行解释。

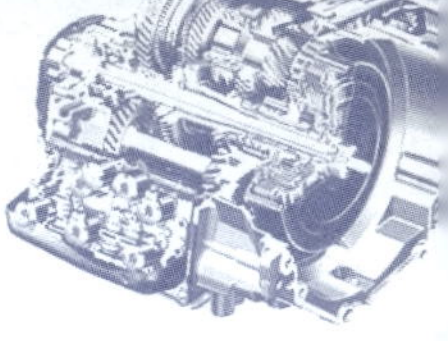

相关知识

一、机动车损失险

2003 年以前，我国汽车保险条款和费率由原中国保险监督管理委员会制定，其根据不同地区特点和经营情况，将汽车保险分为 A、B、C 三款供各保险公司选用。当时人保、中华联合保险等全国半数以上的保险公司选用 A 款；平安、华安、安邦等使用 B 款；太平洋保险公司等使用 C 款。我国当时的机动车辆商业保险险种由基本统一的主险险种和主要的附加险种以及个性化的各家保险公司自主制定的其他附加险险种组成。三款主险有所不同，但都把车损险、第三者责任险、盗抢险、车上人员责任险列为主险险种。

为了推进商业车险费率和条款市场化改革，鼓励符合一定条件的保险公司自主开发车险条款，中国保险行业协会于 2012 年 3 月 15 日正式发布《机动车辆商业保险示范条款》（以下简称《示范条款》），对现行的商业车险 A、B、C 条款进行了整合，在对原有商业车险条款进行全面梳理的同时，认真筛查了不利于保护被保险人权益、表述不清和容易产生歧义之处，尤其是对消费者广泛关注的“高保低赔”“无责不赔”“代位追偿”等热点问题进行了合理修订。

2020 年，在中国银保监会的指导下，中国保险行业协会对 2014 版商业车险示范条款进行了修订完善，形成了现在实施的《中国保险行业协会机动车商业保险示范条款（2020 版）》（以下简称《示范条款》（2020 版））。随着汽车工业的发展，新能源车市场占有率持续增加，在银保监会的指导下，中国保险行业协会（以下简称保险业协会）开发完成《新能源汽车商业保险专属条款（试行）》，并于 2021 年 12 月 14 日发布实施。

本书就 2020 年 9 月 19 日实施的《中国保险行业协会机动车商业保险示范条款（2020 版）》，结合 2021 年 12 月 14 日发布的《新能源汽车商业保险专属条款（试行）》内容进行介绍。

机动车辆损失保险简称车损险，是指保险车辆遭受保险责任范围内的自然灾害或意外事故，造成保险车辆本身损失，保险人依照保险合同的规定给予赔偿。车损险为不定值保险，在汽车损失险保险合同中不确定保险标的的保险价值，而是按照保险事故发生时保险标的的实际价值确定保险价值的保险合同。

（一）保险责任

1. 保险事故责任

保险期间内，被保险人或其允许的合法驾驶人在使用被保险机动车过程中，因自然灾害、意外事故造成被保险机动车的直接损失，保险人依照保险合同的约定负责赔偿。具体如下：

（1）碰撞、倾覆、坠落　碰撞是指被保险机动车辆与外界物直接接触并发生意外撞击、产生撞击痕迹的现象。包括被保险机动车按规定载运货物时，所在货物与外界物体的意外撞击。

倾覆是指意外事故导致被保险机动车翻倒（两轮以上离地、车体触地），处于失去正常状态和行驶能力、不经施救不能恢复行驶的状态。

坠落是指被保险机动车辆在行驶中发生意外事故，整车腾空后下落，造成损失的情况。非整车腾空，仅由于颠簸造成的被保险机动车损失的，不属于坠落责任。

(2) 火灾、爆炸　火灾是指被保险机动车本身以外的火源引起的，在时间或空间上失去控制的燃烧（即有热、有光、有火焰的剧烈的氧化反应）所造成的灾害。

(3) 外界物体坠落、倒塌

(4) 暴风、龙卷风　暴风是指风力速度28.5m/s（相当于11级大风）以上的大风，风速以气象部门公布的数据为准。

(5) 雷击、雹灾、暴雨、洪水、海啸

(6) 地陷、冰陷、崖崩、雪崩、泥石流、滑坡　地陷指地壳因为自然变异、地层收缩而发生突然塌陷以及海潮、河流、大雨侵蚀时，地下有孔穴、矿穴，以致地面突然塌陷。

(7) 载运保险车辆的渡船遭受自然灾害（只限于有驾驶人随车照料的情形）

2. 事故的施救责任

发生保险事故时，被保险人或其允许的合格驾驶人对保险车辆采取施救、保护措施所支出的合理费用，保险人负责赔偿。但此项费用的最高赔偿金额以保险金额为限。

施救措施是指当发生保险责任范围内的事故或灾害时，被保险人为减少和避免保险车辆损失所实施的抢救行为。保护措施是指保险责任范围内的事故或灾害发生时，被保险人为防止保险车辆损失扩大和加重而采取的措施。合理费用是指采取施救、保护措施实施时的直接的和必要的费用。

如保险车辆因洪水而倾覆在水中，被保险人雇人将其拖到陆地上，就是为减少损失而采取的积极施救措施；当保险车辆被拖到陆地以后，由于受损不能行驶，为防止损失扩大，被保险人雇人看守就是合理的保护措施。上述费用支出根据有关部门出具的相应证明，保险人予以赔偿。

(二) 责任免除

1. 在上述保险责任范围内，下列情况下，不论任何原因造成被保险机动车的任何损失和费用，保险人均不负责赔偿：

1) 事故发生后，被保险人或驾驶人故意破坏、伪造现场，毁灭证据。

2) 驾驶人有下列情形之一者。

①交通肇事逃逸。它是指发生道路交通事故后，当事人为逃避法律责任，驾驶或者遗弃车辆逃离道路交通事故现场以及潜逃藏匿的行为。

②饮酒、吸食或注射毒品、服用国家管制的精神药品或者麻醉药品。

③无驾驶证，驾驶证被依法扣留、暂扣、吊销、注销期间。

④驾驶与驾驶证载明的准驾车型不相符合的机动车。

3) 被保险机动车有下列情形之一者。

①发生保险事故时被保险机动车行驶证、号牌被注销。

②被扣留、收缴、没收期间。

③竞赛、测试期间，在营业性场所维修、维护、改装期间。

④被保险人或驾驶人故意或重大过失，导致被保险机动车被利用从事犯罪行为。

2. 下列原因导致的被保险机动车的损失和费用，保险人不负责赔偿：

①战争、军事冲突、恐怖活动、暴乱、污染（含放射性污染）、核反应、核辐射。

②违反安全装载规定。

③被保险机动车被转让、改装、加装或改变使用性质等，导致被保险机动车危险程度显著增加，且未及时通知保险人，因危险程度显著增加而发生保险事故的。

④投保人、被保险人或驾驶人故意制造的保险事故。

3. 下列损失和费用，保险人不负责赔偿：

①因市场价格变动造成的贬值、修理后因价值降低引起的减值损失。

②自然磨损、蓄电池衰减（新能源汽车包含此内容）、朽蚀、腐蚀、故障、本身质量缺陷。

③投保人、被保险人或驾驶人知道保险事故发生后，故意或者因重大过失未及时通知，致使保险事故的性质、原因、损失程度等难以确定的，保险人对无法确定的部分，不承担赔偿责任，但保险人通过其他途径已经知道或者应当及时知道保险事故发生的除外。

④因被保险人违反本条款第十五条约定，导致无法确定的损失。

⑤车轮单独损失，无明显碰撞痕迹的车身划痕，以及新增加设备的损失。

⑥非全车盗抢、仅车上零部件或附属设备被盗窃。

⑦充电期间因外部电网故障导致被保险新能源汽车的损失（新能源车车损险免责条款包含此内容）。

（三）免赔额

对于投保人与保险人在投保时协商确定绝对免赔额的，保险人在依据本保险合同约定计算赔款的基础上，增加每次事故绝对免赔额。

（四）保险金额

保险金额按投保时被保险机动车的实际价值确定。

投保时被保险机动车的实际价值由投保人与保险人根据投保时的新车购置价减去折旧金额后的价格协商确定或其他市场公允价值协商确定。

市场公允价值指熟悉市场情况的买卖双方在公平交易的条件下和自愿的情况下所确定的价格，或无关联的双方在公平交易的条件下，一项资产可以被买卖或者一项负债可以被清偿的成交价格。

新车购置价指本保险合同签订地购置与被保险机动车同类型新车的价格，无同类型新车市场销售价格的，由投保人与保险人协商确定。

折旧金额可根据本保险合同列明的参考折旧系数表确定。

（五）赔偿限额、赔偿处理和保险期限

1. 赔偿限额

1）全部损失。保险金额高于实际价值时，以出险时的实际价值计算赔偿；保险金额等于或低于实际价值时，按保险金额计算赔偿。

2）部分损失。以新车购置价确定保险金额的车辆，按实际修理及必要、合理的施救费用计算赔偿；保险金额低于新车购置价的车辆，按保险金额与新车购置价的比例计算赔偿修理及施救费用。

保险车辆损失赔偿及施救费用分别以不超过保险金额为限。如果保险车辆部分损失一次赔偿金额与免赔金额之和等于保险金额时，汽车损失险的保险责任即行终止。但保险车辆在保险期限内，不论发生一次或多次保险责任范围内的部分损失或费用支出，只要每次赔款加免赔金额之和未达到保险金额，其保险责任仍然有效。

3）如果施救的财产中含有本保险合同未保险的财产，应按本保险合同保险财产的实际价值占总施救财产的实际价值比例分摊施救费用。

2. 赔偿处理

1）被保险人索赔时，应当向保险人提供保险单、事故证明、事故责任认定书、事故调解书、判决书、损失清单和有关费用单据。

2）保险人依据保险车辆驾驶人在事故中所负责任比例，相应承担赔偿责任。

3）保险车辆因保险事故受损，应当尽量修复。修理前被保险人必须会同保险人检验，确定修理项目、方式和费用。否则，保险人有权重新核定或拒绝赔偿。

4）保险车辆损失后的残余部分，应协商作价折旧，并在赔款中扣除。

5）根据保险车辆驾驶人在事故中所负责任，汽车损失险在符合赔偿规定的金额内实行绝对免赔率；负次要责任的免赔率为5%，负同等责任的免赔率为8%，负主要责任的免赔率为10%。负全部责任或单方肇事事故的免赔率为15%。

单方肇事事故是指不涉及与第三方有关的损害赔偿的事故，但不包括自然灾害引起的事故。

明确自然灾害导致的事故不属于单方肇事事故，即保险车辆发生前述的保险事故发生责任的几条所列的自然灾害造成的损失，保险人不扣除免赔。

6）保险车辆发生保险责任范围内的损失应当由第三方负责赔偿的，确实无法找到第三方的，保险人予以赔偿，但在符合赔偿规定的范围内，免赔率为30%。

7）被保险人根据有关法律法规规定选择自行协商方式处理交通事故，不能证明事故原因的，免赔率为20%。

8）投保时指定驾驶人，保险事故发生时为非指定驾驶人使用被保险机动车的，增加免赔率10%。

9）投保时约定行驶区域，保险事故发生在约定行驶区域以外的，增加免赔率10%。

10）被保险人提供的各种必要的单证齐全后，保险人应当迅速审查核定。赔款金额经保险合同双方确认后，保险人在10天内一次赔偿结案。

3. 保险期限

保险期限为一年。除法律另有规定外，投保时保险期限不足一年的按短期月费率计收保险费。保险期限不足一个月的按月计算。

（六）其他规定

1）保险费调整的比例和方式以保险监管部门批准的机动车保险费率方案的规定为准。

2）本保险及其附加险根据上一保险期间发生保险赔偿的次数，在续保时实行保险费浮动。

3）本保险合同的内容如需变更，必须经保险人与投保人书面协商一致。

4）在保险期间内，被保险机动车转让他人的，受让人承继被保险人的权利和义务。被保险人或者受让人应当及时书面通知保险人并办理批改手续。

因被保险机动车转让导致被保险机动车危险程度显著增加的，保险人自收到前款规定的通知之日起30日内，可以增加保险费或者解除本保险合同。

5）保险责任开始前，投保人要求解除本保险合同的，应当向保险人支付应交保险费5%的退保手续费，保险人应当退还保险费。

保险责任开始后，投保人要求解除本保险合同的，自通知保险人之日起，本保险合同解除。保险人按日收取自保险责任开始之日起至合同解除之日止期间的保险费，并退还剩余部分保险费。

6）因履行本保险合同发生的争议，由当事人协商解决。

协商不成的，提交保险单载明的仲裁机构仲裁。保险单未载明仲裁机构或者争议发生后未达成仲裁协议的，可向人民法院起诉。

7）本保险合同争议处理适用中华人民共和国法律。

二、机动车损失险的附加险

对于除了主险保险责任以外的其他风险需求，保险人往往设计一些附加险供投保人选择，但附加险不能单独承保。附加险条款的法律效力优于主险条款。附加险条款未尽事宜，以主险条款为准。除附加险条款另有约定外，主险中的责任免除、双方义务同样适用于附加险。主险保险责任终止的，其相应的附加险保险责任同时终止。

2020 版机动车商业车损险附加险有附加车轮单独损失险、附加新增加设备损失险、附加车身划痕损失险、附加修理期间费用补偿险、附加绝对免赔率特约条款、附加发动机进水损坏除外特约条款等，其中前 4 种附加险都是对机动车损失保险的保险责任范围的扩充，后两种附加特约条款是对机动车损失保险范围的缩小，也就是现行机动车损失保险的保险责任包含发动机进水损失和不计免赔的内容，但有的车主不需要这些保险责任范围可以选择这两种附加险，同时机动车损失保险保险费扣除这两个附加险的保险费。也有的是保险人对车龄比较大的车辆不承担发动机进水的保险责任，为此销售机动车损失保险时与附加发动机进水损坏除外特约条款捆绑销售。这是新版车险的一个较大的改革，以往的附加险都是对主险免责条款内容的承保，是对主险保险责任范围的扩充。

以上附加险除了附加绝对免赔率特约条款，其他的必须在投保了机动车损失保险的基础上投保。对附加绝对免赔率特约条款，投了任意主险后可根据需要选择。

新能源汽车损失保险附加险除以上附加险外（不包含附加发动机进水损坏除外特约条款），增加了附加外部电网故障损失险和附加自用充电桩损失保险。

（一）附加车轮单独损失险

车轮单独损失指未发生被保险机动车其他部位的损失，因自然灾害、意外事故，仅发生轮胎、轮毂、轮毂罩的分别单独损失，或上述三者之中任意二者的共同损失，或三者的共同损失。

1. 保险责任

保险期间内，被保险人或被保险机动车驾驶人在使用被保险机动车过程中，因自然灾害、意外事故，导致被保险机动车未发生其他部位的损失，仅有车轮（含轮胎、轮毂、轮毂罩）单独的直接损失，且不属于免除保险人责任的范围，保险人依照本附加险合同的约定负责赔偿。

2. 责任免除

1）车轮（含轮胎、轮毂、轮毂罩）的自然磨损、朽蚀、腐蚀、故障、本身质量缺陷。

2）未发生全车盗抢，仅车轮单独丢失。

3. 保险金额

保险金额由投保人和保险人在投保时协商确定。

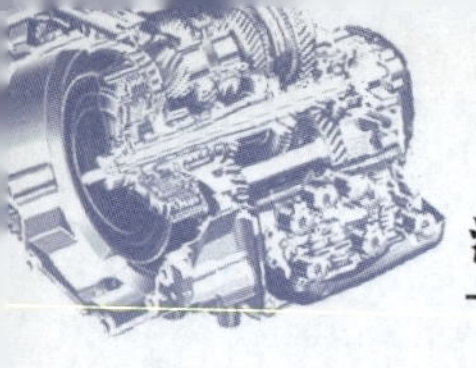

4. 赔偿处理

1）发生保险事故后，保险人依据本条款约定在保险责任范围内承担赔偿责任。赔偿方式由保险人与被保险人协商确定。

2）赔款 = 实际修复费用 - 被保险人已从第三方获得的赔偿金额。

3）在保险期间内，累计赔款金额达到保险金额，本附加险保险责任终止。

（二）附加新增加设备损失险

新增加设备指被保险机动车出厂时原有设备以外的，另外加装的设备和设施。

1. 保险责任

保险期间内，投保了本附加险的被保险机动车因发生机动车损失保险责任范围内的事故，造成车上新增加设备的直接损毁，保险人在保险单载明的本附加险的保险金额内，按照实际损失计算赔偿。

2. 保险金额

保险金额根据新增加设备投保时的实际价值确定。新增加设备的实际价值是指新增加设备的购置价减去折旧金额后的金额。

3. 赔偿处理

发生保险事故后，保险人依据本条款约定在保险责任范围内承担赔偿责任。赔偿方式由保险人与被保险人协商确定。

赔款 = 实际修复费用 - 被保险人已从第三方获得的赔偿金额

（三）附加车身划痕损失险

车身划痕指仅发生被保险机动车车身表面油漆的损坏，且无明显碰撞痕迹。

1. 保险责任

保险期间内，被保险机动车在被保险人或被保险机动车驾驶人使用过程中，发生无明显碰撞痕迹的车身划痕损失，保险人按照保险合同约定负责赔偿。

2. 责任免除

1）被保险人及其家庭成员、驾驶人及其家庭成员的故意行为造成的损失。

2）因投保人、被保险人与他人的民事、经济纠纷导致的任何损失。

3）车身表面自然老化、损坏、腐蚀造成的任何损失。

3. 保险金额

保险金额为2000元、5000元、10000元或20000元，由投保人和保险人在投保时协商确定。

4. 赔偿处理

1）发生保险事故后，保险人依据本条款约定在保险责任范围内承担赔偿责任，赔偿方式由保险人与被保险人协商确定。

赔款 = 实际修复费用 - 被保险人已从第三方获得的赔偿金额

2）在保险期间内，累计赔款金额达到保险金额，本附加险保险责任终止。

（四）附加修理期间费用补偿险

1. 保险责任

保险期间内，投保了本条款的机动车在使用过程中，发生机动车损失保险责任范围内的事故，造成车身损毁，致使被保险机动车停驶，保险人按保险合同约定，在保险金额内向被

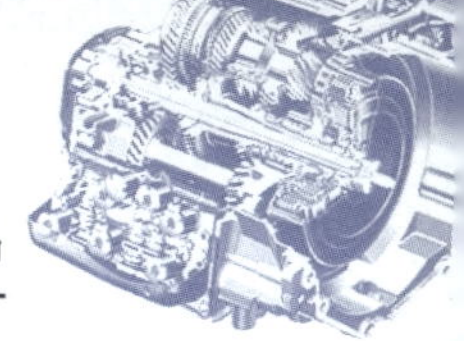

保险人补偿修理期间费用，作为代步车费用或弥补停驶损失。

2. 责任免除

下列情况下，保险人不承担修理期间费用补偿：

1）因机动车损失保险责任范围以外的事故而致被保险机动车的损毁或修理。

2）非在保险人认可的修理厂修理时，因车辆修理质量不合要求造成返修。

3）被保险人或驾驶人拖延车辆送修期间。

3. 保险金额

本附加险保险金额 = 补偿天数 × 日补偿金额。补偿天数及日补偿金额由投保人与保险人协商确定并在保险合同中载明，保险期间内约定的补偿天数最高不超过 90 天。

4. 赔偿处理

全车损失，按保险单载明的保险金额计算赔偿；部分损失，在保险金额内按约定的日补偿金额乘以从送修之日起至修复之日止的实际天数计算赔偿，实际天数超过双方约定修理天数的，以双方约定的修理天数为准。

保险期间内，累计赔款金额达到保险单载明的保险金额，本附加险保险责任终止。

（五）附加绝对免赔率特约条款

绝对免赔率为 5%、10%、15%、20%，由投保人和保险人在投保时协商确定，具体以保险单载明为准。

被保险机动车发生主险约定的保险事故，保险人按照主险的约定计算赔款后，扣减本特约条款约定的免赔。即：主险实际赔款 = 按主险约定计算的赔款 ×（1 − 绝对免赔率）。

（六）附加发动机进水损坏除外特约条款

保险期间内，投保了本附加险的被保险机动车在使用过程中，因发动机进水后导致的发动机的直接损毁，保险人不负责赔偿。

2020 版机动车损失险保险责任包含发动机进水损失，为此该附加险主要供不需要保发动机进水损失的车主选择，选择后车损险保费扣除该附加险保费。

新能源汽车车损险附加险除以上（一）~（五）种外还包含以下两种。

（七）附加外部电网故障损失险

1）保险期间内，投保了本附加险的被保险新能源汽车在充电期间，因外部电网故障，导致被保险新能源汽车的直接损失，且不属于免除保险人责任的范围，保险人依照本保险合同的约定负责赔偿。

2）发生保险事故时，被保险人为防止或者减少被保险新能源汽车的损失所支付的必要的、合理的施救费用，由保险人承担；施救费用数额在被保险新能源汽车损失赔偿金额以外另行计算，最高不超过主险保险金额。

（八）附加自用充电桩损失保险

1. 保险责任

保险期间内，保险单载明地址的，被保险人的符合充电设备技术条件、安装标准的自用充电桩，因自然灾害、意外事故、被盗窃或遭他人损坏导致的充电桩自身损失，保险人在保险单载明的本附加险的保险金额内，按照实际损失计算赔偿。

2. 责任免除

投保人、被保险人或驾驶人故意制造的保险事故。

3. 保险金额

保险金额为2000元、5000元、10000元或20000元，由投保人和保险人在投保时协商确定。

4. 赔偿处理

1）发生保险事故后，保险人依据本条款约定在保险责任范围内承担赔偿责任，赔偿方式由保险人与被保险人协商确定。

赔款＝实际修复费用－被保险人已从第三方获得的赔偿金额

2）在保险期间内，累计赔款金额达到保险金额，本附加险保险责任终止。

任务实施

步骤1　制订任务实施计划

面对客户的咨询，可根据客户的兴趣和需要介绍保险险种的情况。一般可以介绍的要点，可按照图7-1流程进行。

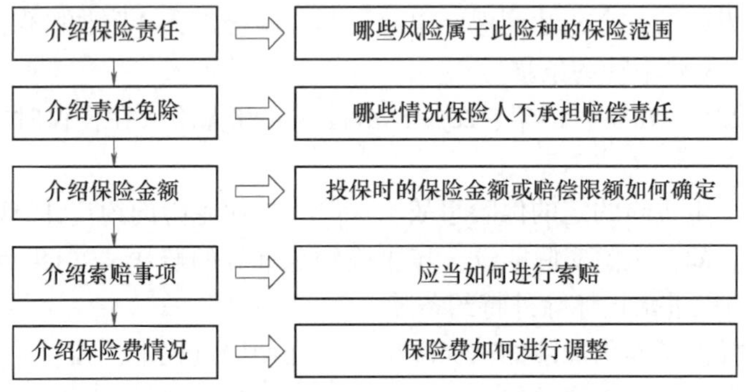

图7-1　介绍汽车保险产品任务实施流程

步骤2　介绍保险责任

在介绍险种时应说明此险种是何种风险的，投保人的哪种损失可以在此险种中得到赔偿，这是险种的价值所在。以车辆损失险为例。此险种为被保险人提供的保障主要是意外事故造成保险车辆的损失、自然灾害造成保险车辆的损失和对保险车辆的施救费用。

步骤3　介绍责任免除

针对客户的情况，说明何种情况是属于此险种保障范围之外的，即保险人不负赔偿责任的情况有哪些，以便让客户明白使用车辆过程中应注意的情况。这是最大诚信原则的要求，也是对客户的负责。投保人和被保险人必须了解此部分内容，避免产生投保误解，或因某些不当行为造成不能享受保障权利。责任免除的具体情况如图7-2所示。

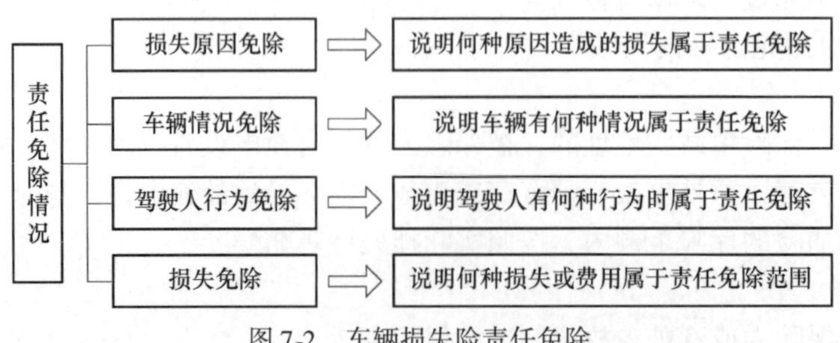

图7-2　车辆损失险责任免除

步骤4　介绍保险金额

在介绍保险金额时，主要说明各险种保险金额的确定方法，或赔偿限额选择。需要说明以各种方法确定保险金额的特点（图7-3），以便建议投保金额供被保险人选择。

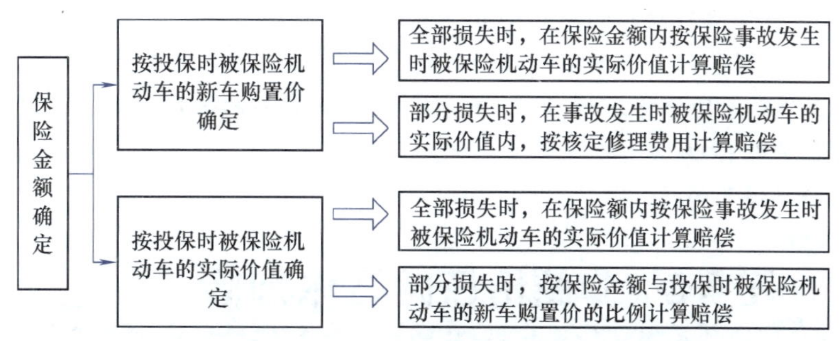

图7-3　车辆损失险保险金额确定及特点

步骤5　介绍索赔事项

主要说明被保险人索赔时需注意的事项，保险公司能够提供什么服务。主要包括几个方面：发生事故时的处理方法、损失车辆核定的方法、索赔时需要提供的资料、保险人对于被保险人索赔的处理方法及保险人的义务等。

步骤6　介绍保险费情况

主要说明险种保险费的变动情况，提醒保险人哪些因素可能影响到保险费的变动，根据本保险及其附加险的上一保险期间发生保险赔偿的次数，在续保时实行保险费浮动。这样能够提高被保险人驾驶车辆时的安全意识。

任务评价

使用任务评价表对任务完成情况进行评价，任务7评价表见表7-1。

表7-1　任务7评价表

评价项目	评分标准	分数	学生自评	小组互评	小计
团队合作	团队和谐，有分工有合作，组员积极参与	10			
操作过程	能介绍车损险的特点，损失险保险责任，损失险种责任免除，损失险保险金额，能向投保人介绍索赔事项	60			
创新点	介绍有创新点	10			
任务方案	完整、合理	10			
完成情况	圆满完成	10			
	总分	100			
教师评价					

任务小结

1. 车损险条款内容

2. 保险责任内容

3. 责任免除组成部分

4. 车损险保险金额的确定方式

5. 保险金额确定

1）按投保时被保险机动车的新车购置价确定。

2）按投保时被保险机动车的实际价值确定。是指同类型车辆市场新车购置价减去该车已使用期限折旧金额后的价格。折旧率一般按所附折旧率表的规定确定。

6. 事故责任免赔标准

7. 绝对免赔率适用情况

任务8 介绍责任险及附加险

任务目标

1. 了解第三者责任险的重要意义。
2. 掌握第三者责任险及附加险条款。
3. 能计算第三者责任险及附加险费率。

案例导入

王先生购买一辆雪佛莱1.6L，主要是上班的代步车，有时节假日全家一起就近自驾游，王先生老家在附近县城，有时周六日要回老家探望父母，想咨询一下责任险的投保注意事项，以及可否不交或能否少缴事宜。请保险接待人员进行解释。

相关知识

一、机动车第三者责任险

机动车第三者责任险是车险中最早出现的一款基本险种，也是我国商业保险中主要的险种之一，以下就人保机动车第三者责任险保险条款内容进行介绍。

（一）保险标的

保险合同中的机动车是指在中华人民共和国境内（不含港、澳、台地区）行驶的以动力装置驱动或牵引，上道路行驶的供人员乘用或者用于运送物品以及进行专项作业的轮式车辆（含挂车）、履带式车辆和其他运载工具（以下称为被保险车辆），但不包括摩托车、拖拉机和特种车。

被保险机动车辆发生保险责任事故，致使第三者人身伤亡或者财物受损时，被保险人依法应负经济赔偿责任。

（二）保险责任

被保险人或其允许的合格驾驶人在使用保险车辆过程中，发生意外事故，致使第三者遭受人身伤亡或财产的直接损毁，依法应当由被保险人承担的损害赔偿责任，保险人依照保险合同的约定对于超过机动车交通事故责任强制保险各分项赔偿限额以上的部分负责赔偿。

1. 意外事故

这是指不是行为人出于故意，而是行为人不可预见的，以及不可抗拒的并造成人员伤亡或财产损失的突发事件。

2. 第三者

保险合同中的第三者是指因保险车辆发生意外事故遭受人身伤亡或财产损失的人，但不包括投保人、被保险人、保险人和保险事故发生时被保险机动车本车上人员。

第三者的损失包括人身伤亡与财产的直接损毁。人身伤亡是指人的身体受伤害或人的生命终止。直接损毁是指保险车辆发生意外事故，直接造成事故现场他人现有财产的实际损毁。

3. 赔偿的范围

发生汽车责任险的保险事故时，保险人依照保险合同的约定对交强险现赔后剩下的损失给予赔偿。

（三）责任免除

1. 不可抗拒因素造成的第三者损害责任

下列情况下，不论任何原因造成的对第三者的经济赔偿责任，保险人均不负责赔偿：

1）地震及次生灾害。

2）战争、军事冲突、恐怖活动、暴乱、扣押、收缴、没收、政府征用。

2. 驾驶人问题

驾驶人员有下列情况之一造成的第三者的经济赔偿责任，保险人不负责赔偿：

1）利用保险车辆从事违法活动。

2）驾驶人员饮酒、吸食或注射毒品、被药物麻醉后使用被保险机动车。

3）事故发生后，被保险人或其允许的驾驶人在未依法采取措施的情况下驾驶被保险机动车或遗弃被保险机动车逃离事故现场，或者故意破坏、伪造事故现场、毁灭证据。

4）无驾驶证或驾驶证有效期已届满。

5）驾驶的被保险机动车辆与驾驶证载明的准驾车型不符。

6）持未按规定审验的驾驶证，以及在暂扣、扣留、吊销、注销驾驶证期间驾驶被保险车辆。

7）驾驶的被保险机动车与驾驶证准驾车型不相符合的车辆。

8）使用各种专用机械车、特种车的人员无国家有关部门核发的有效操作证，驾驶营运客车的驾驶人无国家有关部门核发的有效资格证书。

9）依照法律法规或公安交通管理部门有关规定不允许驾驶被保险机动车的其他情况下驾车。

3. 其他责任免除

（1）被保险机动车造成下列人身伤亡和财产损失，不论在法律上是否应当由被保险人承担赔偿责任，保险人都不负责赔偿

1）被保险人及其家庭成员的人身伤亡、所有或代管的财产损失。

2）被保险机动车本车驾驶人及其家庭成员的人身伤亡、所有或代管的财产的损失。

被保险人或其允许的本车驾驶人自有的财产，或与他人共有财产的自有部分，或代替他人保管的财产，都属于被保险人或其允许的驾驶人所有或代管的财产。

对于有些规模较大的投保单位，“自有的财产”可以掌握在其所属各自独立核算单位的财产范围内。例如，某运输公司下属甲、乙两个车队各自独立核算，由运输公司统一投保第三者责任险后，甲队车辆撞坏甲队的财产，保险人不予负责，撞坏乙队的财产，保险人可予以负责。

本条责任免除的原则在于，肇事者本身不能获得赔款，即保险人付给受害方的赔款，最终不能落到被保险人手中。

3）被保险机动车本车上其他人员的人身伤亡或财产损失。

（2）无论任何原因造成的对第三者的损害赔偿责任，保险人均不负责赔偿

1）竞赛、测试、教练、在营业性维修、养护场所修理、养护期间。

竞赛、测试、在营业性修理场所修理期间造成的第三者责任　竞赛的第三者责任免除，是指保险车辆作为赛车直接参加汽车比赛活动所造成的第三者损失，保险人不予赔偿。测试的第三者责任免除，是指对保险车辆的性能和技术参数进行测量或试验所造成的第三者损失，保险人不予赔偿。

在营业性修理场所修理期间的第三者责任免除，是指保险车辆进入维修厂（站、店）保养、修理期间，由于意外事故所造成的他人的损失，保险人不予赔偿。其中，营业性修理场所指保险车辆进入以盈利为目的的修理厂（站、店），修理期间指保险车辆从进入维修厂（站、店）开始，到维护、修理结束并验收合格提车时止，包括维护、修理过程中的测试。

2）非被保险人允许的驾驶人员使用被保险机动车。

3）被保险机动车转让他人、被保险人、受让人未履行通知义务，且因转让导致被保险机动车危险程度显著增加而发生保险事故。

4）险另有约定外，发生保险事故时被保险机动车无公安机关交通管理部门核发的行驶证或号牌，或未按规定检验或检验不合格。

5）被保险机动车拖带未投保交通事故责任强制保险的车辆（含挂车）或被未投保机动车交通事故责任强制保险的其他机动车拖带。

被保险机动车拖带车辆（含挂车）及其他拖带物，两者当中至少有一个未投保交通事故责任强制保险：无论是被保险车辆拖带未保险车辆（物），还是未保险车辆拖带被保险车辆，都属于保险车辆增加危险程度，超出了保险责任正常所承担的范围，故由此产生的任何损失，保险人不予赔偿（公安交通管理部门的清障车拖带障碍车不在此列）。

（3）下列损失和费用，保险人不负责赔偿

1）被保险机动车发生意外事故，致使第三者停业、停驶、停电、停水、停气、停产、通信或者网络中断、数据丢失、电压变化等造成的损失以及其他各种间接损失。

被保险机动车发生意外事故致使第三者营业停止、汽车停驶、生产或通信中断和不能正常供电、供水、供气的损失，以及由此而引起的其他人员、财产或利益的损失，不论在法律上是否应由被保险人负责，保险人都不负责赔偿。

2）精神损害赔偿。保险事故引起的任何有关第三者的精神损害赔偿，无论是否依法应由被保险人承担，保险人不负责赔偿。

3）因污染（含放射性污染）造成的损失。污染指被保险机动车正常使用过程中或发生事故时，由于油料、尾气、货物或其他污染物的泄漏、飞溅、排放、散落等造成的污损、状况恶化或人身伤亡。

4）第三者财产因市场价格变动造成的贬值、修理后价值降低引起的损失。

5）被保险机动车被盗窃、抢劫、抢夺期间造成第三者人身伤亡或财产损失。

6）被保险人或驾驶人员的故意行为造成的损失。

7）仲裁或者诉讼费用以及其他相关费用。

（4）应当由机动车交通事故责任强制保险赔偿的损失和费用，保险人不负责赔偿　保险事故发生时，被保险机动车为投保机动车交通事故责任强制保险或机动车交通事故责任强制保险合同已经失效的，对交通事故责任强制保险各个分项限额以内的损失和费用，保险人不负责赔偿。

（5）其他不属于第三者责任险范围内的损失和费用

（四）责任限额

1）每次事故的责任限额，由投保人和保险人在签订保险合同时按保险监管部门批准的限额档次协商确定。

现行机动车第三者责任险责任限额分为 8 个档次：5 万元、10 万元、15 万、20 万元、30 万、50 万元、100 万元和 100 万元以上且最高不超过 1000 万元。

2）车主与挂车连接使用视为一体，发生保险事故时，由主车保险人和挂车保险人按照保单上载明的机动车第三者责任险责任限额的比例，在各自的责任限额内承担赔偿。

（五）赔偿处理和保险期限

1. 赔偿处理

1）被保险人索赔时，应当向保险人提供与确认保险事故的性质、原因、损失程度等有关的证明和资料。

被保险人应当提供保险单、损失清单、有关费用单据、被保险机动车行驶证和发生事故时驾驶人的驾驶证。

属于道路交通事故的，被保险人应当提供公安机关交通管理部门或法院等机构出具的事故证明、有关的法律文书（判决书、调解书、裁定书、裁决书等）及其他证明。

属于非道路交通事故的，应提供相关的事故证明。

2）保险事故发生时，被保险人对被保险机动车不具有保险利益的，不得向保险人请求赔偿。

3）保险人对被保险人给第三者造成的损害，可以直接向该第三者赔偿。

被保险人给第三者造成损害，被保险人对第三者应负的赔偿责任确定的，根据被保险人的请求，保险人应当直接向该第三者赔偿。被保险人怠于请求的，第三者有权就其应获赔偿部分直接向保险人请求赔偿。

被保险人给第三者造成损害，被保险人未向该第三者赔偿的，保险人不得向被保险人赔偿。

4）因保险事故损坏的第三者财产，应当尽量修复。修理前被保险人应当会同保险人检验、协商确定修理项目、方式和费用。否则，保险人有权重新核定，无法重新核定的，保险人有权拒绝赔偿。

5）保险人依据被保险机动车驾驶人在事故中所负的事故责任比例，承担相应的赔偿责任。

被保险人或被保险机动车驾驶人根据有关法律法规规定选择自行协商或由公安机关交通

管理部门处理事故未确定事故责任比例的，按照下列规定确定事故责任比例：

被保险机动车方负主要事故责任的，事故责任比例为70%；被保险机动车方负同等事故责任的，事故责任比例为50%；被保险机动车方负次要事故责任的，事故责任比例为30%。

6）保险事故发生后，保险人按照国家在关法律、法规规定的赔偿范围、项目和标准以及本保险合同的约定，在保险单载明的责任限额内核定赔偿金额。

保险人按照国家基本医疗保险的标准核定医疗费用的赔偿金额。

未经保险人书面同意，被保险人自行承诺或支付的赔偿金额，保险人有权重新核定。不属于保险人赔偿范围或超出保险人应赔偿金额的，保险人不承担赔偿责任。

7）保险事故发生时，被保险机动车重复保险的，保险人按照本保险合同的责任限额与各保险合同责任限额的总和的比例承担赔偿责任。

其他保险人应承担的赔偿金额，保险人不负责赔偿和垫付。

8）保险人受理报案、现场查勘、参与诉讼、进行抗辩、要求被保险人提供证明和资料、向被保险人提供专业建议等行为，均不构成保险人对赔偿责任的承诺。

9）保险人支付赔款后，对被保险人追加的索赔请求，保险人不承担赔偿责任。

10）被保险人获得赔偿后，本保险合同继续有效，直至保险期间届满。

11）每次赔偿均实行相应的免赔率，负全部责任的免赔15%，负主要责任的免赔10%，负同等责任的免赔8%，负次要责任的免赔5%。单方肇事事故的绝对免赔率为15%。

2. 保险期限

除另有约定外，保险期间为一年，以保险单载明的起讫时间为准。

（六）交强险和第三者责任险的区别

1）赔偿原则不同。根据《道路交通安全法》的规定，对机动车发生交通事故造成人身伤亡、财产损失的，由保险公司在交强险责任限额范围内予以赔偿。而商业三责险中，保险公司是根据投保人或被保险人在交通事故中应负的责任来确定赔偿责任。

2）保障范围不同。除了《交强险条例》规定的个别事项外，交强险的赔偿范围几乎涵盖了所有道路交通责任风险。而商业三责险中，保险公司不同程度地规定有免赔额、免赔率或责任免除事项。

3）具有强制性。根据《交强险条例》规定，机动车的所有人或管理人都应当投保交强险，同时，保险公司不能拒绝承保、不得拖延承保和不得随意解除合同。

4）根据《交强险条例》规定，交强险实行全国统一的保险条款和基础费率，保监会按照交强险业务总体上“不盈利不亏损”的原则审批费率。

5）交强险实行分项责任限额。

（七）其他规定

1）保险费调整的比例和方式以保险监管部门批准的机动车保险费率方案的规定为准。

2）本保险及其附加险根据上一保险期间发生保险赔偿的次数，在续保时实行保险费浮动。

3）在保险期间内，被保险机动车转让他人的，受让人承继被保险人的权利和义务。被保险人或者受让人应当及时书面通知保险人并办理批改手续。

因被保险机动车转让导致被保险机动车危险程度显著增加的，保险人自收到前款规定的

通知之日起三十日内，可以增加保险费或者解除本保险合同。

4）保险责任开始前，投保人要求解除本保险合同的，应当向保险人支付应交保险费5%的退保手续费，保险人应当退还保险费。

保险责任开始后，投保人要求解除本保险合同的，自通知保险人之日起，本保险合同解除。保险人按日收取自保险责任开始之日起至合同解除之日止期间的保险费，并退还剩余部分保险费。

5）因履行本保险合同发生的争议，由当事人协商解决。

协商不成的，提交保险单载明的仲裁机构仲裁。保险单未载明仲裁机构或者争议发生后未达成仲裁协议的，可向人民法院起诉。

6）本保险合同争议处理适用中华人民共和国法律。

讨论与交流

研讨内容：第三者的界定，被保险人被自己的车压死，保险公司是否应该承担赔偿责任。

分组要求：共分为 5 个小组，8 人/组。

研讨要求：

1. 组长负责把控小组讨论整体进程，记录员负责记录并整理，发表人负责上台展示小组成果；组长、记录员、发表人要求每位组员轮流担任。
2. 每组讨论完毕后列出关键点，说明分析理由，并分组发表。
3. 小组分别发表讨论结果。

操作时间：每组讨论时间 6min，每组发表时间 1min，讲师点评 2min。

二、机动车车上人员责任险

机动车车上人员责任险原来是第三者责任险的附加险种，为满足客户需求现在已独立出来成为又一机动车商业主险，可以单独投保。车上人员责任险条款主要内容如下：

（一）保险责任

保险期间内，被保险人或其允许的合法驾驶人员在使用被保险机动车辆在过程中，发生意外事故，致使车上人员遭受人身伤亡，依法应由被保险人承担的经济赔偿责任，保险人依照保险合同的约定负责赔偿。

（二）责任免除

（1）被保险人由于下列原因导致的人身伤亡，保险人不负责赔偿

1）被保险人或驾驶人的故意行为造成的人身伤亡。

2）车上人员疾病、分娩、自残、殴斗、自杀行为。

3）被保险人及驾驶人以外的其他车上人员故意、重大过失行为造成的自身伤亡。

4）违法、违规搭乘人员的人身伤亡。

5）车上人员在下被保险车辆时遭受的人身伤亡。

（2）下列损失和费用保险人不负责赔偿

1）律师费、诉讼费、仲裁费、罚款、罚金或惩罚性赔款，以及未经保险人事先书面同意的检验费、鉴定费、评估费。

2）精神损害抚慰金。

3）应由机动车交通事故责任强制保险赔付的损失和费用。

4）其他不属于保险责任范围内的损失和费用。

（3）不可保风险造成的车上人员的损害赔偿责任　保险人不负责赔偿车上人员责任险的不可保风险与第三者责任险的规定基本相同。

（三）赔偿限额

驾驶人每次事故责任限额和乘客每次事故责任限额由被保险人和保险人在投保时协商确定。投保座位数以保险车辆的核定载客数为限。

（四）赔偿处理

1）每次事故车上人员的人身伤亡按照国家有关法律法规规定的赔偿范围、项目和标准以及本保险合同的约定进行赔偿。

驾驶人的赔偿金额不超过保险单载明的驾驶人每次事故责任限额；每位乘客的赔偿金额不超过保险单载明的乘客每次事故每人责任限额，赔偿人数以投保乘客座位数为限。

2）保险人按照国家基本医疗保险的标准核定医疗费用的赔偿金额。

3）未经保险人书面同意，被保险人自行承诺或支付的赔偿金额，保险人有权重新核定。不属于保险人赔偿范围或超出保险人应赔偿金额的，保险人不承担赔偿责任。

4）保险事故发生时，被保险机动车重复保险的，保险人按照本保险合同的责任限额与各保险合同责任限额的总和的比例承担赔偿责任。

5）其他保险人应承担的赔偿金额，保险人不负责赔偿和垫付。

6）每次赔偿均实行相应的免赔率，负全部责任的免赔15%，负主要责任的免赔10%，负同等责任的免赔8%，负次要责任的免赔5%。单方肇事事故的绝对免赔率为15%。

任务实施

步骤1　制订任务实施计划

面对客户的咨询，可根据客户的兴趣和需要介绍保险险种的情况。一般可以介绍的要点，可按照图7-1所示流程进行。

步骤2　介绍保险责任

在介绍险种时应说明此险种是何种风险的，投保人的哪种损失可以在此险种中得到赔偿，这是险种的价值所在。

步骤3　介绍责任免除

针对客户的情况，说明何种情况是属于此险种保障范围之外的，即保险人不负赔偿责任的情况有哪些，以便让客户明白使用车辆过程中应注意的情况。这是最大诚信原则的要求，也是对客户的负责。投保人、被保险人必须了解此部分内容，避免产生投保误解，或因某些不当行为造成不能享受保障权利。

步骤4　介绍保险金额

在介绍保险金额时，主要说明险种保险金额的确定方法，或赔偿限额选择。需要说明以各种方法确定保险金额的特点，以便建议投保金额，供被保险人进行选择。

步骤5　介绍索赔事项

主要说明被保险人索赔时需注意的事项，保险公司能够提供什么服务。主要包括几个方

面：发生事故时的处理方法、损失车辆核定的方法、索赔时需要提供的资料、保险人对于被保险人索赔的处理方法及保险人的义务等。

步骤 6　介绍保险费情况

主要说明险种保险费的变动情况，提醒保险人哪些因素可能影响到保险费的变动，根据本保险及其附加险的上一保险期间发生保险赔偿的次数，在续保时实行保险费浮动。这样能够提高被保险人驾驶车辆时的安全意识。

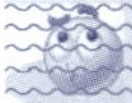

任务评价

使用任务评价表对任务完成情况进行评价，任务 8 的评价表见表 8-1。

表 8-1　任务 8 评价表

评价项目	评分标准	分数	学生自评	小组互评	小计
团队合作	团队和谐，有分工有合作，组员积极参与	10			
操作过程	能介绍第三者责任险的特点，第三者责任险保险责任，第三者责任险险种责任免除，第三者责任险保险金额，能向投保人介绍索赔事项	60			
创新点	介绍有创新点	10			
任务方案	完整、合理	10			
完成情况	圆满完成	10			
	总分	100			
教师评价					

任务小结

交强险与第三者责任险的区别见表 8-2。

表 8-2　交强险与第三者责任险的区别

项　目	交　强　险	第三者责任险
设立目的	使受害人得到基本保障	分散被保险人因事故带来的高额风险
性质	坚持社会效益原则，不以营利为目的	坚持经济效益原则，以营利为目的，属于纯粹的商业保险
责任范围	保险责任较宽，责任免除较少	保险责任较窄，责任免除较多
责任限额	实行分项责任限额，统一标准	分为若干个档次，由投保人自愿选择
条款费率确定方式	实行统一的高额保险条款和基础保险费率	由保险公司遵循商业保险的风险管理原则及费率厘定方式，自行制订
保险金支付对象	被保险人或者受害人	被保险人
实施方式	强制性，所有操作必须符合相关规定	双方自愿协商
赔偿原则	实行无过错责任赔偿原则	实行过错责任赔偿原则
赔偿顺序	医疗费用中抢救优先；死残赔偿中精神损害抚慰金排后；财产中先赔付车外财产，再赔偿车辆损失	一般无特别顺序规定，在交强险赔偿后赔偿
垫付抢救费用	在医疗费用限额内可垫付抢救费用	不垫付抢救费用

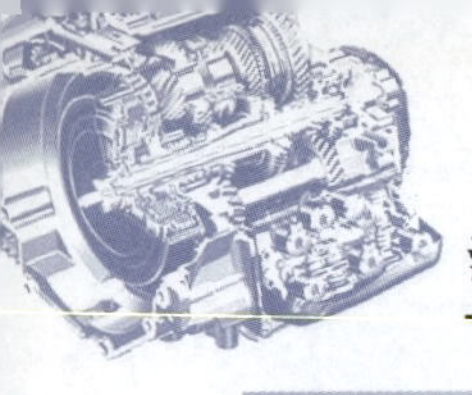

任务9　介绍代驾责任险

任务目标

1. 了解汽车代驾责任险的重要意义。
2. 掌握汽车代驾责任险承保流程。
3. 能进行代驾责任险案例分析。

案例导入

2020 年 11 月 13 日，韩某在外应酬时喝醉了酒，为了安全起见，在酒店的帮助下打电话叫了刘某为其开车回家，报酬为 100 元。刘某在代驾过程中发生车祸，追尾撞上在前方行驶的王某自行车尾部，王某倒地受伤，造成自行车损毁、王某Ⅰ级伤残的后果，王某共花费医药费用等 8 万余元。经交警部门认定，王某正常驾驶自行车，无交通违法行为，不负本起事故责任；韩某驾驶小轿车行经肇事路段在未保持安全车速、未注意掌握路面动态、未确保安全畅通的原则下通行，是造成本起事故的根本原因，应负本起事故的全部责任。

相关知识

一、代驾责任险意义

代驾责任保险是根据我国代驾行业风险特点和安全经营的实际需求设计，保障业务范围不仅限于单一酒后代驾，也包括长途代驾、疲劳代驾、新旧二手车业务代驾、酒店代泊车等，基本能满足大部分代驾业务的保障需求。

代驾责任保险顺应“互联网＋”形势，结合线上代驾平台兴起、市场需求扩大的现状，代驾险是对代驾公司、驾驶人、车主的保障责任。

目前，代驾企业自保能力参差不齐，启用客户自身交强险与商业险先行赔付也无法全面保障客户权益。特别是当发生重大交通事故时，代驾企业自行处理常常耗费大量人力、物力依然不能很好解决。据行业数据统计，代驾过程中发生交通事故的频率最高、损失最大、纠纷最多，市场及行业协会都迫切需要专项代驾险。

尽管代驾责任险不是一款强制性保险产品，但它对于增强消费者信心、促进行业发展，尤其对于抗风险能力弱的代驾驾驶人有着十分重要的意义。推出这个特别的保险产品是代驾公司信誉保障的一个很重要的部分。规范不只是消费者的需求，更是整个行业发展的需要。

二、代驾责任保险内容

（一）承保服务

1. 保险责任

（1）代驾从业人员责任保险　代驾从业人员责任保险对代驾服务提供方（代驾驾驶

人）在提供代驾服务过程中，因发生意外事故造成第三者的人身伤害或财产损失，依法应向第三者承担的经济赔偿责任，按照保险合同约定进行赔付。具体包括：被代驾车辆的损失、被代驾者人身伤亡、代驾服务提供方应向除被代驾者以外的其他人承担的经济赔偿责任。

（2）赔偿限额

1）全年累计赔偿限额＝每个代驾人员全年累计赔偿限额×代驾公司人数。

2）每个代驾人员全年累计限额：30 万元，每次事故 20 万元。

3）每次事故单次赔偿限额：医疗费用 2 万元，误工费用 2 万元。

（3）免赔额　医疗费用：绝对免赔额 300 元，赔付比例为 90%。财产损失：绝对免赔额 500 元，赔付比例为 90%。死亡或残疾：不设置免赔。

（4）保险费　每名代驾员按每月度 50 元计算，季度收费 150 元，年收费 500 元。

计算方式：季度保险费＝代驾公司当季人员数量×150 元/人（附代驾人员名单）

2. 投保手续

代驾从业人员责任保险投保手续需要的资料：身份证复印件、驾驶证复印件、雇佣关系证明文件、从业资格证或上岗证（标准出台后）、投保单（公众责任险）、投保人员清单。

3. 投保时效

代驾从业人员责任保险投保时效：代驾公司应在起保前 5 个工作日将投保资料和保险费交与经纪人。经纪人审核无误后将投保资料和出单指示提交给保险人。保险人根据经纪人提交的完整投保资料并确认保费已到账后，在 3 个工作日内完成出单工作。保险单的生效日期以经纪人出具的出单指示为准，如果出现未及时投保的情况，生效日期以保险人收到出单指示及保费的次日零时起生效。

4. 投保流程

代驾从业人员责任保险投保流程：

1）代驾公司在投保前将下一季度预计代驾人数及名单以邮件方式传给经纪人，并将对应保费支付给经纪人指定账户。

2）经纪人审核后以出单指示的形式给保险人出具 3 个月的保单，并支付保费到保险人指定账户。

3）保险人将保单及发票发给经纪人。

4）保险人制作电子版《保险凭证号码清单》并以邮件方式发送经纪公司。清单中列明每名投保驾驶人的保险凭证号，代驾驾驶人据此凭证号开展代驾业务的风险由保险人承担。

5）每季度末经纪人应根据信息库中代驾人员的信息核实保单内容并及时反馈给保险人，如出现重大人数变动，应在季度末按照当季度实际人数对保单进行批改。

5. 投保要求

（1）基本要求

1）单一代驾公司首次投保人数不低于 50 人（如代驾公司管理代驾驾驶人全部为全职人员，可将条件放宽至 25 人）。

2）代驾联盟或软件公司首次投保人数不低于 300 人。

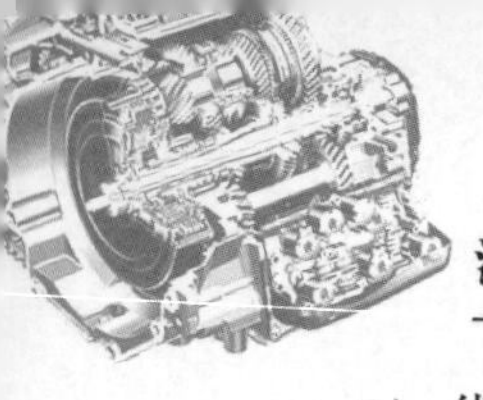

3）代驾从业人员驾龄大于5年（含），年龄25～55岁（含25、55周岁）。

4）保险责任的终止条件为代驾责任保单中每名代驾驾驶人的赔偿次数达到3次，或全年累计赔偿限额达到30万元，以先发生者为准。如某名代驾驾驶人上一保险年度的索赔金额或赔付次数较多，下一个保险年度续保时，保险人有权不予承保或者增加保费承保。

（2）软件的数据提供　代驾公司及软件公司按保险人要求每天将数据导出并发送给保险人、经纪人。保险人、经纪人对导出数据备份，作为处理赔案及法律纠纷时的依据和基础。软件公司或代驾公司对导出数据承担法律及经济责任。

1）软件数据的发送导出。每天向保险人、经纪人提供其公司管理代驾人员上一天的投保驾驶人的信息，包括代驾驾驶人姓名、被代驾车辆牌照号、接单时间和结束时间、起始地和目的地。

2）投保驾驶人上月的总接单数量：每月15日统计代驾驾驶人姓名及对应数量。

（二）理赔服务

1. 代驾从业人员责任

1）交通执法部门出具的交通事故认定单或执法部门证明文件（认定责任比例的重要文件）。

2）代驾驾驶人需拍摄事故现场照片，照片包含事故现场四个角的、车辆受损局部的照片，以及代驾驾驶人和被代驾车辆的人车合影。

3）出险、索赔通知单（保险人提供固定格式代驾公司填写）。

4）损失清单（保险人提供，代驾公司填写）、发票原件。

5）车辆维修清单及维修发票（仅限于事故当地4S店及一类修理厂）。

6）代驾驾驶人及车主的身份证复印件。

7）第三者向代驾驾驶人的索赔函、第三者与被保险人双方签订的赔付协议（赔付协议需经保险人确认后签署，代驾驾驶人不能私自承诺赔偿金额及损失）。

8）代驾驾驶人接单的证明文件（软件导出文件及纸质文件等）。

9）伤人案件：诊断证明、法医鉴定证明、死亡证明及户口注销证明、尸检报告、残疾证明、医疗费用发票明细单。只涉及医疗，诊断证明、医疗费用发票及明细单。

10）误工费：需提供索赔人签字盖章的工资单、考勤记录及完税证明。

11）代驾车辆及三者车辆的车险保单复印件（含交强险、商业险）。

12）单方事故发生，需提供现场照片、代驾公司证明文件及被代驾车主的确认文件。对于不能移动的车辆、轮胎受损的车辆、案件现场情况特殊的案件，必须有交通执法部门开具事故证明。

2. 索赔时效

保险人收到经纪人的“案件统计清单”及完整的索赔材料后，应于规定时间内（一般5个工作日内）进行审核并给出赔付意见，如无异议，应在收到完整的索赔材料规定时间内（一般10个工作日内）结案并提交财务支付赔款。

3. 绿色通道索赔流程

（1）出险通知　发生保险事故后，被保险人或雇员应采取必要、合理的措施，防止或减少损失的进一步发生。如预计损失不超过2000元，被保险人应在获悉保险事故发生后及

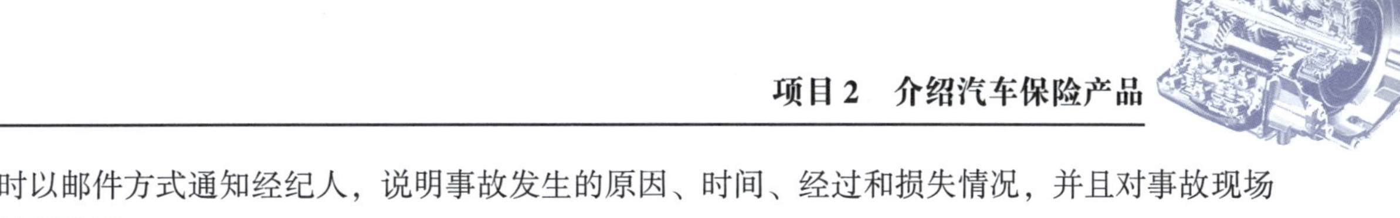

时以邮件方式通知经纪人，说明事故发生的原因、时间、经过和损失情况，并且对事故现场拍照取证。

（2）案件处理　经纪人在收到被保险人报案后应将案件信息进行登记，并跟踪案件处理进程，出现任何索赔问题时，经纪人应将案件信息及相关问题与保险人进行沟通。

4. 索赔单证的收集、整理和提交

1）代驾公司在获悉保险事故发生后应按照经纪人的指导及时联系当地保险理赔专员，并按照理赔专员的指导处理赔案、准备索赔材料。

2）代驾公司于每月初统计上月发生案件数，并以“案件统计清单”形式将案件信息发给经纪人。

3）代驾公司应按要求整理索赔材料并递交给保险人进行审核。

4）保险人收到经纪人递交的完整的索赔材料后，应于 5 个工作日内进行审核并给出赔付意见，如无异议，应在收到索赔材料 10 个工作日内进行赔付。

5）保险人赔付后应及时将赔案信息反馈给经纪人，经纪人应按月整理并向行业协会汇报。

5. 赔款计算

按代驾从业人员责任分：

（1）全责　对于每次事故造成的被代驾车辆及第三者的车辆损失、物质损失（不包含可携带物品）、人员伤亡，在代驾从业人员责任险每次事故赔偿范围内，以保险公司确认后的金额进行赔付。

（2）部分责任　保险按事故责任对被代驾车辆进行补偿。

计算如下：

赔款金额 =（被代驾车辆和人员实际损失金额 + 第三者车辆和人员实际损失金额）× 事故责任比例

注：代驾责任险的内容主要参考中国人保财险 2015 年汽车代驾责任险项目全国统保方案。

任务实施

步骤 1　了解代驾责任险的重要意义。

认识并分析代驾及代驾责任险重要意义。通过查找相关资料，创设描述代驾的几种案例。

步骤 2　制订代驾投保方案

根据代驾的不同情景案例，分析代驾责任险的内容，设计并填写投保单。

步骤 3　分析代驾责任险条款

分析不同情况下，代驾的责任。如：被代驾车辆的损失、被代驾者人身伤亡、代驾服务提供方人身伤亡等不同情况，分析代驾责任险条款。

任务评价

使用任务评价表对任务完成情况进行评价，任务 9 评价表见表 9-1。

表9-1　任务9评价表

评价项目	评分标准	分数	学生自评	小组互评	小计
团队合作	团队和谐，有分工有合作，组员积极参与，能配合工作	10			
操作过程	能介绍代驾责任险的特点，制订代驾责任险投保方案，讲述代驾责任险的重要意义	60			
创新点	介绍有创新点	10			
任务方案	完整、合理、注重逻辑思维	10			
完成情况	圆满完成	10			
	总分	100			
教师评价					

任务小结

1. 代驾从业人员责任保险

代驾从业人员责任保险对代驾服务提供方（代驾驾驶人）在提供代驾服务过程中，因发生意外事故造成第三者的人身伤害或财产损失，依法应向第三者承担的经济赔偿责任，按照保险合同约定进行赔付。具体包括：被代驾车辆的损失、被代驾者人身伤亡、代驾服务提供方应向除被代驾者以外的其他人承担的经济赔偿责任。

2. 代驾责任险保费及赔偿限额

代驾责任险保费及赔偿限额计算见表9-2。

表9-2　代驾责任险保费及赔偿限额计算

项　目	金　额	计算公式
代驾责任险保费	每名代驾员按每月度50元计算，季度收费150元，年收费500元	季度保险费 = 代驾公司当季人员数量 × 150元/人（附代驾人员名单）
代驾责任险赔偿限额	每个代驾人员全年累计限额：30万元，每次事故20万元 每次事故单次赔偿限额：医疗费用2万元、误工费用2万元	全年累计赔偿限额 = 每个代驾人员全年累计赔偿限额 × 代驾公司人数
代驾责任险免赔额	医疗费用：绝对免赔额300元，赔付比例为90% 财产损失：绝对免赔额500元，赔付比例为90% 死亡或残疾：不设置免赔	

3. 投保要求

投保要求见表9-3。

表9-3　投 保 要 求

基本要求	人数要求	单一代驾公司首次投保人数不低于50人
		代驾联盟或软件公司首次投保人数不低于300人
	驾龄要求	代驾从业人员驾龄大于5年（含），年龄25～55岁（含25、55周岁）
	责任终止	终止条件为代驾责任保单中每名代驾驾驶人的赔偿次数达到3次，或全年累计赔偿限额达到30万元，以先发生者为准

（续）

数据核对	每日资料	每天向保险人、经纪人提供其公司管理代驾人员上一天的投保驾驶人的信息，包括代驾驾驶人姓名、被代驾车辆牌照号、接单时间和结束时间、始起地和目的地
	每月资料	每月 15 日统计代驾驾驶人姓名及对应数量

项目 2 检测

一、单选（每题 2 分，共 32 分）

1. 由机动车辆本身所面临的风险而产生的险种是（　　）。(易)

A. 机动车辆损失险　　B. 第三者责任险

C. 附加险　　D. 特约险

2. 由机动车本身所创造的风险产生的险种是（　　）。(易)

A. 机动车辆损失险　　B. 第三者责任险

C. 附加险　　D. 特约险

3. 在车辆损失险中，投保时保险车辆的实际价值是新车购置价减去折旧后的价格，根据机动车辆保险条款的规定，一般关于折旧的限制是（　　）。(难)

A. 最高折旧金额不超过投保时新车购置价的 30%

B. 最高折旧金额不超过投保时新车购置价的 50%

C. 最高折旧金额不超过投保时新车购置价的 80%

D. 最高折旧金额不超过投保时新车购置价的 100%

4. 2012 版《示范条款》规定车辆损失保险的保险金额，按（　　）确定。(难)

A. 新车购置价　　B. 实际价值

C. 保险当事人双方协商　　D. 出险当时价

5. 在我国，机动车辆保险条款的基本险包括（　　）。(易)

A. 车辆损失险、第三者责任险、全车资抢险及车上人员责任险

B. 交强险、车辆损失险、第三者责任险和无过失责任险

C. 第三者责任险、全车盗抢险、车上人员责任险及不计免赔特约条款

D. 车辆损失险、第三者责任险、发动机特别损失险及车上货物责任险

6. 承保车辆遭受保险责任范围内的自然灾害或意外事故造成保险车辆本身的损失的保险称为（　　）。(易)

A. 第三者责任险　　B. 机动车辆损失险

C. 全车盗抢险　　D. 车上人员责任险

7. 下列哪项原因造成的损失属于车损险的除外责任（　　）。(易)

A. 碰撞　　B. 火灾　　C. 爆炸　　D. 地震

8. 机动车辆保险承保的风险包括（　　）等。(易)

A. 敌对行为　　B. 暴风、暴雨　　C. 罢工、暴动　　D. 地震、地陷

9. 车辆损失险和第三者责任险，在符合赔偿规定的金额内，实行免赔率，在交通事

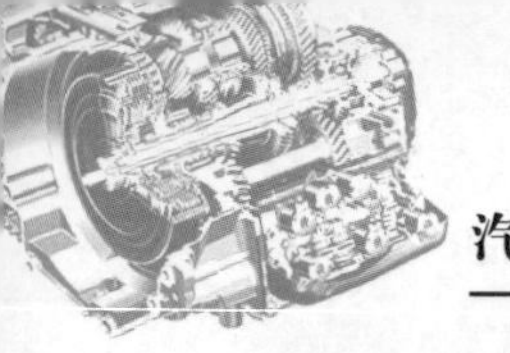

故中负同等责任的免赔率为（ ）。（中）

A. 5% B. 10% C. 15% D. 20%

10. 下列哪项属于车辆损失险的附加险？（ ）（易）

A. 玻璃单独破损险 B. 车上人员责任险

C. 车上货物责任险 D. 无过失责任险

11. 下列哪项属于第三者责任险的附加险？（ ）（易）

A. 全车盗抢险 B. 车上货物责任险

C. 玻璃单独破碎险 D. 自燃损失险

12. 在全车盗抢险中，全车损失，在保险金额内计算赔偿，并实行（ ）免赔率。（中）

A. 5% B. 10% C. 15% D. 20%

13. 因发生车辆损失保险的保险事故，致使保险车辆停驶，保险人在保险单载明的保险金额内承担赔偿责任的保险称为（ ）。（易）

A. 全车盗抢险 B. 车上人员责任险

C. 车上货物责任险 D. 车辆停驶损失险

14. 发生意外事故，造成保险车辆上人员的人身伤亡，依法应由被保险人承担的经济赔偿责任，保险人负责赔偿的保险称为（ ）。（易）

A. 全车盗抢险 B. 车上人员责任险

C. 车上货物责任险 D. 车辆停驶损失险

15. 我国现行交强险有责车辆财产损失的赔偿限额为（ ）。（中）

A. 100 B. 1600 C. 400 D. 2000

16. 以下关于交强险的说法不正确的是（ ）。（难）

A. 由法律强制购买的保险

B. 对“受害人”的人生和财产损失在有责和无责限额内进行分项计算赔款，无免赔率

C. 交强险中的“受害人”包括本车上的人员

D. 车辆购置后必须购买交强险，并贴上交强险标志方可上路行驶

二、判断（每题2分，共10分）

1. 为保险车辆采取施救保护所支付的合理费用，其最高赔偿以不超过保险金额为限。（ ）（中）

2. 保险金额是指保险人承担赔偿或给付赔偿金的最高限额。（ ）（易）

3. 保险车辆肇事逃逸是所有商业险条款的责任免除。（ ）（易）

4. 本车上其他人员的人身伤亡也是第三者责任险的保险责任范围。（ ）（中）

5. 交强险中无责车辆对有责车辆的财产损失部分由有责车辆保险公司代赔。（ ）（中）

三、名词解释（每题6分，共12分）

1. 交强险中的“受害人”（中）

2. 第三者责任险中的“第三者”（难）

四、简答（每题 7 分，共 35 分）

1. 简述车损险的保险责任。(中)
2. 简述第三者责任险的保险责任。(中)
3. 简述交强险保险责任。(中)
4. 什么是全车盗抢险？(中)
5. 什么是车上人员责任险？(中)

五、论述（共 11 分）

论述交强险与第三者责任险的区别。(难)

项目 3

计算汽车保险费

项目概述

本项目主要介绍汽车保险金额、保险限额及免赔率和无赔款优待，介绍汽车交强险的保费计算及商业险的保费计算。

学习本项目能进行汽车保险保费的计算与核算，熟悉汽车保险保费的计算公式，了解保费的优待方式，熟悉保险限额等。

任务10 明确车辆保险限额

任务目标

1. 掌握交强险的保险金额及赔偿限额。
2. 掌握商业险的保险金额及赔偿限额。
3. 计算无赔款优待金额。

案例导入

2008 年 2 月 9 日，罗某开着自己的广本飞度，行驶在赣州与吉安交界处的 105 国道上。当车辆由 105 国道拐入镇级公路时，占道行驶，与迎面而来的摩托车相撞，造成对方驾驶人李某当场死亡，乘客小孩重伤。交警认定，罗某在此次事故中负全部责任。随后，罗某被公安机关拘留，并予以逮捕。现在，罗某对刑事责任是很清楚的，只是听说受害者家属要求自己赔偿 46 万元赔偿款，一下子就全懵了。他认为，自己明明是按照国家规定购买了机动车交通事故强制险和 20 万元商业第三者责任保险，为什么还要自己另外掏钱赔偿给受害者，没有道理啊。可以看出，受害者的赔偿要求均远远超过当时和现在的保险赔偿限额。

相关知识

一、汽车保险金额和赔偿限额

（一）保险金额

汽车保险金额又称投保金额，是车辆发生保险事故后保险人按保险合同计算赔款金额的基

础，也是保险人计算保费的依据。保险金额由投保人和保险人从下列三种方式中选择确定。

（1）新车购置价确定　新车购置价是指保险合同签订地购置的与保险车辆同类型的新车（含车辆购置附加费）的价格。

（2）投保时的实际价值确定　实际价值是指同类型车辆市场新车购置价减去该车已使用年限折旧金额后的价格。关于折旧的方法，一般是按年计算，即按每满一年扣除一年计算，不足一年的部分，不计折旧。折旧率按国家有关规定执行。但最高折旧额不超过新车购置价的80%。而我国台湾地区的《汽车保险单条款》中则采用按月计算的方法，并区分自用车和营业车，分别规定折旧率。

（3）由投保人与保险人协商确定　保险金额可由投保人与保险人协商确定，但保险金额不得超过同类型新车购置价，超过部分无效。

保险金额可以按照以上三种方法中的任何一种予以确定，保险人根据保险金额的不同确定方式承担相应的赔偿责任。

投保人投保车辆损失险的附加险，其各自的保险金额按照不同的标的分别确定。如附加投保全车盗抢险、自燃损失险等，其保险金额由投保人和保险人在保险车辆的实际价值内协商确定，但保险车辆的实际价值高于购车发票金额时，以购车发票金额确定保险金额；附加投保车辆停驶损失险的，保险人承担保险责任的最高限度是赔偿限额，该限额以投保人和保险人投保时约定的赔偿天数乘以约定的日赔偿金额为准，但最高约定赔偿天数不超过九十天；附加投保新增加设备损失险的，其保险金额根据新增加设备的实际价值确定。

（二）交强险赔偿限额

交强险责任限额是指被保险机动车在保险期间（通常为1年）发生交通事故，保险公司对每次保险事故所有受害人的人身伤亡和财产损失所承担的最高赔偿金额。保监会有关负责人介绍，确定赔偿责任限额主要是基于以下各方面的考虑：满足交通事故受害人基本保障需要；与国民经济发展水平和消费者支付能力相适应；参照了国内其他行业和一些地区赔偿标准的有关规定。

（1）机动车交通事故责任强制保险责任限额（2008年2月1日前）

1）机动车在道路交通事故中有责任的赔偿限额：

死亡伤残赔偿限额：50000元人民币

医疗费用赔偿限额：8000元人民币

财产损失赔偿限额：2000元人民币

2）机动车在道路交通事故中无责任的赔偿限额：

死亡伤残赔偿限额：10000元人民币

医疗费用赔偿限额：1600元人民币

财产损失赔偿限额：400元人民币

（2）机动车交通事故责任强制保险责任限额（2008年2月1日后）

1）机动车在道路交通事故中有责任的赔偿限额：

死亡伤残赔偿限额：110000元人民币

医疗费用赔偿限额：10000元人民币

财产损失赔偿限额：2000元人民币

2）机动车在道路交通事故中无责任的赔偿限额：

死亡伤残赔偿限额：11000 元人民币

医疗费用赔偿限额：1000 元人民币

财产损失赔偿限额：100 元人民币

（3）机动车交通事故责任强制保险责任限额（2020 年 9 月 19 日后）。

1）机动车在道路交通事故中有责任的赔偿限额：

死亡伤残赔偿限额：180000 元。

医疗费用赔偿限额：18000 元。

财产损失赔偿限额：2000 元。

2）机动车在道路交通事故中无责任的赔偿限额：

死亡伤残赔偿限额：18000 元。

医疗费用赔偿限额：1800 元。

财产损失赔偿限额：100 元。

（4）死亡伤残赔偿限额　这是指被保险机动车发生交通事故，保险人对每次保险事故所有受害人的死亡伤残费用所承担的最高赔偿金额。死亡伤残费用包括丧葬费、死亡补偿费、受害人亲属办理丧葬事宜支出的交通费用、残疾赔偿金、残疾辅助器具费、护理费、康复费、交通费、被抚养人生活费、住宿费、误工费，被保险人依照法院判决或者调解承担的精神损害抚慰金。

（5）医疗费用赔偿限额　这是指被保险机动车发生交通事故，保险人对每次保险事故所有受害人的医疗费用所承担的最高赔偿金额。医疗费用包括医药费、诊疗费、住院费、住院伙食补助费，必要的、合理的后续治疗费、整容费、营养费。

（6）财产损失赔偿限额　这是指被保险机动车发生交通事故，保险人对每次保险事故所有受害人的财产损失承担的最高赔偿金额。

（三）商业险赔偿限额

机动车辆保险中的赔偿限额主要针对第三者责任险及其附加险而言。第三者责任险的赔偿限额采用的是每次事故最高赔偿限额的形式，其确定是根据不同车辆种类进行选择：

1）在不同区域内，摩托车、拖拉机的每次事故最高赔偿限额分为四个档次：2 万元、5 万元、10 万元和 20 万元。

2）其他车辆每次事故的最高赔偿限额分为八个档次：5 万元、10 万元、15 万元、20 万元、30 万元、50 万元、100 万元和 100 万元以上，且最高不超过 1000 万元。

3）挂车投保后与主车视为一体。发生保险事故时，挂车引起的赔偿责任视同主车引起的赔偿责任。保险人对挂车赔偿责任与主车赔偿责任所负赔偿金额之和，以主车赔偿限额为限。

二、免赔率和无赔款优待

（一）免赔率

在汽车保险中，针对机动车辆流动性的特点，为了增强被保险人的责任心，一般都规定有免赔率（额），有的称为自负额，且均实行绝对免赔率，即保险事故发生造成保险责任范围内的损失时。被保险人必须先自己承担保险单中约定的免赔率以内的损失。而超过免赔率以上部分的损失由保险人负责赔偿。

我国机动车各种商业保险条款中规定免赔率的标准因险种不同而不同。基本险免赔率的

确定标准是保险车辆驾驶人在事故中所负责任的大小。即车辆损失险、第三者责任险和车上人员责任险在符合赔偿规定的金额内实行事故责任免赔率：负全部责任的免赔15%，负主要责任的免赔10%，同等责任的免赔8%，负次要责任的免赔5%。单方肇事事故的绝对免赔率为15%。所谓单方肇事事故是指不涉及与第三方有关的损害赔偿的事故，但不包括自然灾害引起的事故。附加险的免赔率有的与基本险一样（如新增加设备损失险），有的则采取单一绝对免赔率（如全车盗抢险、自燃损失险、无过失责任险、车载货物掉落责任险等），对每次赔偿均实行20%的绝对免赔率。其中全车盗抢险规定实行20%的绝对免赔率的同时，还规定了提高免赔率的情形：

1）被保险人未能提供《机动车行驶证》、《机动车登记证书》、机动车来历凭证、车辆购置税完税证明（车辆购置附加费缴费证明）或免税证明的，每缺少一项，增加免赔率1%。

2）投保时指定驾驶人，保险事故发生时为非指定驾驶人使用被保险机动车的，增加免赔率5%。

3）投保时约定行驶区域，保险事故发生在约定行驶区域以外的，增加免赔率10%。

（二）无赔款优待

为了鼓励被保险人及其驾驶人严格遵守交通规则，安全行车，避免或减少保险事故，在我国机动车辆保险条款中还规定有无赔款优待条款。所谓无赔款优待是指保险车辆在上一年保险期限内未发生赔款，在下一年续保时可以享受减收保险费的优惠待遇。

1. 无赔款优待的条件

机动车辆保险的被保险人要享受无赔款减收保险费的优待，就必须符合以下条件：

1）保险期限必须满一年。

2）保险期限内无赔款。

3）保险期限届满前办理续保。续保的险种与上一年投保的险种相同。

但有以下任何情况之一的无赔款优待：

1）如果车辆同时投保车辆损失险、第三者责任险和附加险，只要任一险种发生赔款，被保险人续保时就不能享受无赔款优待。

2）被保险人未再续保的。

3）保险车辆发生保险事故，续保时案件未决，被保险人不能享受无赔款待遇。但事故处理后，保险人无赔款责任，则退还无赔款优待应减收的保险费。

4）一年期限内，发生所有权转移的保险车辆，续保时不享受无赔款优待。

5）年度投保而本年度未续保的险种和本年度新投保的险种，均不享受无赔款优待。

2. 无赔款优待的金额及其计算

无赔款的优待金额为本年度续保险种应交保险费的10%，而且不论机动车辆连续几年无事故，无赔款优待的比率不变。

无赔款优待金额的计算是以保险标的的数量为依据，即一辆车无论投保什么险种，都只享受一次无赔款优待。被保险人投保车辆不止一辆的，无赔款优待分别按车辆计算。在操作过程中要考虑续保的实际情况，确定具体的计算基础。

1）续保险种与投保金额与上一年完全相同，无赔款优待即以本年度应当缴纳的保险费为计算基础。

2）如果续保的险种与上年度不完全相同，无赔款优待则以险种相同部分应缴纳的保险

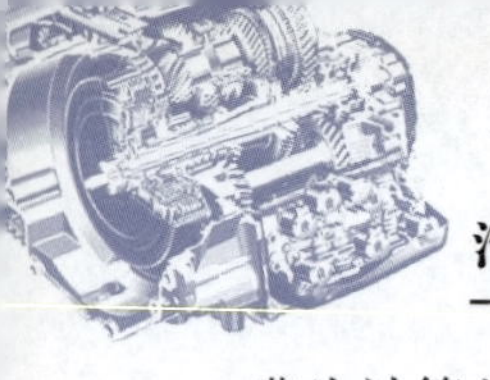

费为计算基础。

3）如果续保的险种与上一年的险种相同，投保金额不同，无赔款优待则以本年度保险金额对应的应交保险费为计算基础。

保险车辆费率等级及其费率浮动幅度（以上海地区为例）见表10-1。

表10-1 保险车辆费率等级及其费率浮动幅度（上海地区）

等级	E1	E2	E3	E4	E5	E6
浮动幅度	-10%	-20%	-30%	0	10%	30%

任务实施

步骤1 拟订任务实施计划

面对客户的咨询，可根据客户的兴趣和需要介绍保险险种的情况。

步骤2 介绍保险金额

介绍保险金额的定义：保险金额又称投保金额，是车辆发生保险事故后保险人按保险合同计算赔款金额的基础，也是保险人计算保费的依据。介绍确定保险金额的选择方式。

步骤3 介绍赔偿限额

介绍交强险责任限额（是指被保险机动车在保险期间（通常为1年）发生交通事故，保险公司对每次保险事故所有受害人的人身伤亡和财产损失所承担的最高赔偿金额）；介绍商业险的责任限额。

步骤4 介绍免赔率

介绍：免赔率是指保险公司确定一个固定的百分比的免赔数额，也就是免赔的赔款是与损失成正比的，损失越大，免赔越大。一般都规定有免赔率（额），有的称为自负额，是为了增强客户的责任心。

步骤5 介绍无赔款优待

介绍：所谓无赔款优待是指保险车辆在上一年保险期限内未发生赔款，在下一年续保时可以享受减收保险费的优惠待遇。提醒客户减少交通事故。

任务评价

使用任务评价表对任务完成情况进行评价，任务10评价表见表10-2。

表10-2 任务10评价表

评价项目	评分标准	分数	学生自评	小组互评	小计
团队合作	团队和谐，有分工有合作，组员积极参与	10			
操作过程	能介绍各险种的保险金额；能介绍各险种的保险限额；能介绍免赔率；能介绍无赔款优待情况	60			
创新点	介绍有创新点	10			
任务方案	完整、合理	10			
完成情况	圆满完成	10			
	总分	100			
教师评价					

任务小结

汽车保险金额：保险金额又称投保金额，是车辆发生保险事故后保险人按保险合同计算赔款金额的基础，也是保险人计算保费的依据。保险金额由投保人和保险人在三种方式中选择确定（图 10-1）。

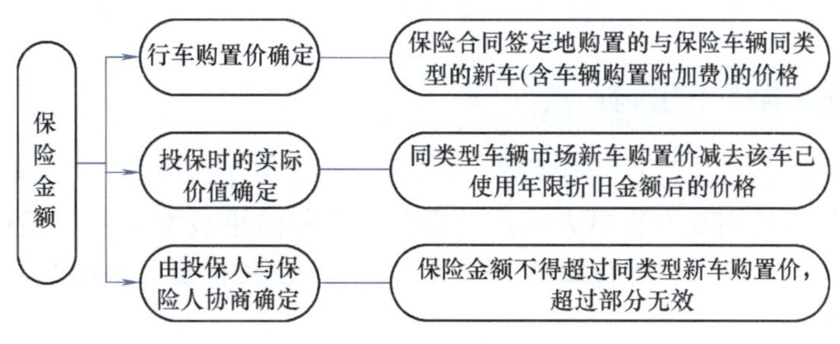

图 10-1　保险金额的确定

保险限额：交强险责任限额是指被保险机动车在保险期间（通常为 1 年）发生交通事故，保险公司对每次保险事故所有受害人的人身伤亡和财产损失所承担的最高赔偿金额。

免赔率：免赔就是保险事故发生后，客户向保险公司索赔，保险公司经过审核，确定一个合理的损失金额，这个损失金额的一部分是保险公司不予以赔偿的费用，也就是客户自行承担的费用。这部分费用就是免赔。免赔率就是指保险公司确定一个固定的百分比的免赔数额，也就是免赔的赔款是与损失成正比的，损失越大，免赔越大。如免赔率为 20%，损失为 200 元的话，那么免赔部分为 200 元 ×20% =40 元，也就是说保险公司只赔付 200 元 −40 元 =160 元。

无赔款优待：指保险车辆在上一年保险期限内无赔款，续保时可享受无赔款减收保险费优待。

优待金额为本年度续保险种应交保险费的 10%。

任务11　计算车辆保险费

任务目标

1. 了解汽车保险费率的确定原则及影响因素。
2. 能计算交强险保费。
3. 能计算商业险保费。
4. 能使用保险修正系数。

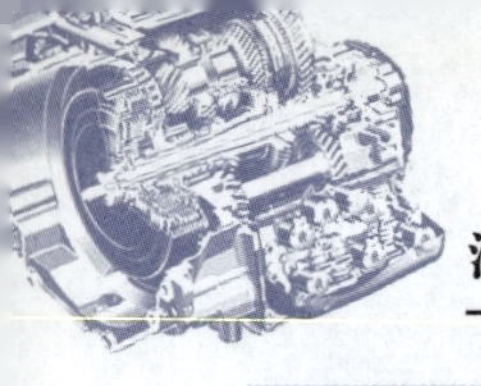

案例导入

王先生购买一辆雪佛莱1.6L，主要是上班的代步车，有时节假日全家一起就近自驾游，王先生老家在附近县城，有时周六日要回老家探望父母，想计算一下不同投保方案的保险费用。

相关知识

一、汽车保险费率的原则

保险费率是依照保险金额计算保险费的比例，通常以千分率（‰）来表示。保险金额又简称保额，是保险合同双方当事人约定的保险人于保险事故发生后应赔偿（给付）保险金的限额。它是保险人据以计算保险费的基础。保险费简称保费，是投保人参加保险时所交付给保险人的费用。

根据保险价格理论，厘定保险费率的科学方法是依据不同保险对象的客观环境和主观条件形成的危险度，采用非寿险精算的方法进行确定。但是，非寿险精算是一个纯技术的范畴，在实际经营过程中，非寿险精算仅仅是提供一个确定费率的基本依据和方法，而保险人确定费率还应当遵循一些基本的原则。

（一）公平合理

公平合理原则的核心是确保实现每一个被保险人的保费负担基本上是依据或者反映了保险标的的危险程度。这种公平合理的原则应在两个层面加以体现：

1）在保险人和被保险人之间　在保险人和被保险人之间体现公平合理的原则，是指保险人的总体收费应当符合保险价格确定的基本原理，尤其是在附加费率部分，不应让被保险人负担保险人不合理的经营成本和利润。

2）在不同的被保险人之间　在被保险人之间体现公平合理是指不同被保险人的保险标的的危险程度可能存在较大的差异，保险人对不同的被保险人收取的保险费应当反映这种差异。

由于保险商品存在一定的特殊性，要实现绝对的公平合理是不可能的，所以，公平合理只能是相对的，只是要求保险人在确定费率的过程中注意体现一种公平合理的倾向，力求实现费率确定得相对公平合理。

（二）保证偿付

保证偿付原则的核心是确保保险人具有充分的偿付能力。保险费是保险标的的损失偿付的基本资金，所以，厘定的保险费率应保证保险公司具有相应的偿付能力，这是保险的基本职能决定的。保险费率过低，势必削弱保险公司的偿付能力，从而影响对被保险人的实际保障。

在市场经济条件下，经常出现一些保险公司在市场竞争中为了争取市场份额，盲目地降低保险费率，结果是严重影响其自身的偿付能力，损害了被保险人的利益，甚至对整个保险业和社会产生巨大的负面影响。为了防止这种现象的发生，各国对于保险费率的厘定，大都实行由同业公会制定统一费率的方式，有的国家在一定的历史时期甚至采用由国家保险监督

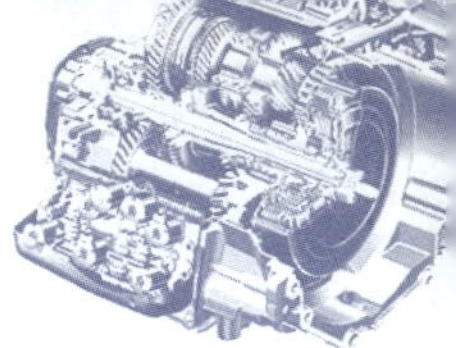

管理部门颁布统一费率，并要求强制执行的方式。如我国2000年7月1日开始实施的《汽车保险条款》，就采取统一费率的方法。

保证偿付能力是保险费率确定原则的关键，原因是保险公司是否具有足够的偿付能力，不仅仅影响到保险业的经营秩序和稳定，同时，也可能对广大的被保险人乃至整个社会产生直接的影响。

（三）相对稳定

相对稳定原则是指保险费率厘定之后，应当在相当长的一段时间内保持稳定，不要轻易地变动。由于汽车保险业务存在保费总量大，单量多的特点，经常的费率变动势必增加保险公司的业务工作量，导致经营成本上升，同时也会给被保险人需要不断适应新的费率带来不便。

要实现保险费率确定相对稳定的原则，在确定保险费率时就应充分考虑各种可能影响费率的因素，建立科学的费率体系，更重要的是应对未来的趋势做出科学的预测，确保费率的适度超前，从而实现费率的相对稳定。

要求费率的确定具有一定的稳定性是相对的，一旦经营的外部环境发生了较大的变化，保险费率就必须进行相应的调整，以符合公平合理的原则。

（四）促进防损

防灾防损是保险的一个重要职能，其内涵是保险公司在经营过程中应协调某一风险群体的利益，积极推动和参与针对这一风险群体的预防灾害和损失活动，减少或者避免不必要的灾害事故的发生。这样不仅可以减少保险公司的赔付金额和减少被保险人的损失，更重要的是可以保障社会财富，稳定企业的经营，安定人民的生活，促进社会经济的发展。为此，保险人在厘定保险费率的过程中应将防灾防损的费用列入成本，并将这部分费用用于防灾防损工作。在汽车保险业务中防灾防损职能显得尤为重要。一方面保险公司将积极参与汽车制造商对于汽车安全性能的改进工作，如每年均有一些大的保险公司均资助汽车制造商进行汽车安全性能的碰撞试验。另一方面保险公司对被保险人的加强安全生产、进行防灾防损的工作也会予以一定的支持，目的是调动被保险人主动加强风险管理和防灾防损工作的积极性。

二、影响汽车保险费率的因素

汽车保险实行基本保险费和以保险费率计算保险费两个部分。确定汽车基本保险费及其费率时，一般要考虑以下因素：

（一）车的用途

车辆的用途不同，所面临的风险也不相同。各国保险人在确定机动车辆的保险费率时，首要考虑的因素就是车辆的用途。以美国为例，在汽车保险发展初期，确定汽车保险费率的标准之一（另一标准是驾驶人的身份）就是汽车的用途，并依此将汽车分为游乐用车辆、上下班每次驾驶在10mile（1mile = 1609.344m）以下之车辆、上下班每次驾驶在10mile以上之车辆、营业用车辆、农民用车辆等。我国则根据车辆的用途将车辆分为营业车辆和非营业车辆，一般营业车辆适用的费率比非营业车辆高，如果兼有两类使用性质的车辆，按高档费率计费。

（二）汽车的种类

由于各国汽车业发展的程度以及制造技术的不同，使得不同的车辆，其性能、功率及其

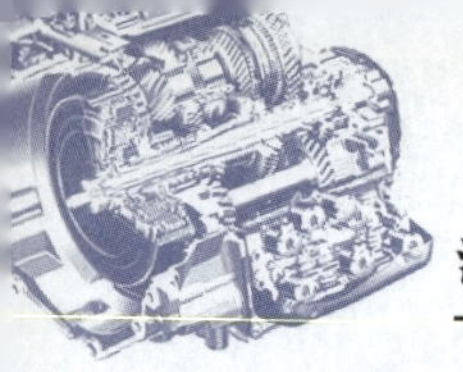

安全系数等也各不相同，风险的大小各异。保险人在确定保险费率时也不得不考虑这一重要因素。我国基本险费率表中包括15个车种档次和A、B两个类别。15个车种档次分别是：6座以下客车Ⅰ类（即具有国家有关部门核发的营运证的出租汽车）；6座以下客车Ⅱ类（除Ⅰ类外的具有营业性的其他车辆）；6座及20座以下客车；20座及20座以上客车Ⅰ类；20座及20座以上客车Ⅱ类；油罐车、气罐车、液罐车、冷藏车；10t及10t以上货车；2～10t货车；2t以下货车、农用车；起重车、装卸车、工程车、监测车、邮电车、消防车、清洁车、医疗车、救护车；挂车；排气量在50CC及以下的摩托车；排气量在50CC以上的摩托车；功率在14.7kW及以下的拖拉机；功率在14.7kW以上的拖拉机。

关于A类车辆与B类车辆，一般A类车辆属于进口车辆，B类车辆属于国产车辆，A类车辆适用的保险费率高于B类车辆。具体划分如下：

1）A类车辆是指：整车进口的一切机动车辆；主要零配件由国外进口，国内组装的套牌车辆；合资企业生产的16座以上（含16座）的客车；外资、合资企业生产的摩托车；下列车辆品牌和车型：北京切诺基V6、广州本田、上海别克、上海帕萨特、湖北雷诺、长春奥迪系列、天津丰田；其他合资企业生产的国产化率低于70%的机动车辆。

2）B类车辆是指除A类车辆以外的机动车辆。

3）对于难以明确A类、B类车辆时，由当地保险同业机构提出划分意见，报当地省级保险监督管理办公室审定。

（三）其他因素

确定汽车保险费及其费率，除了以上必须考虑的因素外，还应当综合考虑车辆主要行驶的区域、车龄，被保险人的年龄，性别、职业、嗜好、驾驶记录和婚姻状况等因素。

各国保险人在考虑以上因素时，侧重点各不相同。总的来看，考虑的因素越多、越全面，制订出的保险费率就越科学、合理。而要做到这一点，必须掌握相当的技术。我国目前汽车保险的经营技术与发达国家相比存在较大的差距，在制订保险费率时所要考虑的因素比较简单，即只有保险车辆的用途和种类，其科学、合理性明显不足，还有待于进一步发展和完善。

三、汽车保险费率模式

（一）汽车保险费率

在市场经济条件下，价值价格规律的核心是使价格真实地反映价值，从而体现在交易过程中公平和对价的原则。但是，如何才能够实现这一目标，从被动的角度出发，可以通过市场适度和有序竞争实现这一目标，但这往往需要付出一定的代价。从主动和积极的角度出发，保险人希望能够在市场上生存和发展，就必须探索出确定价格的科学和合理的模式。

在汽车保险中，保险人同样希望保费设计得更精确、更合理。在不断的统计和分析研究中，人们发现影响汽车保险索赔频率和索赔幅度的危险因子很多，而且影响的程度也各不相同。每一辆汽车的风险程度是由其自身风险因子综合影响的结果，所以，科学的方法是通过全面综合地考虑这些风险因子后确定费率。通常保险人在经营汽车保险的过程中将风险因子分为两类：

1）与汽车相关的风险因子，主要包括汽车的种类、使用的情况和行驶的区域等。

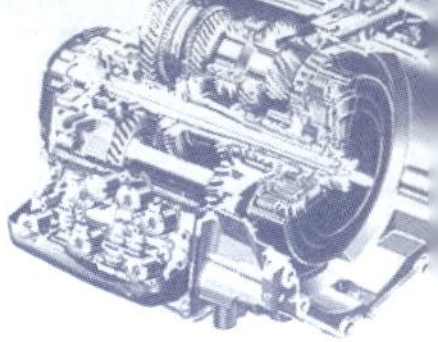

2）与驾驶人相关的风险因子，主要包括驾驶人的性格、年龄、婚姻状况、职业等。

由此各国汽车保险的费率模式基本上可以划分为两大类，即从车费率模式和从人费率模式。从车费率模式是以被保险车辆的风险因子为主作为确定保险费率主要因素的费率确定模式。从人费率模式是以驾驶被保险车辆人员的风险因子为主作为确定保险费率主要因素的费率确定模式。

（二）从车费率模式

从车费率模式是指在确定保险费率的过程中主要以被保险车辆的风险因子作为影响费率确定因素的模式。目前，我国采用的汽车保险的费率模式就属于从车费率模式，影响费率的主要因素是被保险车辆有关的风险因子。

现行的汽车保险费率体系中影响费率的主要变量为车辆的使用性质、车辆生产地和车辆的种类：

1）根据车辆的使用性质划分：营业性车辆与非营业性车辆。

2）根据车辆的生产地划分：进口车辆与国产车辆。

3）根据车辆的种类划分：车辆种类与吨位。

除了上述三个主要的从车因素外，现行的汽车保险费率还将车辆行驶的区域作为汽车保险的风险因子，即按照车辆使用的不同地区，适用不同的费率，如在深圳和大连采用专门的费率。

从车费率模式具有体系简单，易于操作的特点，同时，由于我国在一定的历史时期被保险的车辆绝大多数是“公车”，驾驶人与车辆不存在必然的联系，也就不具备采用从人费率模式的条件。随着经济的发展和人民生活水平的提高，汽车正逐渐进入家庭，2003年各保险公司制订并执行的汽车保险条款，就开始采用从人费率模式。

从车费率模式的缺陷是显而易见的，因为在汽车的使用过程中对于风险的影响起到决定因素的是与车辆驾驶人有关的风险因子。尤其是将汽车保险特有的无赔偿优待与车辆联系，而不是与驾驶人联系，显然不利于调动驾驶人的主观能动性，其本身也与设立无赔偿优待制度的初衷相违背。

（三）从人费率模式

从人费率模式是指在确定保险费率的过程中主要以被保险车辆驾驶人的风险因子作为影响费率确定因素的模式。目前，大多数国家采用的汽车保险的费率模式均属于从人费率模式，影响费率的主要因素是与被保险车辆驾驶人有关的风险因子。

各国采用的从人费率模式考虑的风险因子也不尽相同，主要有驾驶人的年龄、性别、驾驶年限和安全行驶记录等。

1）根据驾驶人的年龄划分。通常将驾驶人按年龄划分为三组，第一组是初学驾驶，性格不稳定，缺乏责任感的年轻人；第二组是具有一定驾驶经验，生理和心理条件均较为成熟，有家庭和社会责任感的中年人；第三组是与第二组情况基本相同，但年龄较大，反应较为迟钝的老年人。通常认为第一组驾驶人为高风险人群，第三组驾驶人为次高风险人群，第二组驾驶人为低风险人群。至于三组人群的年龄段划分是根据各国的不同情况确定的。

2）根据驾驶人的性格划分。研究表明女性群体的驾驶倾向较为谨慎，为此，相对于男性她们为低风险人群。

3）根据驾驶人的驾龄划分。驾龄的长短可以从一个侧面反映驾驶人员的驾驶经验，通

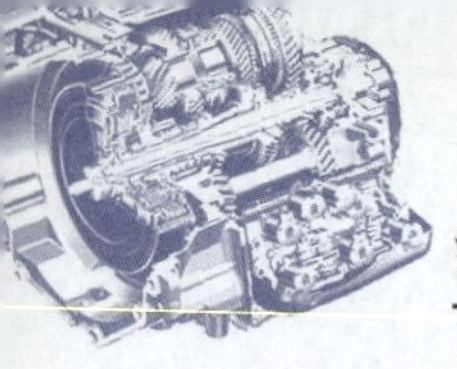

常认为从初次领证后的1~3年为事故多发期。

4）根据安全记录划分。安全记录可以反映驾驶人的驾驶心理素质和对待风险的态度，经常发生交通事故的驾驶人可能存在某一方面的缺陷。

从以上对比和分析可以看出从人费率相对于从车费率具有更科学和合理的特征，所以，我国正在积极探索，逐步将从车费率的模式过渡到从人费率的模式。

四、交强险保费计算

（一）交强险的保费

1. 一年期基础保险费的计算

投保一年期机动车交通事故责任强制保险的，根据《机动车交通事故责任强制保险基础费率表》中相对应的金额确定基础保险费，见表11-1。

表11-1　机动车交通事故责任强制保险基础费率表（2008版）

车辆大类	序号	车辆明细分类	保费/元
一、家庭自用车	1	家庭自用汽车6座以下	950
	2	家庭自用汽车6座及以上	1100
二、非营业客车	3	企业非营业汽车6座以下	1000
	4	企业非营业汽车6~10座	1130
	5	企业非营业汽车10~20座	1220
	6	企业非营业汽车20座以上	1270
	7	机关非营业汽车6座以下	950
	8	机关非营业汽车6~10座	1070
	9	机关非营业汽车10~20座	1140
	10	机关非营业汽车20座以上	1320
三、营业客车	11	营业出租租赁6座以下	1800
	12	营业出租租赁6~10座	2360
	13	营业出租租赁10~20座	2400
	14	营业出租租赁20~36座	2560
	15	营业出租租赁36座以上	3530
	16	营业城市公交6~10座	2250
	17	营业城市公交10~20座	2520
	18	营业城市公交20~36座	3020
	19	营业城市公交36座以上	3140
	20	营业公路客运6~10座	2350
	21	营业公路客运10~20座	2620
	22	营业公路客运20~36座	3420
	23	营业公路客运36座以上	4690
四、非营业货车	24	非营业货车2t以下	1200
	25	非营业货车2~5t	1470

（续）

车辆大类	序号	车辆明细分类	保费/元
四、非营业货车	26	非营业货车5～10t	1650
	27	非营业货车10t以上	2220
五、营业货车	28	营业货车2t以下	1850
	29	营业货车2～5t	3070
	30	营业货车5～10t	3450
	31	营业货车10t以上	4480
六、特种车	32	特种车一	3710
	33	特种车二	2430
	34	特种车三	1080
	35	特种车四	3980

注：1. 座位和吨位的分类都按照“含起点不含终点”的原则来解释。

2. 特种车一：油罐车、汽罐车、液罐车；特种车二：专用净水车、特种车一以外的罐式货车，以及用于清障、清扫、清洁、起重、装卸、升降、搅拌、挖掘、推土、冷藏、保温等的各种专用机动车；特种车三：装有固定专用仪器设备从事专业工作的监测、消防、运钞、医疗、电视转播等的各种专用机动车；特种车四：集装箱拖头。

3. 挂车根据实际的使用性质并按照对应吨位货车的30%计算。

4. 低速载货汽车参照运输型拖拉机14.7kW以上的费率执行。

2. 短期基础保险费的计算

投保保险期间不足一年的机动车交通事故责任强制保险的，按短期费率系数计收保险费，不足一个月按一个月计算。具体为：先按《机动车交通事故责任强制保险基础费率表》中相对应的金额确定基础保险费，再根据投保期限选择相对应的短期月费率系数，两者相乘即为短期基础保险费。费率系数见表11-2。

表11-2 短期月费率系数表

保险期间/月	1	2	3	4	5	6	7	8	9	10	11	12
短期月费率系数（%）	10	20	30	40	50	60	70	80	85	90	95	100

短期基础保险费＝年基础保险费×短期月费率系数

3. 交强险费率的浮动比率

交强险基础费率浮动因素和浮动比率按照《机动车交通事故责任强制保险费率浮动暂行办法》（保监发〔2007〕52号）执行。

4. 交强险保险费的计算办法

交强险最终保险费＝交强险基础保险费×(1＋与道路交通事故相联系的浮动比率)

5. 解除保险合同保费计算办法

根据《交强险条例》规定解除保险合同时，保险人应按如下标准计算退还投保人保险费。

1）投保人已交纳保险费，但保险责任尚未开始的，全额退还保险费。

2）投保人已交纳保险费，但保险责任已开始的，退回未到期责任部分保险费的计算，按下列公式进行计算

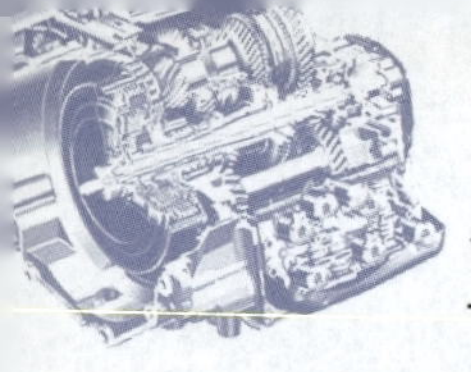

退还保险费 = 保险费 ×（1 – 已了责任天数/保险期间天数）

五、商业险保费计算

（一）车辆保险费的计算

1. 机动车损失险保费计算

按照投保人类别、车辆用途、座位数/吨位数/排量/功率、车辆使用年限查找基础保费和费率。然后通过下式计算保费：

保险费用 = 基础保费 + 保险金额 × 费率

以下面案例说明保费的计算方法，表11-3为中国人保北京地区家庭自用车损失保险费率表的部分内容。

表11-3　中国人保北京地区家庭自用车损失保险费率表的部分内容　（单位：元）

座位	1年以下		1~2年		2~6年		6年以上	
	基础保费	费率	基础保费	费率	基础保费	费率	基础保费	费率
6座以下	459	1.088%	437	1.037%	432	1.029%	445	1.054%
6~10座	550	1.088%	524	1.037%	518	1.029%	534	1.054%
10座以上	550	1.088%	524	1.037%	518	1.029%	534	1.054%

案例导入

案例1：假定某5座家庭自用汽车投保车损险，车龄为1年以下，新车购置价为10万元。在费率表上查得对应的基础保费为1678元，费率为1.224%，则该车辆的保费=1678元+(10万元-10万元)×1.224%=1678元。如果新车购置价变为13万元，则该车辆的保费=1678元+(13万元-10万元)×1.224%=2045.2元。

案例2：假定某7座企业非营业客车投保车损险，车龄为1年，新车购置价为18万元。在费率表上查得对应的基础保费为348元，费率为0.91%，则该车辆的保费=348元+18万元×0.91%=1986元。如果新车购置价变为25万元，则该车辆的保费=348元+25万元×0.91%=2623元。

挂车保险费按同吨位货车对应档次保险费的50%计收

1）非营业车辆损失险费率见表11-4（中国保险行业协会制订2008 A款）。

表11-4　非营业车辆损失险费率

车种\险种		机动车损失险/元							
家庭自用汽车与非营业用车		1年以下		1~2年		2~6年		6年以上	
		基础保费	费率	基础保费	费率	基础保费	费率	基础保费	费率
家庭自用汽车	6座以下	646	1.54%	616	1.46%	609	1.45%	628	1.49%
	6~10座	776	1.54%	739	1.46%	731	1.45%	753	1.49%
企业非营业客车	6座以下	0	0.00%	0	0.00%	0	0.00%	0	0.00%
	6~10座	0	0.00%	0	0.00%	0	0.00%	0	0.00%
	10~20座	0	0.00%	0	0.00%	0	0.00%	0	0.00%
	20座以上	0	0.00%	0	0.00%	0	0.00%	0	0.00%

（续）

车种＼险种		机动车损失险/元							
家庭自用汽车与非营业用车		1年以下		1～2年		2～6年		6年以上	
		基础保费	费率	基础保费	费率	基础保费	费率	基础保费	费率
党政机关、事业团体非营业客车	6座以下	0	0.00%	0	0.00%	0	0.00%	0	0.00%
	6～10座	0	0.00%	0	0.00%	0	0.00%	0	0.00%
	10～20座	0	0.00%	0	0.00%	0	0.00%	0	0.00%
	20座以上	0	0.00%	0	0.00%	0	0.00%	0	0.00%
非营业货车	2t以下	297	1.14%	283	1.09%	280	1.08%	289	1.11%
	2～5t	384	1.47%	365	1.40%	362	1.39%	373	1.43%
	5～10t	419	1.61%	399	1.53%	395	1.52%	407	1.56%
	10t以上	276	1.96%	263	1.86%	261	1.85%	268	1.90%
	低速载货汽车	253	0.97%	241	0.92%	238	0.92%	245	0.94%

2）营业车辆损失险的费率见表11-5。

表11-5　营业车辆损失险的费率

车种＼险别		机动车损失险/元							
营业用客车与特种车		2年以下		2～3年		3～4年		4年以上	
		基础保费	费率	基础保费	费率	基础保费	费率	基础保费	费率
出租、租赁营业客车	6座以下	935	2.84%	926	2.82%	916	2.79%	935	2.84%
	6～10座	1090	2.27%	1079	2.25%	1068	2.22%	1090	2.27%
	10～20座	1112	2.06%	1101	2.04%	1090	2.02%	1112	2.06%
	20～36座	1009	2.02%	999	2.00%	989	1.98%	1009	2.02%
	36座以上	2939	2.31%	2909	2.29%	2880	2.26%	2939	2.31%
城市公交营业客车	6～10座	928	1.88%	919	1.86%	910	1.84%	928	1.88%
	10～20座	947	1.71%	937	1.69%	928	1.68%	947	1.71%
	20～36座	861	1.68%	853	1.66%	844	1.65%	861	1.68%
	36座以上	2473	1.92%	2448	1.90%	2424	1.88%	2473	1.92%
公路客运营业客车	6～10座	1052	2.18%	1041	2.16%	1031	2.13%	1052	2.18%
	10～20座	1073	1.98%	1062	1.96%	1052	1.94%	1073	1.98%
	20～36座	974	1.94%	964	1.92%	955	1.90%	974	1.94%
	36座以上	2829	2.22%	2801	2.19%	2772	2.17%	2829	2.22%
营业货车	2t以下	926	2.16%	916	2.13%	907	2.11%	926	2.16%
	2～5t	1131	2.22%	1120	2.20%	1108	2.18%	1131	2.22%
	5～10t	1324	2.30%	1311	2.28%	1297	2.26%	1324	2.30%
	10t以上	2325	2.82%	2302	2.79%	2279	2.77%	2325	2.82%
	低速载货汽车	787	1.83%	779	1.81%	771	1.80%	787	1.83%
特种车	特种车型一	1131	2.22%	1120	2.20%	1108	2.18%	1131	2.22%
	特种车型二	464	0.86%	459	0.85%	454	0.85%	464	0.86%
	特种车型三	401	0.75%	397	0.74%	393	0.74%	401	0.75%
	特种车型四	1017	1.90%	1007	1.88%	997	1.87%	1017	1.90%

2. 第三者责任险的保费计算

1）按照投保人类别、车辆用途、座位数/吨位数、车辆使用年限、责任限额直接从第三者责任险费率表中查找保费。例如，表11-6为中国人保北京地区家庭自用车第三者责任险费率表的部分内容。

2）挂车保险费按2t以下货车计收（责任限额统一为5万元）。

表11-6　中国人保北京地区家庭自用车第三者责任险费率表的部分内容（单位：元）

座位数	第三者责任保险						
	5万	10万	15万	20万	30万	50万	100万
6座以下	516	746	850	924	1043	1252	1630
6~10座	478	674	761	821	919	1094	1425
10座以上	478	674	761	821	919	1094	1425

3）如果赔偿限额为100万元以上：则保险费 $=A+A\times N\times(0.034-0.0013\times N)$，式中，$A$ 等于赔偿限额为100万元式的第三者责任险保险费；$N=$（限额 − 100万元）/50万元，限额必须是50万元的倍数，且不得超过1000万元。

3. 车上人员责任险

按照投保人类别、车辆用途、座位数、投保方式查找费率。见表11-7中国人保北京地区家庭自用车车上人员责任险费率表。

表11-7　中国人保北京地区家庭自用车车上人员责任险费率表

座位数	6座以下	6~10座	10座以上
驾驶人	0.349%	0.332%	0.332%
乘客	0.221%	0.213%	0.213%

保费计算公式为

$$保费=每次事故每人赔偿限额\times费率$$

4. 车上货物责任险

按照责任限额、分营业用、费营业用查找费率，见表11-8。车上货物责任险的最低责任限额为人民币20000元。保费计算公式为

$$保费=基础保费+(责任限额-20000)\times费率$$

表11-8　中国人保上海地区车上货物责任险费率表

客户群	基础保费/元	费率（%）
非营业用货车	170	0.85
营业用货车	340	1.70

5. 车身划痕损失险

按车龄、新车购置价、保额所属档次直接查找保费，车身划痕损失险见表11-9。

表 11-9　车身划痕损失险

新车购置价/元	车龄 \ 限额/元	2000	5000	10000	20000
30 万以下	2 年以下	400	570	760	1140
	2 年及以上	610	850	1300	1900
30～50 万	2 年以下	585	900	1170	1780
	2 年及以上	900	1350	1800	2600
50 万以上	2 年以下	850	1100	1500	2250
	2 年及以上	1100	1500	2000	3000

6. 不计免赔特约条款

保费计算公式为

保费 =（车辆损失险保险费 + 第三者责任险保险费）×20%

不计免赔特约条款费率表见表 11-10。

表 11-10　不计免赔特约条款费率表

保险类别	保险费率	保险类别	保险费率
车辆损失险	为车辆损失险保费的 15%	全车盗抢险	为全车盗抢险保费的 20%
商业第三者责任险	为商业第三者责任险保费的 15%	其他险别	为相应险别保费的 15%

可选免赔系数见表 11-11。

表 11-11　可选免赔系数

地区	免赔额/元	新车购置价/元					
		5 万以下	5 万～10 万	10 万～20 万	20 万～30 万	30 万～50 万	50 万以上
北京、新疆、甘肃、湖北、大连、内蒙古	300	0.87	0.92	0.94	0.95	0.97	0.98
	500	0.76	0.84	0.89	0.93	0.95	0.96
	1000	0.65	0.74	0.83	0.88	0.90	0.93
	2000	0.52	0.58	0.69	0.78	0.85	0.89
上海、黑龙江、吉林、辽宁、江苏、山东、青岛、海南、广西、四川、重庆、云南、贵州、江西、无锡、苏州	300	0.89	0.92	0.94	0.96	0.97	0.98
	500	0.79	0.85	0.89	0.93	0.95	0.96
	1000	0.68	0.74	0.84	0.88	0.90	0.93
	2000	0.54	0.58	0.70	0.78	0.86	0.89
广东、天津、宁夏、陕西、河南、浙江、宁波、安徽、福建、厦门、青海、山西	300	0.90	0.93	0.95	0.96	0.97	0.98
	500	0.81	0.87	0.91	0.94	0.96	0.96
	1000	0.71	0.78	0.84	0.88	0.91	0.93
	2000	0.58	0.62	0.71	0.78	0.86	0.90
深圳、湖南、河北、西藏	300	0.92	0.94	0.95	0.96	0.97	0.98
	500	0.84	0.89	0.92	0.94	0.96	0.97
	1000	0.75	0.82	0.87	0.89	0.91	0.94
	2000	0.62	0.68	0.76	0.80	0.88	0.91

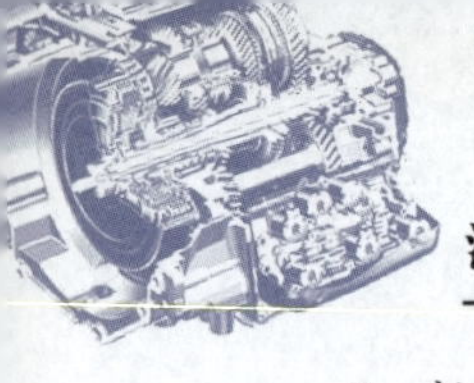

7. 新增设备损失险

保费计算公式为

$$保费=约定保险金额\times相应车损险费率$$

8. 车辆停驶损失险

保费计算公式为

$$保费=合同约定赔偿天数\times日赔偿金额\times费率$$

9. 租车人失踪险

保费计算公式为

$$保费=约定保险金额\times费率$$

10. 交通费用补偿险

保费计算公式为

$$保费=约定赔偿限额\times费率$$

六、车辆保险风险修正

(一) 费率调整系数

1. 车损险车型系数

不同车型的保险费率是不同的，实际操作中应根据车型对保险车辆的损失险标准保费进行调整。部分车型车辆损失险车型系数见表11-12。

表11-12　车辆损失险车型系数表（部分车型）

	类　别	车　型	系数值
客车	一	依维柯、金龙、切诺基、索纳塔	0.90
	二	上海通用别克、奥拓、标致、夏利	0.95
	三	金杯、富康、松花江、长安面包、国产帕萨特、宝来	1.00
	四	千里马、一汽红旗、威驰、奥迪A4、奥迪A6	1.05
	五	南京菲亚特、波罗、欧宝、中华	1.10
	六	广州本田、英格尔、风神系列、吉利、奇瑞	1.15
	七	宝马、奔驰系列、沃尔沃、路虎、凯迪拉克	1.20
	八	特意车型、稀有车型、古老车型	1.3~1.5
车队及招标业务		根据业务及整体车型情况确定，仅适用于非营业性质车辆	0.9~1.2

注：1. 保险公司会根据数据积累逐渐增加并完善。

2. 各保险公司此表数据有所不同。

2. 风险修正系数

(1) 无赔款优待及上年赔款记录费率调整系数　根据上一保险年度的赔款次数调整保险车辆费率等级，并按照规定的费率浮动幅度进行费率调整。

(2) 单车投保　保费可根据单车风险修正系数表进行调整（表11-13）。

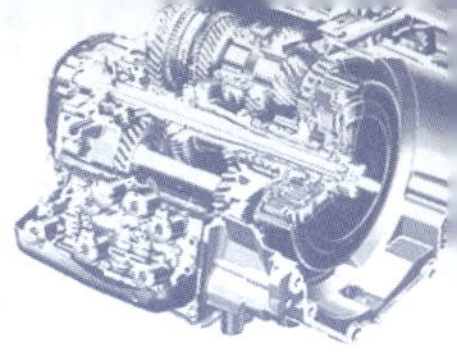

表 11-13 单车风险修正系数表（费率修正系数）

项　　目	费率浮动办法		修正系数（优惠）	适用范围
多险种同时投保	同时投保车辆损失险和第三者责任险，第三者责任险优惠		10%	相应险种
	投保车辆损失险和第三者责任险，并同时投保车上人员责任险，车上人员责任险优惠		5%	
	投保车辆损失险和第三者责任险，并同时投保两个及以上附加险的，附加险优惠		5%	
销售渠道	在保险人营业网点投保，费率优惠		6%	所有险种
	通过互联网、电话，费率优惠		5%	
提供详细信息	投保时按要求提供真实详尽的保单信息，费率优惠		3%	所有险种
交通违章（违章等次按交通法规定）	上一保险年度无交通违章，费率优惠		5%	所有险种
	上一保险年度发生 3、4、5 次轻微违章的，费率上浮		5%	
	上一保险年度，轻微违章超过 5 次的，费率上浮		10%	
	上一保险年度，每发生 1 次严重违章，费率上浮		5%	
汽车安全性	有安全气囊或 ABS 的车辆，车上人员责任险优惠		5%	车上人员责任险
	有固定车库，盗抢险优惠		5%	盗抢险
	安装汽车防盗系统，盗抢险优惠		3% ~10%	
选择专修厂	凡在投保时选择汽车专修厂的，根据本地区专修厂的差异	国产车费率上浮	10% ~30%	车损险、划痕险
		进口车费率上浮	30% ~60%	
行驶区域	省内行驶的，主险费率下浮优惠		5%	36 座以上
	有固定营业路线的，主险费率下浮优惠		5%	
行驶里程	平均年行驶里程≤10000km，费率下浮		5%	家庭自用车所有险种
	30000km≤平均年行驶里程<50000km 费率上浮		10% ~30%	
	50000km≤平均年行驶里程，费率上浮		30% ~50%	

项目	性别	驾龄	年龄					适用范围
			年龄<25	25≤年龄<30	30≤年龄<40	40≤年龄<50	年龄≥50	
指定驾驶人	男	驾龄≤1	8%	6%	4%	5%	6%	家庭自用车损险
		1<驾龄≤3	5%	2%	0	-3%	0	
		驾龄>3	0	-4%	-6%	-8%	-4%	
	女	驾龄≤1	9%	7%	5%	6%	7%	
		1<驾龄≤3	4%	0	0	0	2%	
		驾龄>3	-4%	-6%	-8%	-10%	-6%	
	1. 以上性别适用于一名驾驶人情况，当指定 2 名驾驶人时，以保费较高者为准。 2. 以上正数表示费率上涨幅度，负数表示费率优惠服务。 3. 不指定驾驶人，上浮 10%。							

(3) 车队投保 保费可根据车队费率浮动系数表进行调整。(表略)

(二) 费率调整计算方法

1) 车损险车型系数、风险修正系数之间采用连乘方式，即车损险车型系数×(1+风险修正系数)。

2) 使用车损险车型系数、风险修正系数后的费率优惠幅度超过监管部门规定的最大优惠幅度时，按照监管部门规定的最大优惠幅度执行。

3) 单车风险修正系数采用系数累加的方式：

单车风险修正系数=系数1+系数2+系数3+…

如：客户享受“提供详细信息”优惠3%和续保优惠10%两项单车风险修正系数，则客户可享受的单车风险修正系数=−3%+（−10%）=−13%。

4) 车队风险修正系数采用系数累加的方式：

车队风险修正系数=系数1+系数2+系数3+…

5) 无赔款优待及上年赔款记录费率调整系数与单车、车队系数之间采用连乘方式：(1+无赔款优待系数及上年赔款记录费率调整系数) ×(1+单车、车队系数)。

6) 单车风险修正与车队费率浮动不能同时使用。

7) 单车风险修正或车队费率浮动仅适用于保险期间为一年以上的保险单。

8) 风险修正系数表不适用于摩托车和拖拉机。

任务实施

步骤1 拟订任务实施计划

根据任务情境，拟订任务实施计划。设计不少于5种车辆保险方案。

步骤2 计算交强险保费

步骤3 计算商业险保费

步骤4 使用风险修正系数

任务评价

使用任务评价表对任务完成情况进行评价，任务11评价表见表11-14。

表11-14 任务11评价表

评价项目	评分标准	分数	学生自评	小组互评	小计
团队合作	团队和谐，有分工有合作，组员积极参与	10			
操作过程	能计算交强险保费；能介绍各险种的保险限额；能介绍免赔率；能介绍无赔款优待情况	60			
创新点	介绍有创新点	10			
任务方案	完整、合理	10			
完成情况	圆满完成	10			
	总分	100			
教师评价					

任务小结

1. 交强险最终保险费

交强险最终保险费 = 交强险基础保险费 × (1 + 与道路交通事故相联系的浮动比率)

2. 商业险保费

保险费用 = 基础保费 + 保险金额 × 费率

3. 费率修正系数

(1) 车损险车型系数、风险修正系数之间采用连乘方式：车损险车型系数 × (1 + 风险修正系数)。

(2) 单车风险修正系数采用系数累加的方式：

单车风险修正系数 = 系数 1 + 系数 2 + 系数 3 + …

(3) 无赔款优待及上年赔款记录费率调整系数与单车、车队系数之间采用连乘方式：(1 + 无赔款优待系数及上年赔款记录费率调整系数) × (1 + 单车、车队系数)。

4. 某公司保险系统机动车保险费计算案例

该公司用来进行机动车保险费计算的计算机模板如图 11-1 所示。

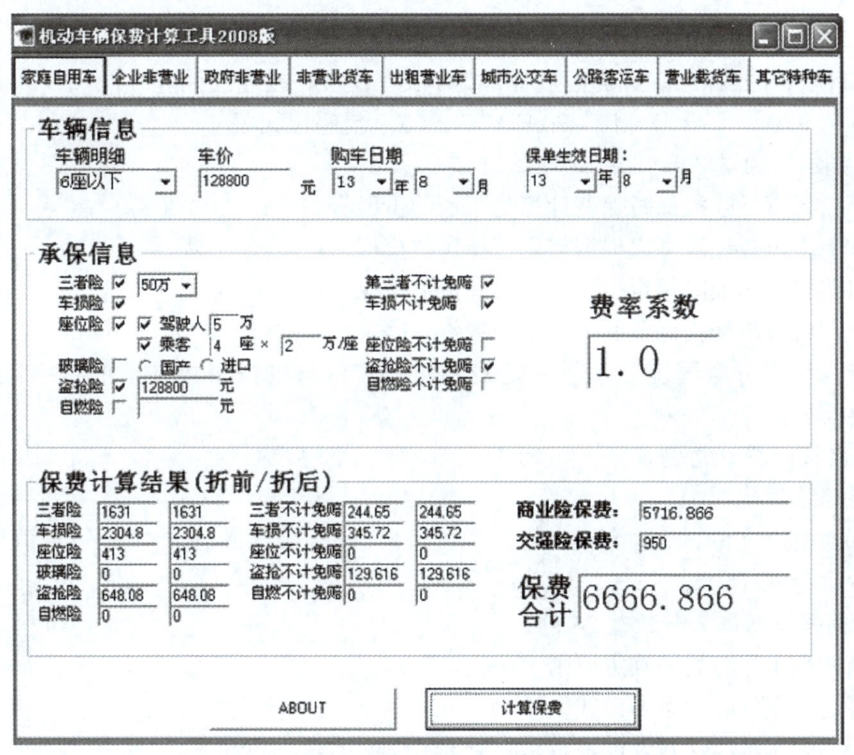

图 11-1　机动车保险费计算的计算机模板

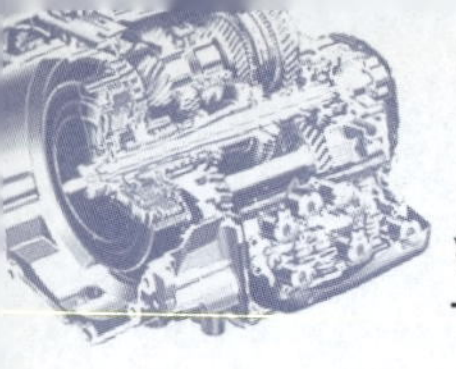

项目3检测

一、单选（每题5分，共35分）

1. 我国现行汽车交强险有责死亡伤残费的赔偿限额是（　　）元人民币。(中)

A. 10000　　B. 100000　　C. 110000　　D. 50000

2. 轿车投保第三者责任险，赔偿限额有（　　）个档次可供选择。(中)

A. 四　　B. 五　　C. 六　　D. 七

3. 我国家用6座以下的客车，现行交强险的基础保费是（　　）元。(中)

A. 950　　B. 1100　　C. 1000　　D. 1800

4. 驾龄可以从侧面反映驾驶人员的经验，一般初次领证驾驶（　　）年为事故多发期。(中)

A. 1~4　　B. 2~3　　C. 1~3　　D. 1年内

5. 交强险投保9个月短期基本保费为一年基本保费的（　　）。(中)

A. 90%　　B. 80%　　C. 85%　　D. 95%

6. 使用2年的机动车辆投保车损险时，查询费率标时在车辆使用年限一栏应选择（　　）。(易)

A. 1~2年　　B. 2~6年　　C. 与年限无关

7. 10座客车投保第三者责任险时，费率表在座位一栏应选择（　　）。(易)

A. 6~10座　　B. 10~20座　　C. 与座位无关

二、判断（每题3分，共15分）

1. 第三者责任险投保时保费计算与车辆的价值有关。(　　)(易)

2. 车上人员责任险可以根据需要选择座位投保。(　　)(易)

3. 目前我国车损险规定按照车辆实际价值投保。(　　)(难)

4. 全车盗抢险的投保金额为新车购置价。(　　)(难)

5. 交强险实行全国统一基本保险费率，并实行与责任事故挂钩的费率浮动机制。(　　)(难)

三、名词解释（每题6分，共18分）

1. 无赔款优待（中）

2. 保险费率（中）

3. 保险金额（中）

四、简答（每题8分，共24分）

1. 简述汽车保险费率确定原则。(易)

2. 简述汽车保险费率的模式。(中)

3. 简述汽车基本保费及保险费率时应该考虑的因素。(难)

五、论述（8分）

论述汽车保险费率模式从车模式与从人模式各自的特点及车险费率模式的发展方向。

项　目　4

汽车保险承保

项目概述

本项目介绍汽车保险投保方案的制订，汽车保险合同的拟定与签订，以及汽车保险的单证签发。

学习本项目能设计汽车保险的投保方案，核算汽车保险费用，能进行保险合同的签订，能进行保险单证的管理及签发熟悉汽车保险的单证内容。

任务12　制订投保方案

任务目标

1. 知道汽车保险投保的渠道。
2. 帮助客户选择合适的保险公司。
3. 能够制订汽车保险投保方案。
4. 能够计算保险费率。

案例导入

林先生和太太新购买了一款宝马740高级轿车，有专职驾驶人。该车主要是林先生平时上下班用，但太太和20岁的女儿均有驾驶本，偶尔也会开此车。林先生一家三口节假日经常一起自驾游，家中有地下车库。林先生认识到使用车辆存在的风险，想为车辆购买保险，请帮助他设计一份投保方案。

相关知识

一、汽车保险投保渠道

（一）汽车投保主要渠道

1. 网上投保

随着互联网的不断普及，人们的许多需求服务都可以通过网上订购得到满足。车主可以到各大保险公司的官网了解自己想要投保车险的相关内容，快速、便捷。一些保险公司已经

配备了完善的网上营销系统，可以网上直接填写保单，在线支付，还有在线客服答疑，客户网上咨询后，保险公司客服会主动打电话给客户。如果确定了购买意向，有专人上门服务，可以POS机支付和寄送保单。同时，网上投保费率会有优惠。但是，风险在于支付最好去官方网站，千万不要进入钓鱼网站。而且收到保单后，一定要打保险公司客服电话，以防出假保单被骗。

2. 电话投保

电话投保，即车主通过电话告诉保险公司自己想要投保哪种车险的投保方式。选择电话投保方式投保的多为续保业务，因为之前的资料在保险公司已经存在，只要投保人向保险公司表明自己还需要保险公司提供之前的车险业务就行。由于电话投保快速、简单、便捷，也深受当今许多车主的喜爱。电话投保费用也比较低廉，因为省去了保险代理人等中间环节，保险公司直接让利给客户。缺点：事先要对保险有一定了解，不要盲目投保。一定要打官方投保电话，以免被诈骗电话所骗。

3. 投保人自己直接到保险公司投保

这应该是最传统的投保方式，投保人可以在保险公司全面了解车险种类，而且避免了自己被骗投保的可能。但是，由于向保险公司投保，需要带很多资料，如果不是特别了解车险的车主，可能会因为漏带资料，需要反复地来回取资料，从而浪费不少的时间和精力。在理赔的时候，手续也较为烦琐，需要车主亲自去办。

4. 保险公司的业务员上门推销投保

由于保险行业竞争日趋激烈，各大保险公司都会招大批的业务员，要求这些业务员上门寻找客源，这样车主们就可以省去很多时间和精力，同时由于是“一对一”服务，大部分投保人都可以得到很好的服务。但是，现今社会也存在大量假保险公司业务推销员，因此，若车主是通过业务员上门推销投保的，切记要让业务员出示其工作证件，有条件的话，还可以打电话到相应的保险公司核实。

5. 通过4S店投保

不少4S店随着服务理念的深化，都有保险投保业务。在4S店投保的优点是方便、有专人服务、车一旦需要修理直接送去店里就行，核损额度和保险公司的理赔额度差别不大。如果长期在同一家店购买费率会有优惠。其缺点是：投保费率浮动较大，费用与其他方式相比较高。

6. 找保险代理人或保险经纪人投保

现在中介服务无所不至，因此车险也可以通过保险中介来投。通过中介投保，只要车主把相关资料交给中介机构，其他烦琐的投保手续都不需要车主过问，一切都由中介机构办理妥当。其中，中介机构又分为保险代理人和保险经纪人。但是由于现今中介服务机构进入门槛低、服务质量参差不齐、鱼龙混杂，因此各位车主在选择中介机构的时候，一定要谨慎，最好选择那些口碑好、服务好、正规经营的中介机构。在得知中介办妥车险以后，车主最好还需打电话到保险公司确认保单的真实性，然后再付给中介机构中介费用。

（二）保险代理人

个人代理人是指根据保险人的委托，在保险人授权的范围内代办保险业务并向保险人收取代理手续费的个人。个人保险代理人又分为保险代理从业人员和保险营销员。

（1）保险代理人的作用　第一，直接为各保险公司收取了大量的保险费，并取得了可

观的经济效益。第二，保险代理人的展业活动渗透到各行各业，覆盖了城市乡村的各个角落，为社会各层次的保险需求，提供了最方便、最快捷、最直接的保险服务，发挥了巨大的社会效益。第三，直接、有效地宣传和普及了保险知识，对提高和增强整个社会的保险意识起到了积极的作用，进一步促进了我国保险事业的发展。第四，保险代理人的运行机制，对国有独资保险公司的机制转换，有着直接和间接的推动作用。另外，保险代理作为一个新兴的行业，它的发展能容纳大批人员就业。

（2）岗位要求

1）持有《保险代理从业人员资格证书》，有效期3年。

2）持有《保险代理从业人员展业证书》或《保险代理从业人员执业证书》。

3）岗前培训与持续教育。岗前：累计不少于80h，其中法律及职业道德教育不少于12h。上岗后：累计不少于36h，其中法律及职业道德教育不少于12h。

（3）工作内容

1）负责代理推销保险产品，协助保险公司进行损失的勘察和理赔。

2）向消费者宣传保险知识，解释保险条款，点评产品，分析个人财务需要。

3）为消费者设计保险方案，制订保险计划。

4）协助客户挑选保险公司的优势产品。

5）协助客户办理相关投保手续（签订投保单、保单送达、保单保全、保费收取）。

6）根据客户的需要，为其提供优质的售后服务。

7）定期回访老客户，维护潜在客户。

8）被保险人出险后，协助其向保险公司进行理赔等。

（4）职业道德　保险代理人的职业道德是指从事保险代理职业的单位或个人在保险代理工作中所遵守的行为规范的总和，具有诚信特点和法律性特点。主要包括：诚实信用、守法遵规、专业胜任、客户至上、勤勉尽责、公平竞争、保守秘密。

（三）有汽车保险业务的保险公司

提供汽车保险服务的保险公司网站见表12-1。

表12-1　提供汽车保险服务的保险公司网站

公司名称	网　址	服务电话
中国人民财产保险股份有限公司	http://www. epicc. com. cn	95518
中国太平洋财产保险股份有限公司	http://www. ecpic. com. cn	95500
中国平安财产保险股份有限公司	http://chexian. pingan. com	95512
中华联合财产保险股份有限公司	http://e. cic. cn	95585
中国大地财产保险股份有限公司	http://www. ccic-net. com. cn	95590
天安保险股份有限公司	http://jingyou. tianan-insurance. com	95505
永安财产保险股份有限公司	http://www. yaic. com. cn	95502
中国人寿财产保险公司	http://www. e-chinalife. com	95519
阳光财产保险股份有限公司	http://www. sinosig. com	95510
安邦财产保险股份有限公司	http://www. ab-insurance. com	95569
太平保险有限公司	http://www. cntaiping. com	95589

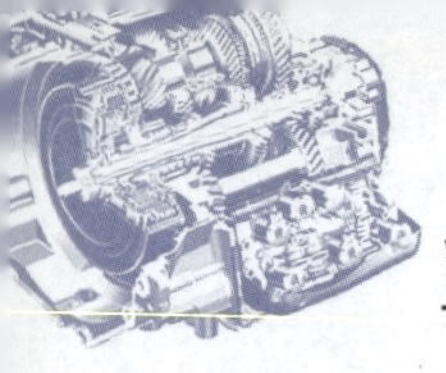

（续）

公司名称	网　址	服务电话
都邦财产保险股份有限公司	http://www.dbic.com.cn	95586
中国出口信用保险公司	http://www.sinosure.com.cn	—
永诚财产保险股份有限公司	http://www.alltrust.com.cn	95552
华泰财产保险有限公司	http://pc.ehuatai.com	—
安华农业保险股份有限公司	http://www.ahic.com.cn	—
华农财产保险股份有限公司	http://www.chinahuanong.com.cn	—
中银保险有限公司	http://www.bocins.com	95566
渤海财产保险股份有限公司	http://www.bpic.com.cn	—
史带财产保险股份有限公司	http://www.e-dicc.com.cn	95507

【导读】

保险经纪人

保险经纪人（Insurance Broker），我国《保险法》第一百一十八条规定：保险经纪人是基于投保人的利益，为投保人与保险人订立保险合同、提供中介服务并依法收取佣金的机构。

保险经纪人和保险代理人的区别：

1）代表的利益不同。保险经纪人接受客户委托，代表的是客户的利益；而保险代理人为保险公司代理业务，代表的是保险公司的利益。

2）提供的服务不同。保险经纪人为客户提供风险管理、保险安排、协助索赔与追偿等全过程服务；而保险代理人一般只代理保险公司销售保险产品、代为收取保险费。

3）服务的对象不同。保险经纪人的主要客户主要是收入相对稳定的中高端消费人群及大中型企业和项目，保险代理人的客户主要是个人。

4）法律上承担的责任不同。客户与保险经纪人是委托与受托关系，如果因为保险经纪人的过错造成客户的损失，保险经纪人对客户承担相应的经济赔偿责任。而保险代理人与保险公司是代理与被代理的关系，被代理保险公司仅对保险代理人在授权范围内的行为后果负责。

二、汽车保险金额

（一）保险金额、保险价值与实际价值

保险金额是指保险人承担赔偿或者给付保险金责任的最高限额。保险金额既是计算保险费的依据，也是保险合同双方当事人享有权利承担义务的重要依据，因此必须在保险合同中明确规定。财产保险的保险金额根据保险价值确定，不能超过投保人保险标的的保险价值。如果投保人以保险价值全部投保，保险金额与保险价值相等；如果投保人以保险价值中的一部分投保，保险人赔付时一般是以保险金额与保险价值的比例赔偿，也就是损失发生时保险人最高的给付金额不得超过保险金额，所以说保险金额是保险人承担赔偿或者给付保险金责

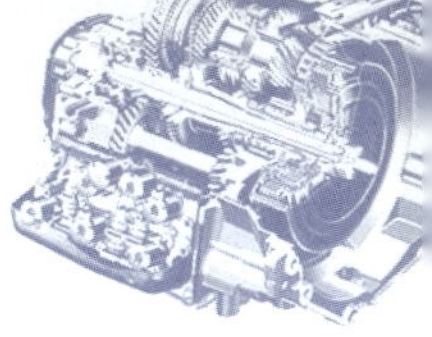

任的最高限额。

保险价值是指订立合同时，作为确定保险金额基础的保险标的的价值。在车险中指出险时新车购置价，包括车辆市场单价和新车购置税。

实际价值是标的的实际价值，在车险中一般指出险时车辆的价值。

（二）车辆损失险的投保方式

根据保险金额与车辆保险价值的关系，原保险合同中，车辆投保时有三种投保方式。分别是足额投保、不足额投保和超额投保。现行车险合同中车险投保时按照实际价只有一种投保方式，即按投保时实际价值投保。

足额投保是指保险金额等于保险价值的投保。

不足额投保是指保险金额小于保险价值的投保。

超额投保是指保险金额大于保险价值的投保。

（三）三种投保方式的赔付有所不同

足额投保标的的发生全部损失时，按车辆实际价值补偿，当标的发生部分损失时，则按车辆实际损失补偿。

不足额投保当标的发生全部损失时，保险金额高于保险事故发生时被保险机动车实际价值的，以保险事故发生时被保险机动车的实际价值计算赔偿；保险金额等于或低于保险事故发生时被保险机动车实际价值的，按保险金额计算赔偿。当标的发生部分损失时，按照保险金额与投保时被保险机动车的新车购置价的比例计算赔偿，即补偿金额 = 损失额 × 保险金额/保险价值。

超额投保，无论标的是全部损失还是部分损失，超过保险金额部分无效，均以实际损失补偿。

三、汽车保险投保方案

（一）制订保险方案的基本原则

（1）充分保障的原则　最大限度的分散风险。

（2）经济实用的原则　用最小的成本实现最大的保障，且防止选择不必要的保障。

（3）如实告知的原则　根据再大诚信原则，如实告知，特别是可能产生对投保人不利的规定要详细告知。

（二）投保方案的主要内容

1）险种的组合。

2）各险种的保险金额或赔偿限额。

3）特别约定的事项。

（三）制订保险方案的基本步骤

1）了解投保人实际情况。

2）识别与评估投保人的风险。

3）选择保险公司。

4）选择险种组合。

5）对保险人及其提供的服务进行介绍。

6）估算保险费用。

任务实施

步骤1　拟订任务实施计划

为客户制订最佳的投保方案，可按照流程实施。

步骤2　了解投保人的情况

在制订保险方案之前应对投保人或潜在被保险人的情况进行充分的了解，需要了解的内容有：

1）了解投保人的基本情况。

2）了解投保人拥有的车辆情况。

3）了解驾驶人情况。

4）了解投保人以往的投保情况。

步骤3　识别和评价投保人的风险

根据对被保险人情况的了解，识别和评价该车的主要风险。一般有下列损失费用：

1）车辆本身损失风险：意外事故、自然灾害。

2）车辆受损后费用支出风险：运费和查勘检验费、租车代步费。

3）车上人员人身伤害风险。

4）赔偿责任风险：财产损害、人身伤害。

步骤4　选择保险公司

介绍保险公司的性质，保险费率，优惠条款等。

步骤5　确定保险金额

参照项目3计算汽车保险费。

步骤6　计算保险费用

1）交强险保险费估算。

2）商业险保险费估算。

步骤7　设计制订投保方案（参考以下5个方案）

方案1：最低保障。

推荐险种组合：交强险。

保障范围：只对第三者的损失负赔偿责任。

适用对象：适用于那些怀有侥幸心理认为上保险没用的人或急于拿保险单去上牌照或验车的人。

优缺点：可以用来应付上牌照或验车。发生交通事故，对方的损失能得到保险公司的一些赔偿，但本车的损失需要自己负担。

方案2：基本保障

推荐险种组合：交强险+第三者责任险（10万元）+车上人员责任险。

保障范围：主要是避免涉及第三者人命伤亡的交通意外事故。

适用对象：适用于车辆使用较长时间、驾驶技术娴熟、愿意自己承担大部分风险来减少保费支出的车主。

优缺点：本方案对涉及第三者人身伤亡和财产及本车人员有保障，但本车的损失需要自己负担。

方案 3：经济保障

推荐险种组合：交强险 + 第三者责任险（20 万元）+ 车上人员责任险 + 车损险 + 盗抢险 + 不计免赔特约险。

保障范围：大多数保险责任事故。

适用对象：适用于车辆使用三四年、车辆的价值不高，有一定驾龄、驾驶技术很不错，平时也很注重车辆的保养和安全防护，经济不富裕且愿意自己承担部分风险的车主，属经济型的最佳选择。

优缺点：本方案是最具投保价值的险种组合，保险性价比较高，保费经济且保障基本齐备。

方案 4：最佳保障

推荐险种组合：交强险 + 第三者责任险（50 万元）+ 车上人员责任险 + 车损险 + 盗抢险 + 不计免赔特约 + 玻璃单独破碎险 + 倒车镜或车灯单独破碎险 + 划痕险。

保障范围：基本覆盖保险责任范围及最大限度降低损失，特别是车辆易损部分得到安全保障。

适用对象：一般公司或个人。

优缺点：投保价值大的险种，物有所值；抗风险能力强。

方案 5：全面保障

推荐险种组合：交强险 + 第三者责任险（50 万元）+ 车上人员责任险 + 车损险 + 盗抢险 + 不计免赔特约 + 玻璃单独破碎险 + 倒车镜或车灯单独破碎险 + 划痕险 + 自燃险 + 其他附加险。

保障范围：为所有保险责任事故，全面覆盖保险责任范围及最大限度降低损失。

适用对象：适用于新车新手及经济情况良好、需要全面保障的车主；机关、事业单位、大公司。

优缺点：几乎与汽车有关的全部事故损失都能得到赔偿。

任务评价

使用任务评价表对任务完成情况进行评价，任务 12 评价表见表 12-2。

表 12-2　任务 12 评价表

评价项目	评分标准	分数	学生自评	小组互评	小计
团队合作	团队和谐，有分工有合作，组员积极参与	10			
操作过程	分析保险人具体情况，设计制订汽车保险投保方案 2 ~ 3 个	60			
创新点	介绍有创新点	10			
任务方案	完整、合理	10			
完成情况	圆满完成	10			
	总分	100			
教师评价					

任务小结

1. 汽车保险投保渠道

汽车保险投保渠道如图 12-1 所示。

2. 汽车保险投保方式

汽车保险投保方式如图 12-2 所示。

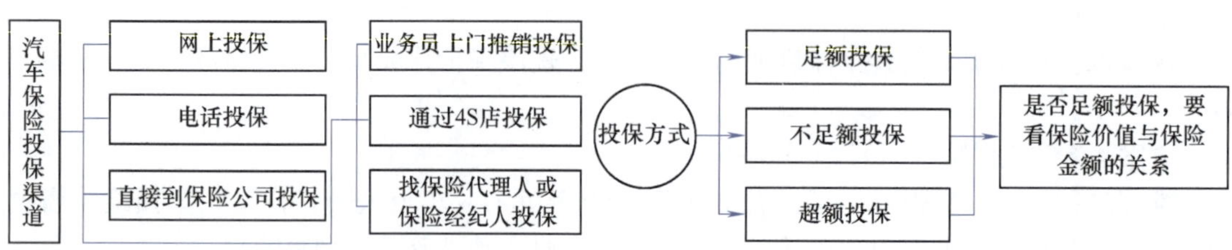

图 12-1　汽车保险投保渠道

图 12-2　汽车保险投保方式

任务13　签订汽车保险合同

任务目标

1. 熟悉保险单填写内容。
2. 熟悉投保的内容与流程。
3. 熟悉核保原则。
4. 了解核保的主要内容。

案例导入

陈先生新购买了一款宝马 740 高级轿车平时上下班用。该车有专职驾驶人，不过陈先生的太太和儿子均有驾驶本，偶尔也会开此车。陈先生一家三口节假日经常一起自驾游，家中有地下车库。陈先生认识到使用车辆存在的风险，想为车辆购买保险，请完成陈先生的保险承保工作，订立汽车合同保险。

相关知识

一、汽车保险投保

（一）汽车保险投保注意要点

投保是投保人向保险人表达缔结保险合同意愿的行为，即要约行为。汽车保险的投保需要填写保险单。汽车保险投保注意以下几点：

1. 不要重复投保

有些投保人自以为多投几份保，就可以使被保车辆多几份赔偿。按照《保险法》第五十六条规定：“重复保险的车辆，各保险人的赔偿金额的总和不得超过保险价值。”因此，即使投保人重复投保，也不会得到超价值赔款。

2. 不要超额投保或不足额投保

有些车主，车辆价值10万元，却投保了15万元的保险，认为多花钱就能多赔付。而有的车价值20万元，却投保了10万元。这两种投保都不能得到有效的保障。依据《保险法》第五十五条规定：“保险金额不得超过保险价值，超过保险价值的，超过的部分无效，保险人应当退还相应的保险费。保险金额低于保险价值的，除合同另有约定外，保险人按照保险金额与保险价值的比例承担赔偿保险金的责任。”所以超额投保、不足额投保都不能获得额外的利益。

3. 保险要保全

有些车主为了节省保费，想少保几种险，或者只保车损险、不保第三者责任险，或者只保主险、不保附加险等。其实各险种都有各自的保险责任，假如车辆真的出事，保险公司只能依据当初订立的保险合同承担保险责任给予赔付，而车主的其他一些损失有可能就得不到赔偿。

4. 及时续保

有些车主在保险合同到期后未能及时续保，而万一车辆在此期间出事故，车主将得不到任何赔偿。

5. 要认真审阅保险单证

当接到保险单证时，一定要认真核对，看看单据第三联是否采用了白色无碳复写纸印刷并加印浅褐色防伪底纹，其左上角是否印“中国保险监督管理委员会监制”字样，右上角是否印有“限在××省（市、自治区）销售”的字样，如果没有可拒绝签单。

6. 注意审核代理人真伪

投保时要选择国家批准的保险公司所属机构投保，而不能只图省事随便找一家保险代理机构投保，更不能被所谓的“高返还”所引诱，只求小利而上假代理人的当。

7. 核对保单

办理完保险手续拿到保单正本后，要及时核对保单上所列项目如车牌号、发动机号等，如有错漏，要立即提出更正。

8. 随身携带保险卡

保险卡应随车携带，如果发生事故，要立即通知保险公司并向交通管理部门报案。

9. 提前续保

记住保险的截止日期，提前办理续保。

10. 注意莫生“骗赔”伎俩

有极少数人，总想把保险当成发财的捷径，如有的先出险后投保，有的人为地制造出险事故，有的伪造、涂改、添加修车、医疗等发票和证明，这些都属于骗赔的范围，是触犯法律的行为。

11. 车险中对第三方的界定，应排除家人在外

保险公司的除外责任中有这样一条规定“被保险人或其允许的驾驶人以及他们的家庭

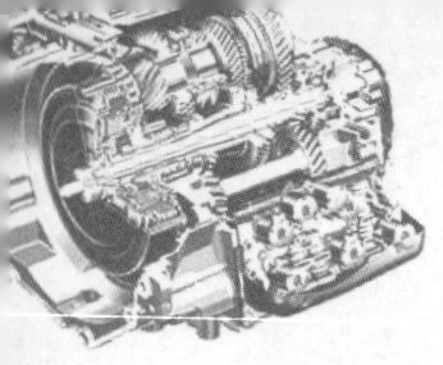

成员的人身伤亡及其所有或保管的财产的损失”，汽车发生事故时的驾驶人及其家庭成员、被保险人的家庭成员是不算在第三方范围内的。此汽车保险条款的规定是为了防范被保险人为了获取保险金而对家庭成员进行故意伤害。

（二）填写投保单

1. 投保单

投保单经投保人如实填写后交付保险人，成为订立保险合同的书面要约。投保单是保险合同订立过程中的一份重要单证，是投保人向保险人进行要约的证明，是确定保险合同内容的依据。投保单原则上应载明订立保险合同所涉及的主要条款，投保单经过保险人审核、接受，就成为保险合同的组成部分。在我国汽车保险中，投保单经保险人接受并在其上签章后，保险合同即告成立。在保险合同履行时，投保人在投保单上填写的内容是投保人是否履行告知义务、保证义务、遵守最大诚信原则的重要凭证。如果对于投保单，保险人未签字承保，保险合同不成立，投保单不发生法律效力，发生保险责任事故，保险人不承担赔偿责任。

2. 投保单内容填写的基本要求

（1）告知　告知包含的内容有：一是依照《中华人民共和国保险法》及《机动车辆保险条款》及保监会的有关要求，严格按照条款向投保人告知投保险种的保障范围，特别要明示责任免除及被保险人义务等条款内容；二是对基本险和附加险条款容易发生歧义的部分，特别是涉及保险责任免除的部分或当保险条款发生变更时，应通过书面或其他形式进行明确说明；三是应主动提醒投保人履行如实告知义务，特别对可能涉及保险人是否同意承保或承保时可能进行特别约定或使用变动费率以合理控制保险风险的情况要如实告知，不得为了争取业务有意对投保人进行误导；四是应对保户详细解释拖拉机和摩托车保险，采用定额保单承保和采用普通保单承保的差异。

（2）填写投保单　业务人员应指导投保人正确填写《机动车辆保险投保单》，如投保车辆较多，投保单容纳不下则必须填写《机动车辆投保单附表》。投保单及其附表填写应字迹清楚，如有更改，应让投保人或其代表在更正处签章。

投保单及其附表各栏填写内容和要求如下：

1）投保人。指投保单位或个人的称谓。单位填写全称（与公章名称一致）；个人填写姓名。投保人称谓应与车辆行驶证相符。使用人或所有人的称谓与行驶证上的称谓不相符或车辆是合伙购买与经营时，应在投保单特约栏内注明。

2）厂牌型号。厂牌名称与车辆型号，如北京现代 ix35、长安铃木天语 sx4、上海大众 POLO 等。

3）车辆种类　根据车辆管理部门核发的行驶证注明的种类填写（投保单上无此栏目，但用计算机签单的程序中必须输入，所以要在投保单厂牌型号栏内加注）。

4）号牌号码　填写车辆管理机关核发的牌照号码，并要注明底色，如京 A · B1234（蓝）。

5）发动机号码及车架号　指生产厂在发动机缸体上和车架上打印的号码。此栏可根据车辆行驶证填写；对于有 VIN 的车辆，则以 VIN 代替车架号。

6）使用性质。按营业或非营业划分确定。

7）吨位或座位。根据车辆管理部门核发车辆的行驶证注明的吨位或座位填写。货车填“吨位/ ”如额定载重为 20t 的货车填写“20/”；轿车、客车填“/座位”，如长城哈弗 H6 填写“/5”；客货两用车填写“吨位/座位”，如载重为 1. 75t 的双排座客货两用车填写“1. 75/5”。

8）行驶证初次登记年月。按车辆管理部门核发的车辆行驶证上“登记日期”年月填写。初次登记年月是理赔时保险车辆实际价值的重要依据。

9）保险价值（新车购置价）。按保险合同签订地购置与投保同类型新车的价格及车辆购置附加费之和填写。免税车、易货贸易、赠送车辆的保险价值参照合同签订地同类型新车价格及车辆购置附加费之和计算。

10）车辆损失险保险金额的确定方式。

①按照保险价值确定。

②按照实际价值确定。汽车的实际价值由投保人与保险人根据投保时的新车购置价减去折旧金额后的价格协商确定或其他市场公允价值协商确定。

折旧方式、折旧金额及保险金额确定见本书项目 3 内容。

车辆的使用年限按照《汽车报废标准》执行，每满一年扣除一年折旧，不足一年的部分不计折旧。

③保险人与投保人协商确定，但不应超过投保时的保险价值。

11）第三者责任险赔偿限额。按约定的赔偿限额填写。单独承保挂车时，第三者责任险的赔偿限额按最低档次 5 万元确定。

12）车上人员责任保险。投保座位数的确定以车辆管理部门核定的座位数为限，也可在核定座位数内约定，但上述两种确定投保座位数的方式对应不同的保险费率。每座赔偿限额及货物赔偿限额按双方约定填写。选择座位投保和不同座位选择不同限额投保时，应在特别约定栏内注明投保的座位及限额数。

13）附加险的保险金额或赔偿限额

①无过失责任险。按投保的责任险赔偿限额确定，或按照保险公司有关具体条款执行。

②车辆停驶损失险。按双方约定的赔偿天数和日赔偿金的乘积填写。赔偿天数最多以条款规定的最高赔偿天数 90 天为限。日赔偿金额可分档设置，但必须制定统一标准并明确上限，控制承保风险。

③新增加设备损失险。按新增加设备的实际价值确定。但要提供新增设备的原始发票或其他有效证明，并在特约栏中列明新增设备明细表及价格。

④车载货物掉落责任险。由双方协商确定事故的赔偿限额。

⑤车轮单独损失险。保险金额由投保人和保险人在投保时协商确定。

⑥绝对免赔率特约条款：绝对免赔率为 5% 、10% 、15% 、20% ，由投保人和保险人在投保时协商确定，具体以保险单载明为准。

⑦车身划痕损失险。按各公司条款执行。

14）车辆总数。填写投保单及其附表所列投保车辆的总数。

15）保险期限。保险合同的起止时间通常为一年。如投保人要求也可根据实际情况投保短期保险，但应征得保险人同意，由双方协商确定合同起止时间。保险期限自约定

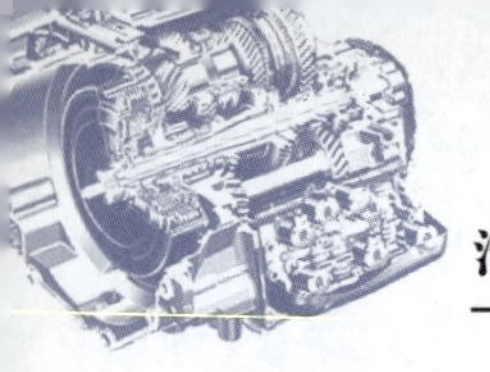

起保日零时开始，至保险期满日24时止。起保日不得是投保当日，最早应是投保次日零时。

16）对地址、邮政编码、电话、联系人、开户银行、银行账号　应要求投保人详细填写此部分内容以便联系。

17）特别约定。对于保险合同的未尽事宜，投保人和保险人协商后，在此栏注明。约定事项应清楚、简练，并写明违约的处理方法。但特别约定内容不得与法律相抵触，否则无效。其中，为减少保户索取赔款后又要求退保，可在特约栏中加注："各种责任保险被保险人在保险期限内获取赔款后不得中途退保。"或"单保第三者责任险，责任生效后不得退保。"

18）投保人签章。投保人对投保单各项内容核对无误并对责任免除和被保险人义务明示理解后，必须在"投保人签章"处签章。

投保人所投保的机动车较多时，需加填《机动车辆投保单附表》。在投保单特约栏处填写其他投保车辆"详见附表"字样，然后在附表上逐辆填写所有投保车辆的有关内容，填写要求同上。

二、汽车保险核保

（一）核保的概念

核保是保险经营过程中最重要的环节之一。保险人在承保的过程中必须进行核保，所谓核保是指保险人对投保申请进行审核，决定是否接受承保这一风险，并在接受承保风险的情况下，确定保险费率的过程。核保工作的目的，在于辨别投保风险的优劣，并使可接受承保的风险品质趋于一致，即对不同风险程度的风险单位进行分类，按不同标准进行承保、制订费率，从而保证承保业务质量，保证保险经营的稳定性。

（二）核保的原则

核保工作的主要依据是核保手册，因为核保手册已经将在进行汽车保险业务过程中可能涉及的所有文件、条款、费率、规定、程序、权限等全部包含其中。但是，在进行核保过程中还可能遇到一些核保手册没有明确规定的问题，在这种情况下，二级和一级核保人应当注意运用保险的基本原理、相关的法律法规和自己的经验，通过研究分析来解决这些特殊的问题，必要时应请示上级核保部门。

1. 保证长期的承保利润

1）全面、细致、严格地对标的进行核保，争取最好的承保条件，保证公司实现长期的承保利润。

2）避免片面追求承保数量的短期行为，这将影响公司的经营目的和方向，不利于公司的长远发展。

2. 提供优质的保险服务

1）提供全方位和多层次的保险服务，保持客户的数量及长期的客户关系。

2）为客户设计优化的保险方案，充分满足客户的需要，并不断完善以适应客户保险新的要求。

3）公正对待每一位客户，承保条件和费率对所有的客户一视同仁。

3. 争取市场的领先地位

1）根据市场的变化，及时调整公司业务规章，保持在市场的竞争力。

2）通过不断提高承保技术，拓展新的业务领域，努力保持市场的领先优势或争取市场的领先地位。

4. 谨慎运用公司的承保能力

1）在任何情况下，都不要在条件不成熟或能力不足的条件下，盲目承保高风险项目或巨额风险。

2）做好巨额风险的研究工作,累积这类风险的经验,为以后的承保和理赔工作打下基础。

5. 实施规范的管理

1）遵守国家法律、地方法规。

2）遵守行业规章及公司的制度和市场准则。

6. 有效利用再保险支持

1）以确保公司利润为原则，最大限度地利用再保险，而不是片面依赖于再保险支持。

2）严格核保，确定自留额以便合理分散风险，争取实现最大的利润及最小的风险代价。

（三）核保的具体方式

核保的具体方式应当根据公司的组织结构和经营情况进行选择和确定，通常将核保的方式分为标准业务核保和非标准业务核保、事先核保和事后核保、集中核保和远程核保等。

1. 标准业务核保和非标准业务核保

标准业务是指常规风险的汽车保险业务，这类风险的特点是其基本符合汽车保险险种设计所设定的风险情况，按照核保手册能够对其进行核保。非标准业务是指风险具有较大特殊性的业务，这种特殊性主要体现为高风险、风险特殊、保险金额巨大等需有效控制的业务，而核保手册对于这类业务没有明确规定。

标准业务可以依据核保手册的规定进行核保，通常是由三级核保人完成标准业务的核保工作，而非标准业务则是无法完全依据核保手册进行核保，应由二级或者一级核保人进行核保，必要时核保人应当向上级核保部门进行请示。

汽车保险非标准业务主要有：

1）保险价值浮动超过核保手册规定的范围。

2）特殊车型业务。

3）军牌和外地牌业务。

4）高档车辆的盗抢险业务。

5）统保协议。

6）代理协议。

2. 计算机智能核保和人工核保

计算机技术的飞速发展和广泛应用将给核保工作带来革命性的变化。从目前计算机技术发展的水平看，尤其是智能化计算机的发展和应用，计算机已经完全可以胜任对标准业务的核保工作。在核保过程中应用计算机技术可以大大缓解人工核保的工作压力，提高核保业务的效率和准确性，减少在核保过程中可能出现的人为负面因素。但是，计算机不可能解决所

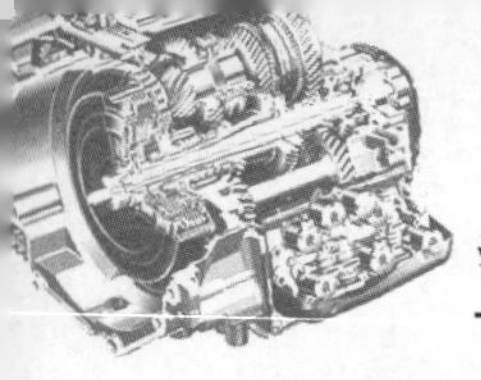

有的核保问题，至少在现阶段还需要人工核保的模式与之共存，解决计算机所无法解决的核保方面的问题。

3. 集中核保和远程核保

从核保制度发展的过程分析，集中核保的模式代表了核保技术发展的趋势。集中核保可以有效地解决统一标准和规范业务的问题，实现技术和经验最大限度的利用。但是，以往集中核保在实际工作遇到的困难是经营网点的分散，缺乏便捷和高效的沟通渠道。

互联网技术的出现使得远程核保的模式应运而生。远程核保就是建立区域性的核保中心，利用互联网等现代通信技术，对辖区内的所有业务进行集中核保。这种核保的方式较以往任何一种核保模式均具有不可比拟的优势，它不仅可以利用核保中心的人员技术的优势，还可以利用中心庞大的数据库，实现资源的共享。同时，远程核保的模式还有利于对经营过程中的管理疏忽、甚至道德风险实行有效的防范。

4. 事先核保与事后核保

事先核保是在核保工作中广泛应用的模式。它是指投保人提出申请后，核保人员在接受承保之前对标的的风险进行评估和分析，决定是否接受承保。在决定接受承保的基础上，根据投保人的具体要求确定保险方案，包括确定适用的条款、附加条款、费率、保险金额、免赔额等承保条件。

事后核保主要是针对标的金额较小，风险较低，承保业务技术比较简单的业务。这些业务往往是由一些偏远的经营机构或者代理机构承办。保险公司从人力和经济的角度难以做到事先核保的，可以采用事后核保的方式，单笔保费较小。所以，事后核保是对于无事先核保的一种补救措施。

（四）核保流程

1. 核保的主要内容

（1）投保人资格　对于投保人资格进行审核的核心是认定投保人对保险标的拥有保险利益，汽车保险业务中主要是通过核对行驶证。目前，我国对于车辆的管理是采用“二合一”的方式，即将行驶证作为汽车的行驶资格认定的凭证，同时，作为汽车所有权的证明。

在对投保人资格审核的过程中应当注意到我国汽车管理中的一种特殊现象，即车辆的名义上的所有人并不占有车辆，而车辆是由实际所有人占有和使用。这里出现了名义上的所有人和实际所有人两个概念。名义上的所有人是指购买车辆或者是进口车辆的当事人，其为行驶证上的车主。但是，由于种种原因车辆实际所有权（永久性使用权）又转移给实际所有人，而这种转移没有或者无法得到车辆管理部门的认可，所以，就会出现上述现象。对于这种情况应当具体分析，在通常情况下如果实际所有人是合法取得使用权的，可以采用签订一个三方协议，明确转让权益，即明确在车辆保险项下由车辆的实际所有人负责履行被保险人的义务，同时享有相应的权利。

（2）投保人或者被保险人的基本情况　这主要是针对车队业务的，目的是了解投保人或者被保险人对车辆管理的技术和经验。比如是否有专门的安全管理部门；单位的性质，如是运输公司，在机关运输公司的业务中是以客运为主，还是以货运为主；车辆主要运行线路，如是当地、省内还是全国；运输公司的管理模式，是集中经营管理还是承包经营等。保险公司曾经在一些出租汽车业务的经营过程中出现了事故频繁、赔付率居高不下的现象，究其原因就是这些出租汽车公司采用的是“大承包”的模式，公司基本上没有对安全进行管

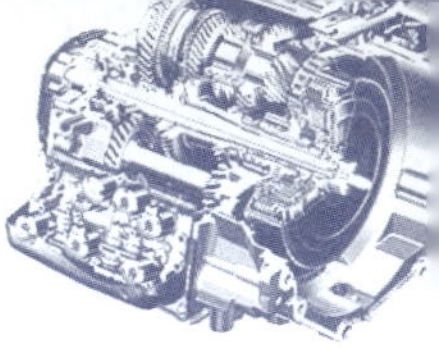

理，驾驶人由于利益驱动，置安全生产于不顾。通过对投保人或者被保险人基本情况的了解可以对其经营风险进行评估，及时地发现其可能存在的经营管理风险，以便采取相应的措施降低和控制风险，做到科学经营。

（3）投保人或者被保险人的信誉　这是核保工作的重点之一。近几年，在汽车保险领域出现了大量的保险欺诈现象，一些不法分子利用虚构保险利益，制造保险事故，伪造事故现场，扩大事故损失等手段，大肆进行诈骗活动。所以，对于投保人或者被保险人的信誉调查和评估逐步成为汽车保险核保工作中的重要内容。评估投保人或者被保险人信誉的一个有效手段是对其以往损失和赔付情况进行了解，那些没有合理原因，却经常“跳槽”的被保险人往往存在道德风险，因为这种“跳槽”的目的可能就是为了掩盖历史，准备新一次的诈骗。

（4）保险标的　保险标的就是车辆本身，车辆本身的风险一般由几个方面体现。首先，是车辆本身的安全性能情况，有的车辆由于设计或者工艺方面的原因，存在安全隐患，这类车辆的事故率较高，保险公司通常是拒绝承保。其次，是车辆零配件的价格水准，有的车型车辆在当地市场较为罕见，零配件供应较为困难且价格较高；还有一些车辆的生产厂家在经营策略上采取“低车价、高配件”的手段，车辆本身的价格并不高，但其零配件价格却远远高出其他同类车型。第三，是对一些高档车辆的承保，高档车辆的风险较为集中，一方面高档车辆的修复费用较高，另一方面高档车辆的盗窃风险相对较高，尤其是对二手的高档车辆的承保应特别谨慎。对这些车辆应尽可能采用“验车承保”的方式，即对车辆的状况进行实际的检验，包括了解车辆使用和管理的情况，复印行驶证、购置税证，拓印发动机和车架号码，对于一些高档车辆还应拍照建立车辆档案。

（5）保险金额　这是汽车保险核保中的一个重要内容。因为保险金额的确定不仅涉及保险公司的利益，即保险费的收取。同时，还涉及被保险人的利益，即保险事故的赔偿。以往在汽车保险合同纠纷中相当大的一个比例是因保险金额争议产生的。

目前汽车商业保险车损险保险金额确定方式仍然可以按新车价值来确定，而我国现行《保险法》第五十五条第二款规定：“投保人和保险人未约定保险标的保险价值的，保险标的发生损失时，以保险事故发生时保险标的的实际价值为赔偿计算标准。”按新车价计算交了保费，在理赔时只能按实际价值赔偿，这就产生了理赔过程中的纠纷。为了解决此问题，保险监督委员会推出了2012版《机动车商业保险示范条款》，该条款规定车损险保险金额由车的实际价值确定。所以在具体的核保工作中应当按照车辆的实际价值确定保险金额。如何确定车辆实际价值，《示范条款》对车辆的实际价值折旧计算方法和折旧率都做了规定。根据这一指导确定保险金额，可以在一定程度上规范和统一市场，起到积极和进步的作用。

应当指出的是，在目前我国实行统一条款和费率的情况下，少数保险公司在市场竞争的过程中，为了短期和局部的利益，将降低保险金额作为竞争的手段，主动向投保人或者被保险人提出以降低保险金额作为“优惠”条件，而赔偿标准不变。这种做法无疑会引起扰乱市场正常的经营秩序的不良后果，更重要的是这种做法对于这些保险公司本身的业务发展来说无异于饮鸩止渴。

（6）保险费　核保人员对于保险费的审核主要分为费率适用的审核和计算的审核。但是，对于计算机出单的，基本上不存在对保险费的审核问题，因为，这种审核工作已经由计

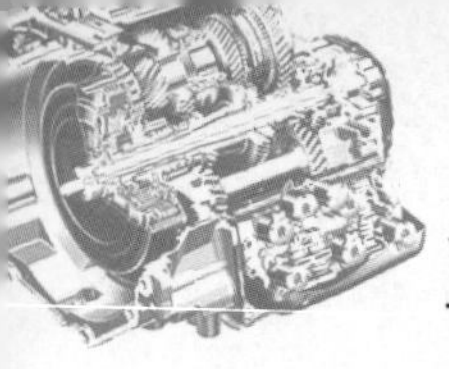

算机的智能化功能完成了。

（7）附加条款　基本险和标准条款提供的是适应汽车风险共性的保障，但是，作为风险的个体，尤其是车队业务是具有其特性的。一个完善的保险方案不仅解决共性的问题，更重要的是解决个性问题，附加条款适用于风险的个性问题。特殊性往往意味着高风险性，所以，在对附加条款的适用问题上更应当注意对风险的特别评估和分析，谨慎接受和制订条件。

2. 核保程序

核保工作原则上采取两级核保体制。先由展业人员、保险经纪人、代理人进行初步核保，然后由核保人员复核决定是否承保、承保条件及保险费率等。因此，核保实务包括审核保险单、查验车辆、核定保险费率、计算保险费、核保等必要程序。

（1）审核投保单、查验车辆　业务人员在接到投保单以后，首先根据保险公司内部制订的承保办法决定是否接受此业务。如果不属于拒保业务应立即加盖公章，载明收件日期。

（2）审查投保单　首先审查投保单所填写的各项内容是否完整、清楚、准确。

1）验证。结合投保车辆的有关证明，如车辆行驶证、介绍信等，进行详细审核。首先检查投保人称谓与其签章是否一致，如果投保人称谓与投保车辆的行驶证标明的不符，投保人需要提供其对投保车辆拥有可保利益的书面证明；其次，检验投保车辆的行驶证是否与保险标的相符，投保车辆是否年检合格，核实投保车辆的合法性，确定其使用性质，检验车辆的牌照号码、发动机号码是否与行驶证一致等。

2）查验车辆。根据投保单、投保单附表和车辆行驶证，对投保车辆进行实际查验。查验的内容主要包括：

①确定车辆是否存在和有无受损，是否有消防和防盗设备等。

②车辆本身的实际牌照号码、车型及发动机号、车身颜色等是否与行驶证一致。

③车辆的操纵安全性与可靠性是否符合行车要求，重点检查转向、制动、灯光、喇叭、刮水器等涉及操纵安全性的因素。

④检查发动机、车身、底盘、电气等部分的技术状况。

根据检验结果，确定整车的新旧成数。对于私有车辆一般需要填具验车单，附于保险单副本上。

（3）核定保险费率　应根据投保单上所列的车辆情况和保险公司的《机动车辆保险费率标准》，逐辆确定投保车辆的保险费率。核定的主要内容：车辆的使用性质、车辆种类和费率说明

（4）计算保险费　按照当地当时汽车保险费率表计算。

3. 核保形式

（1）本级核保

1）审核保险单是否按照规定内容与要求填写，有无错漏；审核保险价值与保险金额是否合理。对不符合要求的，退给业务人员指导投保人进行相应的更正。

2）审核业务人员或代理人是否验证和查验车辆，是否按照要求向投保人履行了告知义务，对特别约定的事项是否在特约栏内注明。

3）审核费率标准和计收保险费是否正确。

4）对于高保额和投保盗抢险的车辆。审核有关证件、实际情况是否与投保单填写一致，是否按照规定拓印牌照存档。

5）对高发事故和风险集中的投保单位，提出限制性承保条件。

6）对费率表中没有列明的车辆，包括高档车辆和其他专用车辆，视风险情况提出厘订费率的意见。

7）审核其他相关情况。

核保完毕后，核保人应在投保单上签署意见。对超出本级核保权限的，应上报上级公司核保。

（2）上级核保　上级公司接到请示公司的核保申请以后，应有重点地开展核保工作。

1）根据掌握的情况考虑可否接受投保人投保。

2）接受投保的险种、保险金额、赔偿限额是否需要限制与调整。

3）是否需要增加特别的约定。

4）协议投保的内容是否准确、完善，是否符合保险监管部门的有关规定。

上级公司核保完毕后，应签署明确的意见并立即返回请示公司。

核保工作结束后，核保人将投保单、核保意见一并转业务内勤，据以缮制保险单证。

任务实施

步骤1　拟订任务实施计划

为客户制订最佳的投保方案，可按照流程实施。

步骤2　了解投保人的情况

在制订保险方案之前应对投保人或潜在被保险人的情况进行充分的了解。

步骤3　识别和评价投保人的风险

根据对被保险人情况的了解、识别和评价该车的主要风险。

步骤4　选择合理的险种组合

1）交强险必须投保。

2）不要重复投保。

3）不要超额投保。

4）车损险要足额投保。

5）基本险尽量保全。

6）附加险按需投保。

步骤5　确定保险金额

步骤6　计算保险费用

1）交强险保险费估算。

2）商业险保险费估算。

步骤7　填写投保单

步骤8　核保人员核保

步骤9　单证签发

任务评价

使用任务评价表对任务完成情况进行评价，任务13评价表见表13-1。

表13-1　任务13评价表

评价项目	评分标准	分数	学生自评	小组互评	小计
团队合作	团队和谐，有分工有合作，组员积极参与	10			
操作过程	填写投保单，不同车辆分别填写（3～4辆车）不同的保险投保方案，同时进行汽车保险核保	60			
创新点	介绍有创新点	10			
任务方案	完整、合理	10			
完成情况	圆满完成	10			
	总分	100			
教师评价					

任务小结

1. 签订汽车保险合同实施流程

签订汽车保险合同实施流程如图13-1所示。

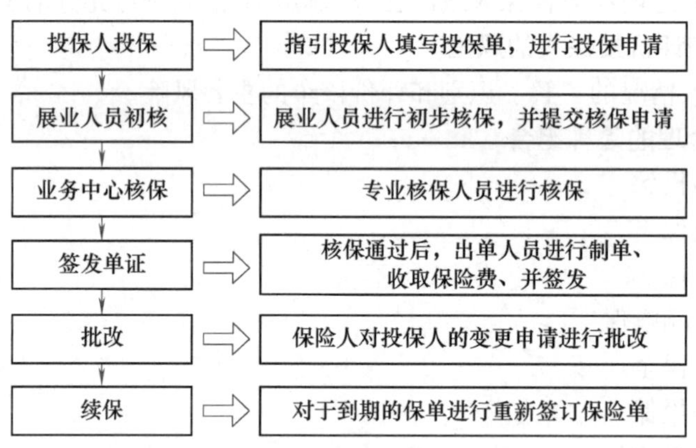

图13-1　签订汽车保险合同实施流程

2. 汽车核保业务流程

汽车核保业务流程如图13-2所示。

图13-2　汽车核保业务流程

任务14 介绍保险单证

任务目标

1. 能进行缮制及签单。
2. 根据以往保险情况，能进行续保，介绍保险方案。
3. 熟悉单证内容，并进行单证填写。

案例导入

何先生新购买了一款宝马740高级轿车，主要用于平时上下班，有专职驾驶人，太太偶尔也会开此车。何家有一个儿子已20岁，有驾驶本，节假日经常全家一起自驾游，何先生家有地下车库。何先生认识到使用车辆存在的风险，想为车辆购买保险。通过沟通，小王给何先生介绍了汽车保险有关情况，并为其设计了投保方案，请引导何先生进行投保，完成保险投保工作，订立合同。

相关知识

一、保险单的签发、续保和批改

（一）签发保险单

1. 缮制保险单

业务内勤接到投保单及其附表以后，根据核保人员签署的意见，即可开展缮制保险单工作。

保险单原则上应由计算机出具，暂无计算机设备而只能由手工出具的营业单位，必须得到上级公司的书面同意。

计算机制单的，将投保单有关内容输入到保险单对应栏目内，在保险单“被保险人”和“厂牌型号”栏内登录统一规定的代码。录入完毕检查无误后，打印出保险单。

手工填写的保险单，必须是保监会统一监制的保险单，保险单上的印制流水号码即为保险单号码。将投保单的有关内容填写在保险单对应栏内，要求字迹清晰、单面整洁。如有涂改，涂改处必须有制单人签章，但涂改不能超过 3 处。制单完毕后，制单人应在“制单”处签章。

缮制保险单时应注意以下事项：

1）双方协商并在投保单上填写的特别约定内容，应完整地载明到保险单对应栏目内，如果核保有新的意见，应该根据核保意见修改或增加。

2）无论是主车和挂车一起投保，还是挂车单独投保，挂车都必须单独出具具有独立保险单号码的保险单。在填制挂车的保险单时，“发动机号码”栏统一填写“无”。当主车和挂车一起投保时，可以按照多车承保方式处理，给予一个合同号，以方便调阅。

3）特约条款和附加条款应印在或加贴在保险单正本背面，加贴的条款应加盖骑缝章。

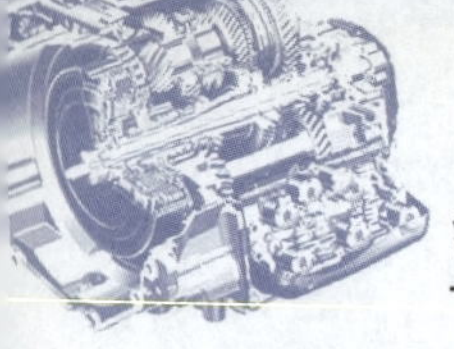

应注意，责任免除、被保险人义务和免赔等规定的印刷字体，应该与其他内容的字体不同，以提醒被保险人注意阅读。

保险单缮制完毕后，制单人应将保险单、投保单及其附表一起送复核人员复核。

2. 复核保险单

复核人员接到保险单、投保单及其附表后，应认真对照复核。复核无误后，复核人员在保险单“复核”处签章。

3. 收取保险费

收费人员经复核保险单无误以后，向投保人核收保险费，并在保险单“会计”处和保险费收据的“收款人”处签章，在保险费收据上加盖财物专用章。

只有被保险人按照约定交纳了保险费，该保险单才能产生效力。

4. 签发保险单证

汽车保险合同实行一车一单（保险单）和一车一证（保险证）制度。投保人交纳保险费后，业务人员必须在保险单上注明公司名称、详细地址、邮政编码及联系电话，加盖保险公司业务专用章。根据保险单填写《汽车保险证》并加盖业务专用章,所填内容应与保险单有关内容一致,险种一栏填写总颁险种代码,电话应填写公司报案电话,所填内容不得涂改。

签发单证时，交由被保险人收执保存的单证有保险单正本、保险费收据（保户留存联）、汽车保险证。

对已经同时投保车辆损失险、第三者责任险、车上人员责任险、不计免赔特约险的投保人，还应签发事故伤员抢救费用担保卡，并做好登记。

5. 保险单证的补录

手工出具的汽车保险单、提车暂保单和其他定额保单，必须按照所填内容录入到保险公司的计算机车险业务数据库中。补录内容必须完整准确。补录时间不能超过出单后的第十个工作日。

单证补录必须由专人完成，由专人审核，业务内勤和经办人不能自行补录。

6. 保险单证的清分与归档

对投保单及其附表、保险单及其附表、保险费收据、保险证，应由业务人员清理归类。

投保单的附表要加贴在投保单的背面，保险单及其附表需要加盖骑缝章。清分时，应按照送达的部门清分：

1）财务部门留有的单证：保险费收据（会计留存联）、保险单副本。

2）业务部门留存的单证：保险单副本、投保单及其附表、保险费收据（业务留存联）。

留存业务部门的单证应由专人保管并及时整理、装订、归档。每套承保单证应按照保险费收据、保险单副本、投保单及其附表、其他材料的顺序整理，按照保险单（包括作废的保险单）流水号码顺序装订成册，并在规定时间内移交档案部门归档。

（二）续保

保险期满以后，投保人在同一保险人处重新办理保险汽车的保险事宜称为续保。在汽车保险实务中，续保业务一般在原保险期到期前一个月开始办理。为防止续保以后至原保险单到期这段时间发生保险责任事故，在续保通知书内应注明：“出单前，如有保险责任事故发生，应重新计算保险费；全年无保险责任事故发生，可享受无赔款优待”等字样。

在办理续保时，应提交下列单据和费用：

1）提供上一年度的机动车辆保险单。

2）保险车辆经交通管理部门核发并检验合格的行驶证和车牌号。

3）所需的保险费。保险金额和保险费得重新确定。

其次，保户到上一年度机动车辆保险单的出单地点办理（保险公司分公司或支公司），代办点不能出单。另外，如果投保车辆在上一年保险期限内无赔款，续保时可享受减收保险费优待，优待金额为本年度续保险种应交保险费的 10%。被保险人投保车辆不止一辆的，无赔款优待分别按车辆计算。上年度投保的车辆损失险、第三者责任险、附加险中任何一项发生赔款，续保时均不能享受无赔款优待。不续保者不享受无赔款优待。上年度无赔款的机动车辆，如果续保的险种与上年度不完全相同，无赔款优待则以险种相同的部分为计算基础；如果续保的险种与上年相同，但投保金额不同，无赔款优待则以本年度保险金额对应的应交保险费为计算基础。不论机动车辆连续几年无事故，无赔款优待一律为应交保险费的 10%。

（三）批改

在保险单签发以后，因保险单或保险凭证需要进行修改或增删时所签发的一种书面证明称为批单，也称背书。批改作业的结果通常用这种批单表示。

一般在保险合同主体及内容变更的情况下，保险合同需要进行相应变更。当汽车保险合同生效后，如果保险汽车的所有权发生了变化，汽车保险合同是否继续有效，取决于申请批改的情况。如果投保人或被保险人申请批改，保险人经过必要的核保，签发批单同意，则原汽车保险合同继续有效。如果投保人或被保险人没有申请批改，汽车保险不能随着保险汽车的转让而自动转让，汽车保险合同也不能继续生效。

保险车辆在保险有效期内发生转卖、转让、赠送他人，变更使用性质，调整保险金额或每次事故最高赔偿额，增加或减少投保车辆，终止保险责任等，都需申请办理批改单证，填具批改申请书送交保险公司。保险公司审核同意后，出具批改单给投保人存执。存执粘贴于保险单正本背面。保险凭证上的有关内容也将同时批改异动，并在异动处加盖保险人业务专用章。

我国《机动车辆保险条款》规定："在保险合同有效期内，保险车辆转卖、转让、赠送他人、变更用途或增加危险程度，被保险人应当事先书面通知保险人并申请办理批改。"同时，一般汽车保险单上也注明"本保险单所载事项如有变更，被保险人应立即向本公司办理批改手续，否则，如有任何意外事故发生，本公司不负赔偿责任。"的字样，以提醒被保险人注意。

批改作业的主要内容包括：

1）保险金额增减。

2）保险种类增减或变更。

3）车辆种类或厂牌型号变更。

4）保险费变更。

5）保险期间变更。

当办理保险车辆的过户手续时，应将保险单、保险费收据、新的车辆行驶证和有原被保险人签章的批改申请书等有关资料交送保险人，保险人审核同意后，将就车辆牌照号、被保险人姓名和住址等相关内容进行批改。批改涉及的保险费返还，应根据相应规定执行。

二、保险单证

（一）机动车辆保险投保单信息表

机动车保险/机动车交通强制保险投保单信息见表14-1。

表14-1 机动车保险/机动车交通强制保险投保单信息

一、投保人、被保险人信息

投保人名称/姓名				投保机动车数	
联系人姓名		固定电话		移动电话	
投保人住所				邮政编码	
被保险人				身份证号码 （组织机构代码）	
被保险人地址					
联系人姓名		固定电话			

二、若您已经投保交强险，请填写下列交强险相关信息

承保公司		保险单号		保险期限	

三、投保车辆信息

行驶证车主			被保险人与机动车关系	所有 使用 管理	
号牌号码		发动机号		车架号	
厂牌号码		VIN		初次登记时间	年 月
核定载客	人	核定载质量	kg	排量/功率	L/kW
车辆种类	□汽车 □拖拉机 □挂车 □特种车： 用途			新车购置价	
安全装置	□电子防盗器 □GPS □机械防盗器 □安全气囊 □无				
约定行驶区域	□场内 □省内 □固定路线（ ）				
使用性质	□家庭自用 □企业非营运客车 □机关非营业客车，营业客车：□出租、租赁 □城市 □公路客运 □非营业货车 □营业货车 □特种车 □摩托车 □拖拉机				
客户忠诚度	□首年投保 □续保				
上年赔款次数	□强制保险赔款次数____次 □商业机动车保险赔款次数____次				
承保数量	□承保数量＜5台 □5≤承保数量＜20台 □20≤承保数量＜50台 □承保数量≥50				
平均年行驶里程	□平均年行驶里程＜30000km □平均年行驶里程≥30000km		上年度交通违法记录	□有 □无	
管理水平	□优 □良 □一般 □差				
经验及预期赔付率	□40%及以下 □40%~60% □60%~70% □70%~90% □90%以上				

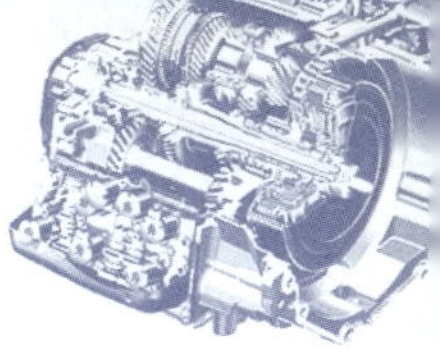

（续）

四、投保险别

<table>
<tr><th colspan="2">投保险别名称</th><th>（保险金额/赔偿限额）/元</th><th>基准保费/元</th><th>应缴保费/元</th></tr>
<tr><td colspan="2">□机动车交通事故责任强制保险</td><td>死残，医疗费，财产损失</td><td></td><td></td></tr>
<tr><td colspan="2">□机动车损失保险：新车购置价元</td><td></td><td></td><td></td></tr>
<tr><td colspan="2">□商业第三者责任险</td><td></td><td></td><td></td></tr>
<tr><td colspan="2">□全车盗抢险</td><td></td><td></td><td></td></tr>
<tr><td rowspan="2">□车上人员责任险</td><td>驾驶人</td><td></td><td></td><td></td></tr>
<tr><td>乘客人数/人</td><td></td><td></td><td></td></tr>
<tr><td rowspan="2">□附加玻璃单独破碎险</td><td>□国产玻璃</td><td></td><td></td><td></td></tr>
<tr><td>□进口玻璃</td><td></td><td></td><td></td></tr>
<tr><td rowspan="13">□附加不计免赔率特约险</td><td rowspan="13">选择适用险种</td><td>□第三者责任保险</td><td></td><td></td></tr>
<tr><td>□机动车损失保险</td><td></td><td></td></tr>
<tr><td>□车上人员责任险</td><td></td><td></td></tr>
<tr><td>□盗抢险</td><td></td><td></td></tr>
<tr><td>□车身划痕损失险</td><td></td><td></td></tr>
<tr><td>□自然损失险</td><td></td><td></td></tr>
<tr><td>□新增加设备损失险</td><td></td><td></td></tr>
<tr><td>□营业机动车火灾、爆炸、自然损失险</td><td></td><td></td></tr>
<tr><td>□发动机特别损失险</td><td></td><td></td></tr>
<tr><td>□起重、装卸、挖掘车辆损失扩展险</td><td></td><td></td></tr>
<tr><td>□车上货物责任险</td><td></td><td></td></tr>
<tr><td>□油污污染责任险</td><td></td><td></td></tr>
<tr><td>□精神损害赔偿责任险</td><td></td><td></td></tr>
<tr><td>□附加可选免赔额特约险</td><td>每次事故免赔金额</td><td>□300 元　□500 元
□1000 元　□2000 元</td><td></td><td></td></tr>
<tr><td colspan="2"></td><td></td><td></td><td></td></tr>
<tr><td colspan="2"></td><td></td><td></td><td></td></tr>
<tr><td colspan="2"></td><td></td><td></td><td></td></tr>
<tr><td rowspan="3">保费</td><td>交强险保费</td><td colspan="2">万　仟　佰　拾　元　角　分　￥:</td><td>其中救助基金（　%）元</td></tr>
<tr><td>商业险保费</td><td colspan="3">万　仟　佰　拾　元　角　分　￥:</td></tr>
<tr><td>保费合计</td><td colspan="3">万　仟　佰　拾　元　角　分　￥:</td></tr>
<tr><td colspan="5">保险合同争议解决方式：　□诉讼　□提交（　　　　　）仲裁委员会仲裁</td></tr>
</table>

（续）

五、代收车船税

<table>
<tr><td>本年应税性质</td><td colspan="4">□免税　□减税　□已征　□特征　□拒缴</td></tr>
<tr><td>往年纳税情况</td><td colspan="4">□已缴纳　□免缴纳　□未缴纳（应缴纳时间：____年____月____日）</td></tr>
<tr><td>整备质量</td><td></td><td>纳税人识别号</td><td colspan="2"></td></tr>
<tr><td>完税凭证号（减免税证号）</td><td></td><td>开具税务机关</td><td colspan="2"></td></tr>
</table>

六、特别约定

七、投保人声明

保险人已将投保险种对应的保险条款（包括责任免除部分）向本人做了明确说明，本人已充分理解；上述所填写的内容属实，同意以此保单作为订立保险合同的依据。

投保人签名/签章

日期：　年　月　日

八、审核情况

验车结果： 验车时间：　年　月　日 时　分 验车人签字： 业务经办人签字：	业务来源： □直接业务□个人代理 □专业代理□兼业代理 □经纪人　□网上/电话业务 代理（经纪）人名称：	核保人意见：□同意承保 □不同意承保 原因： 核保人签字： 时间：　年　月　日

（二）机动车辆保险投保单

机动车辆保险投保单如图 14-1 所示。

机动车辆保险投保单（个人）

No：

尊敬的客户：您在填写本投保单前请先详细阅读本投保单后所附条款，阅读条款时请您特别注意保险责任、责任免除、投保人义务、被保险人义务、赔偿处理等内容，并听取保险人就条款内容所做的说明。您在充分理解条款后，再如实填写本投保单各项内容（请在需要选择的项目前的“□”内划√表示），您所填写的内容我公司将为您保密。

被保险人信息	被保险人姓名			身份证号码			
	被保险人(自然人)职业	□党政机关/事业单位/大型企业/学校中高级管理者等　□金融/电信/医疗/IT中高级职员、律师、大学教师等 □普通教师、公务员和事业单位/企业一般员工等　□其他					
	被保险人地址：		约定驾驶人	姓名	性别	年龄	驾驶证号码
			□约定 □不约定				
	邮政编码						
投保车辆信息	被保险人与车辆关系	□所有　□使用　□管理		车主			
	号牌号码			号牌底色	□蓝　□黑　□黄　□白　□白蓝　□其他颜色		
	厂牌型号			发动机号			
	车辆初次登记日期	年　月		VIN码/车架号			
	核定载客	人	核定载质量　千克	排量/功率　L/kW	行驶区域	□市内　□省内　□境内　□出入境	
	车辆种类/使用性质	□家庭自用汽车　非营业用客车：□党政机关、事业团体　□企业　营业客车：□城市公交　□出租租赁　□公路客运 □非营业用货车　□营业货车　□摩托车　拖拉机：□农用型　□运输型　□特种车：请填用途					
保险期间	自　年　月　日零时起至　年　月　日二十四时止						
机动车责任强制保险	责任限额	机动车责任强制保险	×××××元	无责任死亡伤残赔偿限额	×××××元		
		医疗费用赔偿限额	×××××元	无责任医疗费用赔偿限额	×××××元		
		财产损失赔偿限额	×××××元	无责任财产损失赔偿限额	×××××元		
	与道路交通安全违法和道路交通事故相联系的浮动比率：　%						
	保险费小计（人民币大写）：　（￥：　元）						
机动车商业险保险	投保险种		保险金额/责任限额元	保险费	备注		
	□车辆损失险	□自付额			多次出险免赔： □加免赔　□不加免赔		
		□0　□200　□300　□500　□800　□1000　□1500　□2000					
	□商业第三者责任险						
	□全车盗抢险	盗抢险免赔率			停放场所：□固定　□不固定 防盗装置：□电子/机械防盗 □卫星定位系统（GMS/GPS）		
		□0%□10%□20%□30%□50%					
	□车上责任险 □人员	□核定座位　投保人数	/人				
		□选择座位　投保人数	/人				
	□车上责任险 □货物						
	□玻璃单独破碎险	□国产玻璃　□进口玻璃	按照条款规定执行				
	□自燃损失险						
	□车身划痕损失险						
	□不计免赔特约险	□车辆损失险	按照条款规定执行				
		□第三者责任险					
			其中，优惠保费元				
	保险费小计（人民币大写）：　（￥　元）						
保险费合计（人民币大写）：　（￥　元）							
特别约定							
保险合同争议解决方式选择	□仲裁 提交＿＿＿＿＿＿＿＿仲裁委员会仲裁　□诉讼						
本保险合同由保险条款、投保单、保险单、批单和特别约定组成。 **投保人声明**：1、保险人已将投保险种对应的保险条款（包括责任免除部分）向本人做了明确说明，本人已充分理解。2、以上填写的内容均属实，同意以此投保单作为订立保险合同的依据。3、投保人同意按条款规定交纳保险费，保费未一次足额付清，保险责任自保费付清后开始。 投保人签名/签章：　联系电话：　＿＿＿＿年＿＿＿月＿＿＿日							
验车验证情况　查验人员签名：　＿＿＿＿年＿＿月＿＿日＿＿时＿＿分							
初审情况	业务来源：□直接业务 □个人代理 □专业代理 □兼业代理 □经纪人 □电话/网上销售 代理（经纪）人名称： □续保　□新保 业务员签字：　＿＿＿＿年＿＿＿月＿＿＿日			复核意见	复核人签字：　＿＿＿＿年＿＿＿月＿＿＿日		

图 14-1　机动车辆保险投保单

任务实施

步骤1　拟订任务实施计划

步骤2　填写投保单

车辆投保单的格式参见各保险公司。

步骤3　单证签发

1）缮制保险单——计算机制单。

2）复核保险单——复核处签章。

3）收取保险费——收款人处签章。

4）签发保险单证——汽车保险合同实行一车一单（保险单）和一车一证（保险证）的制度。签发单证时，交由被保险人保存的单证有保险单正本、保险费收据和机动车保险证。

5）保险单证的清分与归档。

财务部门留存单证有：保险费收据（会计留存联、保险单副本）。

业务部门留存单证有：保险单副本、投保单及其附表、保险费收据（业务员留存联）。

步骤4　汽车保险批改

步骤5　汽车保险续保

任务评价

使用任务评价表对任务完成情况进行评价，任务14评价表见表14-2。

表14-2　任务14评价表

评价项目	评分标准	分数	学生自评	小组互评	小计
团队合作	团队和谐，有分工有合作，组员积极参与	10			
操作过程	能介绍汽车保险投保单的内容；填写投保单；签发投保单；介绍续保流程；签发单证	60			
创新点	介绍有创新点	10			
任务方案	完整、合理	10			
完成情况	圆满完成	10			
	总分	100			
教师评价					

任务小结

1. 单证签发工作步骤

单证签发工作步骤如图14-2所示。

图14-2　单证签发工作步骤

2. 签发保险单证

汽车保险合同实行一车一单（保险单）和一车一证（保险证）的制度。故此，签发的是保险单、保险证和发票。

项目4检测

一、单选（每题4分，共20分）

1. 在我国暂保单的有效期为（　　）天。　（易）

A. 90　　B. 10　　C. 60　　D. 30

2. 在订立保险合同中通常是由（　　）提出要约。　（易）

A. 保险人　　B. 投保人　　C. 受益人　　D. 被保险人

3.《中华人民共和国保险法》第十八条规定："（　　）是指在人身保险合同中由投保人或被保险人指定的享有保险金请求权的人。"　（中）

A. 保险人　　B. 投保人　　C. 受益人　　D. 自然人

4. 一辆载重为1.75t的双排座客货两用车在投保时，在保单上的"吨位或座位"一栏应填写为（　　）。　（中）

A. 1.75/5　　B. 5/1.75　　C. 5/1.75　　D. 1.75/5

5. 每套承保单证进行单证清分时应按照（　　）的顺序整理。　（难）

A. 保险费收据、保险单副本、投保单及其附表、其他材料

B. 保险单副本、保险费收据、投保单及其附表、其他材料

C. 投保单及其附表、保险费收据、保险单副本、其他材料

D. 保险费收据、投保单及其附表、保险单副本、其他材料

二、判断（每题4分，共20分）

1. 汽车保险中的暂保单与保险单一样具备法律效力。（　　）（易）
2. 汽车的保险单是由保险公司自己编号印制的。（　　）（中）
3. 车辆投保时，车辆行驶证姓名必须和投保人一致。（　　）（难）
4. 车险核保都有柜台业务员来完成。（　　）（中）
5. 保险车辆发生转移时车险合同继续有效不用申请批改。（　　）（中）

三、名词解释（每题5分，共20分）

1. 投保单（易）
2. 核保（难）
3. 标准业务（易）
4. 事先核保（中）

四、简答（每题8分，共40分）

1. 简述汽车投保的注意事项。（中）
2. 简述核保原则。（中）
3. 简述缮制保险单证的注意事项。（中）
4. 简述续保时应提供的单据。（难）
5. 简述汽车保险核保的主要内容。（中）

事故车辆查勘

项目概述

本项目介绍事故车辆的报案受理，交通事故的鉴定、事故现场查勘及现场情况记录等。

学习本项目能熟悉事故车的案件受理，能进行事故车的初步鉴定，熟悉交通事故的类型、碰撞的形式等，能对事故现场进行查勘，了解现场记录的程序，并对现场情况进行记录。

任务15 受理报案与派工

任务目标

1. 了解报案受理的工作内容。
2. 知道客服电话礼仪规范。
3. 能够进行报案受理。

案例导入

李先生在某保险公司购买了一份保险，投保险种有车辆损失险、第三者损失险、盗抢险、玻璃单独破碎险、划痕险和不计免赔特约险。某日，李先生驾驶车辆下班回家途中，行驶到市区的一个十字路口时，与一辆电动自行车发生碰撞，两车均有损坏，自行车驾驶人受伤，两辆车均在事故现场，尚未报警处理。李先生向保险公司报案，保险公司人员应当如何开展接报案工作。

相关知识

一、事故报案受理

（一）报案受理工作内容

机动车辆保险事故的报案受理是理赔工作的第一环节。接待报案是对被保险人申报的出险案情进行记录、了解和核实，也是机动车辆理赔工作的开始。重视接待报案工作，对于减少机动车辆现场查勘盲目性，保证理赔工作质量有着重要意义。接待报案工作不只是简单的

报案登记、查验保险单证，更重要的是要询问了解清楚出险时间、出险地点、出险原因、事故类别、大致损失情况等，并根据情况合理、准确地及时处理。

接待报案工作的几个环节：

1. 报案登记

凡机动车辆出险受损后，被保险人一般是拿着机动车辆保险证口头向保险公司报案，现在更多的是以电话形式报案。为了提高保险公司理赔服务形象，为广大保户提供更优质的理赔服务，大多数保险公司都开通了理赔热线服务电话，并设立了专门的接线员。理赔人员在接到报案时，应及时将有关报案信息输入电脑。如保险标的（包括车辆名称、牌照号码）、保单号码、报案人姓名（特别应登记清楚驾车人姓名，以备以后理赔核查）、报案日期以及登记本上登记注明。除此之外，还必须将报案人的姓名、工作单位及详细住址和联系电话登记清楚，以备以后理赔联系之用。

2. 查抄单底

接待报案人员在报案登记完毕之后，应根据保单号码及时进行电脑抄单。根据抄单，接待报案人员应首先确定所报事故是否属于保险责任范围，若不在保险责任范围或有以下情况，保险公司无赔偿的，在向保户解释清楚的情况下，可拒绝受理。

以下三种情况不在保险责任范围：

1）机动车辆出险日期不在保单承保的有效期限之内。

2）所发生的危险事故不在保单保险责任范围或投保险种内。

3）危险事故发生的结果并不构成要求理赔的条件。

对于危险事故刚刚发生或危险尚未得到控制的紧急情况，出险地点又在本地（或距离较近），为了及时掌握出险现场的实际情况和督促被保险人及时进行施救保护，抄单及现场查勘工作可同步进行，但现场查勘以后要及时核对抄单，以防盲目处理。

3. 现场查勘安排处理

接待报案人员（或称理赔内勤）根据抄单底单确认所报事故属保险责任范围之内后，应及时向部门负责人（或带班负责人）汇报，由部门负责人（或带班负责人）根据事故情况，及时安排查勘定损人员赶赴现场查勘定损，并告知应备资料及注意事项。对于案情比较复杂、损失较大的案件或一时难以确认是否属于保险责任范围内的疑难案件应及时向部门负责人或分管领导汇报。对于重大和超过核赔权限的案件，应及时向管辖分公司或总公司报告，经查勘后，以书面形式上报管辖分公司或总公司。

对于异地事故，接待报案人应及时向部门负责人汇报，由部门负责人确定是否派人赴现场查勘或委托兄弟分公司代查勘。对需外地兄弟分公司代查勘的，应填制“委托代理机动车辆险赔案函”一式两份，一份自留附案卷内；一份连同抄单寄发（或传真）委托公司。在填制“委托代理机动车辆险赔案函”时应注明委托事宜及要求（如事故估损限额等），并注明授委托单位电话号码、联系人姓名，以备相互联系。

对于代理外地兄弟保险公司查勘的出险案件，应登记“代理查勘”登记簿，以便备查。

接待报案工作是一项既繁杂又细致的工作，要求接待报案人员既具有丰富的机动车辆保险知识，又具有丰富的实践工作经验，还要具有较强的工作责任心，处理问题要求果断、迅速、合理。报案登记、查抄底单及现场查勘安排处理要一气呵成，不能拖泥带水。否则，易

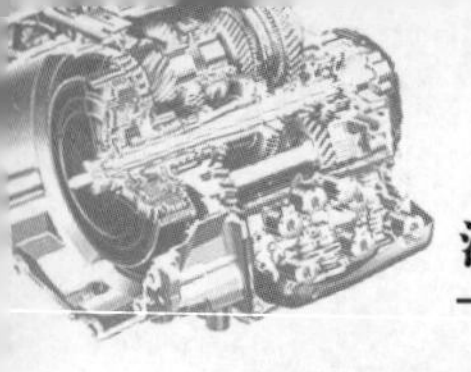

造成查勘现场不及时。

接待报案工作应重点注意以下几个方面：

在了解出险原因时，重点要了解事故发生的基本过程，初步确认保险事故发生责任。如果能确认被保险人无责任，则可以考虑不参与定损。也就是说，明确向被保险人表明此事故保险公司不承担保险责任，比如说被保险车辆被他人人为地损伤（敲击或擦划）的情况。

机动车辆出险后，被保险人报案一般是直接报案或电话报案或电话委托他人报案。对直接报案的一般要求报案者（或事故当事人）及时书写事故经过，以备以后理赔赔案核实确认。因为，一般情况下，事故发生当时报案人所述经过基本上是真实的。要求被保险人报案时书写事故经过，在理赔堵漏中能起到一定的作用。例如，因第三方责任所造成的保险车辆损失，按机动车保险条款规定："保险车辆发生保险责任范围的损失应当由第三方负责赔偿的，被保险人应当向第三方索赔。如果第三方不予支付，被保险人应提起诉讼。在被保险人提起诉讼后，保险人根据被保险人提出的书面赔偿请求，应按照保险合同予以赔偿……"事实上，对于第三者所造成的较小事故被保险人往往不愿意行使起诉权。对此类问题，部分被保险人又不甘心放弃索赔权益，因此在索取证明时有可能改变原来真实的事故发生原因。

4. 编号立案

经查抄底单并复核后，凡属可以受理的案件，理赔内勤应及时登录"机动车辆赔款案件登记簿"并编号立案，编号应按报案时间的先后。同时，应向被保险人签发"索取单证通知"，注明理赔所需要的单证及内容，并要求被保险人及时填写"机动车辆险出险通知书"，此通知书作为被保险人索赔的正式依据。编号立案后，理赔内勤应将"报案登记表"、保险单副本抄件以及其他有关记录、单证、报告等文件归入案袋（或案夹）内，妥善保管，以便查勘定损完毕后，连同定损单一并转入理赔内勤，待被保险人事故处理完毕，交齐索赔所需单证后转入赔案制作环节。

（二）报案受理的工作流程

1）接受报案，查看保单信息，核实客户身份。接报案工作人员在接到报案后，应该在理赔系统"报案受理页面"查看保单的有关信息，与报案人核对被保险人名称、车牌号、车辆型号等信息。核实出险车辆确为承保车辆以及保险期限、投保险别、保费到账情况等承保信息。

2）记录报案信息。如果出险车辆属于保险公司的承保车辆、出险时间在保单有效期内、属保单承保险别的情况，应详细询问案件的信息，并在报案平台中记录。

3）判断保险责任。根据保险人对案件过程的描述，接报案人员可初步判断事故是否属于保险责任，如果事故明显不属于保险责任，接报案人员应耐心向客户解释保险公司不承担赔偿责任的原因，并注意收集案件与报案人的信息。如果属于保险责任，则接报案人员应当重述报案信息并与报案人员确认。

4）确定受理意见。在判断保险责任后，接报案人员根据案件情况，正确确定案件的受理意见，如同意受理，则理赔系统自动生成报案号。

5）告知注意事项。理赔系统在受理报案后自动生成报案号，接报案人员应告知客户报案号的后面几位，以便客户进行后续处理，并告知客户查勘人员将尽快与其联系；同时应告知注意事项及索赔流程。

车险接报案流程及规范用语如图15-1所示。

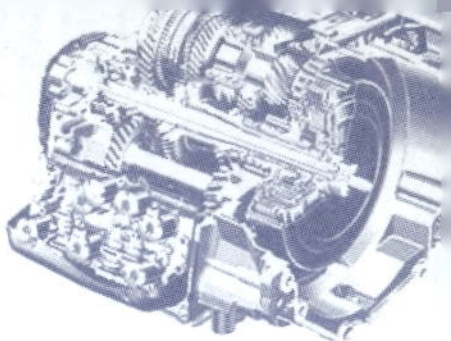

车险接报案流程及规范用语

注意事项	话务员	报案人（客户）
三声铃响以内接电话 对天安的第一印象！全心全意	**电话接听** ##您好，天安保险！***（报工号）很高兴为您服务	
##根据客户需求提供相关服务，如果不能及时解答的问题可以引导客户向有关部门咨询	**确认服务内容** 请问您是否需要报案 好的，耽误您几分钟时间，我做个详细记录	##是的。我的车刚才出了交通事故
##当客户报上自己姓名时，必须复述一遍“是××先生/女士吧？”，确认无误。以防现在的通话被切断，必须询问对方电话号码	**确认报案人信息** 请问您的**姓名**和**联系**电话	##×××。147-××××-3690
1. 单方事故的话按商业险记录报案信息 2. 双方事故的话按商业险和交强险受理办案，记录报案信息 （此处按双方事故）	**交强险或商业车险报案** 请问您此次发生的是**单方事故**还是**双方事故**	
	询问事故处理情况 您现在是**在事故现场**打电话吗 您向**交警报案**了吗 交通事故**责任认定了**吗	##是的，是在事故现场 （不是在现场的，请见次页）
##尚未向交警报案的(包括客户不想报案的情况)座席人员要告知其报案	**(还没的话)** 请务必向交警部门报案，**出具事故证明**	
##遇到不会写的字，组词请客户确认。如：被保险人姓“徐”。座席生应说：是双人徐吗 如果报案人并非是被保险人，则要问清其和被保险人的关系与联络方式	**核对交强险保险合同信息** ##麻烦告诉我，您的**交强险保险单号**、**被保险人**名称(客户暂时无法提供保单号码的请他提供车牌号码) ##(强制保险不是投天安的) ##您向××保险报过案了吗？如果还没有，请在通话结束后，立刻向对方报案	投保人是××× 保单号码是C1234567890
	核对商业险保险合同信息 麻烦您再告诉我，您的商业车险保险单号	
	核对保险标的信息 请告诉我，您的**车牌号**、**车型**和**车辆颜色**	

图 15-1　车险接报案流程及规范用语

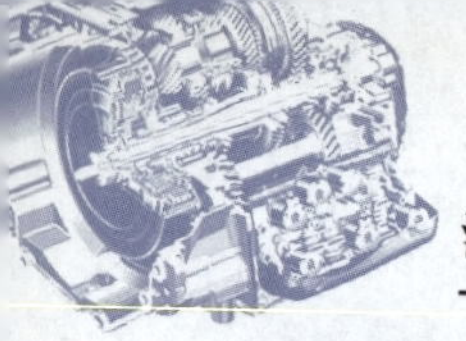

二、案件调度派工

调度派工是报案受理结束后，保险公司安排查勘人员对人伤亡情况及车辆、财产损失情况等进行现场查勘、损失确定和案件跟踪的过程。调度派工根据派工对象的不同可以分为不同的类型。调度人员在派工时需根据案件类型进行正确派工。

（一）案件调度工作原则

1）统一管理原则。案件调度工作由总负责人垂直授权管理，各业务部门主管协调。

2）就近分派原则。以距离远近为基准，就近分配。

3）应委托方要求原则。根据委托方要求，调派指定查勘员。

4）无条件响应原则。查勘员必须无条件接受呼叫中心座席调度。

5）首问负责原则。原则上呼叫中心最先接到案件的座席为该案件的首问责任者，负责受理、登记、调度、跟踪、督办等中间环节的沟通、协调、处理，直至公估报告的邮寄与归档。

（二）案件调度和处理（调度岗）

1）联系查勘员。确认委托后呼叫中心座席根据案件调度工作原则就近调派查勘员。

2）短信派工。调度中心座席将此案查勘信息以短信形式发至查勘员。告知所需查勘案件的全部已知信息。短信派工结束后调度中心座席负责与查勘员联系，询问是否收到短信，确认其是否与当事人取得联系，通话时间应在1min内。将案件抄单第一时间传给案件负责人。

3）任务改派。调度中心座席调派的查勘员不能接案时，及时协调其他查勘员。

4）派工回访。派工10min后与保户联系，确认查勘员是否与其取得联系并预定查勘时间。

（三）调度派工工作要点

1）衡量案件的缓急和难易。

2）准确传递信息。

3）明确提示疑点。发现疑点，提醒查勘员注意，做好应对准备。

4）优化配置和合理利用资源。

任务实施

步骤1　拟订任务实施计划

对于客户的报案，接受报案人应当及时有效地进行处理。

步骤2　接受报案

对于客户通过拨打服务热线进行报案，电话接报人员应及时接受报案，不能让客户久等。接报案人员在接客户的报案时应使用保险公司标准化用语。如“您好！这里是××保险公司理赔中心，我是××号接待员，请问有什么我可以帮助您?”。对于上门报案的客户，保险公司必须保证有人进行接待。

步骤3　查核保单抄件

1）查看保单抄件，核实承保情况。初步确认承保范围即受理项目是否在承保险种责任范围内。

2）解释不予受理原因。

步骤 4　记录报案信息

确认属于可以受理的案件，接报案人员应详细询问案件的相关信息，并做记录。主要的记录信息有：

1）报案人姓名及其与被保险人的关系、联系电话等。

2）保险单号、被保险人名称、出险车辆的车牌号和厂牌车型。

3）出险时间、地点、原因及经过，驾驶人姓名、联系方式等。

4）车辆受损程度及部位，能否开动，现车辆所在或停放地点，施救情况；是否有人受伤及受伤人数，是否住院等。

5）人员伤亡情况包括伤者姓名、送医院时间、就医医院名称及地址、伤者与被保险人的关系。

6）受损财务种类、所有人名称、施救情况及与被保险人的关系。

7）本次事故是否已报警处理，交警的处理意见或双方协商的情况。

步骤 5　判断保险责任

1）接报人员根据客户对事故的描述，对案件进行初步判断，对明显不属于保单责任的案件，接案员可直接告知报案人，并进行解释。对于可能不属于保险责任的情况，接报案人员应不予表态，应详细收集案件信息，并记录在报案记录中，在调度派工时提示查勘人员。

2）如果案件属于保险责任，详细询问案件情况，注意在报案人叙述完相关内容后，对案件的要点进行重述，并与报案人确认避免遗漏案件的信息，特别对于风险点要详细记录。

3）根据案件的损失情况，选择案件的类型给出案件受理意见，录入理赔系统确认后生成报案号。

步骤 6　告知注意事项

1）提醒报案人需要采取防止损失扩大的必要和适当的应急措施。

2）向报案人说明公司理赔的一些规定、定损时必要的证件。

3）告知客户以下情况必须保护现场并立即报警：发生人员伤亡事故的；机动车无号牌；事故有争议的；不能自行移动车辆的；碰撞建筑物、公共设施或其他设施的。同时要求客户在索赔时需提供交警部门事故认定书。

4）人伤案件和盗抢案件应要求报案人留下当事驾驶人的姓名和电话等联系方式。

5）对于《道交法》规定的不需交警出现的情景，指导客户与对方达成赔偿协议。

6）通话结束，告知客户查勘人员会尽快进行处理。

步骤 7　案件调度派工

1）接收待调度案件。

2）获取案件信息。

3）联系查勘人员派工。

4）系统派工。

任务评价

使用任务评价表对任务完成情况进行评价，任务 15 评价表见表 15-1。

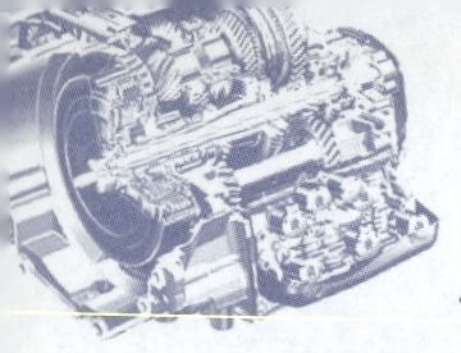

表 15-1　任务 15 评价表

评价项目	评分标准	分数	学生自评	小组互评	小计
团队合作	团队和谐，有分工有合作，组员积极参与	10			
操作过程	受理报案，调度派工	60			
创新点	介绍有创新点	10			
任务方案	完整、合理	10			
完成情况	圆满完成	10			
	总分	100			
教师评价					

任务小结

1. 报案受理工作流程

报案受理工作流程如图 15-2 所示。

2. 调度派工流程

调度派工流程如图 15-3 所示。

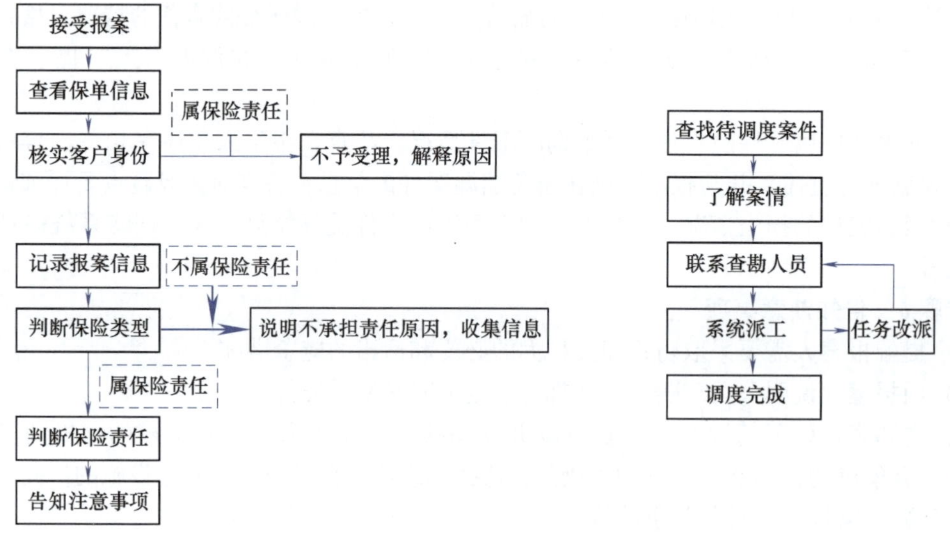

图 15-2　报案受理工作流程　　图 15-3　调度派工流程

任务16　交通事故认定

任务目标

1. 了解交通事故类型。
2. 了解交通事故鉴定的内容。
3. 熟悉汽车碰撞的类型。

案例导入

保险公司接到报案，报案人称 10min 前，其驾驶一辆丰田轿车下班回家途中，由于路上车辆较为拥挤，行驶到市区的一个十字路口时，与另外一辆大众轿车发生碰撞，两辆车均有损坏，五人员受伤，两辆车均在事故现场，尚未报警处理。保险公司派出查勘员小李进行处理。小李应如何开展工作？

相关知识

一、交通事故鉴定

1. 交通事故鉴定的意义

交通事故是指参与道路交通活动的各种汽车和非汽车驾驶人、行人、乘车人以及其他在道路上进行与交通有关活动的人员，因违反道路交通管理法规和条例的行为，过失造 成人、畜伤亡和车物财产损失的交通事件，称为交通事故。发生交通事故就会造成人身伤害或财产损失，对于保险车辆就会涉及保险赔付，有些还会涉及刑事或民事诉讼。因此，对汽车交通事故进行科学公正的鉴定具有十分重要的意义。一般来说，汽车交通事故鉴定可以委托交通事故鉴定专家进行。在我国，一般由公安交通管理部门负责，并出具正式文件。

科学鉴定的目的主要是向事故处理人员、理赔员或法官及律师说明科学解释的程序，为事故处理、保险理赔和诉讼提供科学的依据。因此，鉴定书应尽可能简明扼要、易于有机地把握相关内容。在使用专业术语时，要通俗易懂地解释其意思。叙述要文理清晰，避免杂乱无章。

对于复杂的问题，在“鉴定经过”章节的开始要说明鉴定程序。在“考证内容”一节中要对证据中的重要资料进行详细的说明，并以此为基础对事故形态进行考证分析与推理计算。可以充分利用图表、图形和照片加深对事故过程及形态的认识，某些场合还可以利用模型和录像。

鉴定内容如下：

1）碰撞事故的发生形态。

2）单车事故的发生形态。

3）碰撞车速、制动前的车速。

4）碰撞地点的特殊情况（违章情况）。

5）碰撞姿态（碰撞时的相对姿态、碰撞角度等）。

6）碰撞发生前事故车的运动状况与驾驶人的动作。

7）避免发生碰撞的可能性。

8）是否为追尾或妨碍行车。

9）该事故确实存在吗（是否伪造事故）。

10）该事故是否为故意（蓄意）的（自杀事故、他杀事故）。

11）驾驶人是谁。

12）因车辆故障引发的事故（使用不当、维护不当、缺陷车）。

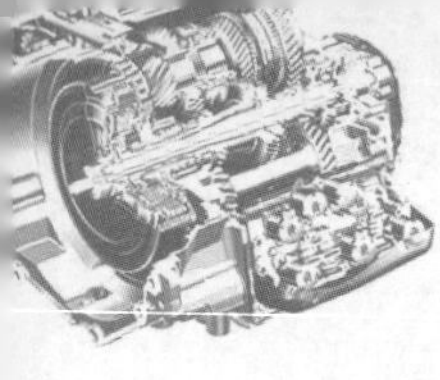

13）车辆发生火灾的原因。

14）废气中毒死亡事故的原因。

15）交通信号灯状态。

16）乘车人所受的冲击。

17）碰撞所造成的乘车人身体运动状况。

18）事故与受伤之间的因果关系。

19）碰撞的顺序（台球式追尾或堆积式追尾）。

20）证言的真伪。

21）相反证言、相反鉴定结果真伪的判定。

22）引发事故的诱因。

2. 汽车交通事故的形态

大部分的汽车交通事故是碰撞事故。从科学鉴定理论的观点来说，汽车碰撞具有如下几个特点：

1）是车辆之间相互交换运动能量的现象。

2）是相互挤压，通过车身的损坏（塑性变形）来消耗一部分运动能量的现象。

3）是部分相互损坏（塑性变形），而另一部分相互排斥（反弹、弹性变形）的现象。

4）在进行运动能量交换的同时，有时还会将一部分运动能量转换为角运动的现象。因此，发生碰撞事故的车辆不仅存在平移运动，有时还伴随有旋转运动。

5）由于惯性作用，乘车人与车辆之间会产生相对运动。这就是所谓的二次碰撞，即乘车人受伤的原因。

6）碰撞现象一般发生在0.1～0.2s极端的瞬间。

在碰撞中未消耗掉的能量则通过碰撞后车辆和乘车人的运动，以摩擦功的形式消耗掉。碰撞后的运动时间通常为数秒，整个碰撞过程几乎是人力无法左右的纯物理现象，这使得车辆碰撞事故的科学鉴定具有极高的客观性。碰撞和碰撞后的运动结果主要是造成车辆损坏、乘车人受伤、路面痕迹（胎痕、车身的擦痕、路面上的散落物）等。

车辆交通事故的科学鉴定，就是根据这一事故的“结果”，即车辆的损坏和乘车人的伤害程度、路面痕迹等（同时参考目击者的证言），对照自然规律、汽车运动特性、结构特点、人体工程学等准确地再现碰撞现象，然后追溯、推定构成事故“原因”的碰撞发生前的车辆运动状态与乘车人的动作。

交通事故中发生的这些物理现象一定会遵循以牛顿的三大定律为首的物理定律而产生和发展，因此，只要正确地记录碰撞的结果，就能够完全正确地反推出交通事故发生的过程和原因。所以说，车辆交通事故鉴定具有高的实证性。

3. 交通事故鉴定的知识构成

汽车交通事故的科学鉴定涉及多学科知识，说明交通事故发生过程，必须广泛地跨学科集中收集相关知识，如包括碰撞力学、汽车运动特性、汽车构造特性和人体工程学等。

碰撞力学的基本知识主要包括各种力学的基本概念、术语、牛顿三大定律、能量守恒定律、动量守恒定律、有效碰撞速度、相对碰撞速度、反弹系数、摩擦系数、塑性变形等定义，以及必须加深对作为碰撞物体的汽车特性的理解。汽车运动特性的基本知识，主要应加

深对加速、制动、转向等汽车的运动，以及控制机械故障的原理、实验知识（实际经验）的理解。

在车辆构造特性的基本知识中，车身作为碰撞物体的特性至关重要。这是因为必须根据车身的损坏状况逆推出碰撞事故的发生过程，完成这些工作，还需要材料力学、破坏力学等方面的理论知识。人体工程学的基本知识重点在于分析视觉、知觉反应时间，打瞌睡、酒后驾车、人体的耐冲击性等知识，以明确事故责任之间的关系。

4. 交通事故鉴定的注意事项

在进行汽车交通事故科学鉴定的过程中，应注意如下事项。

（1）坚持中立性　在交通事故鉴定过程中，一定要坚持科学性、公正性，要遵守职业道德。在实际中出现完全相反的鉴定结论已屡见不鲜。当然，两个鉴定书中必定有一个是错误的。错误的鉴定结果一般分为结论前提型（先入为主型）和错觉型两种。

导致结论前提型鉴定的原因和理由是鉴定人按照鉴定委托方所希望的结论，适当地捏造和杜撰。错觉型鉴定是一种非恶意的、无意的错误鉴定，为了避免出现这种情况，必须细致谨慎，按要求进行科学鉴定。

（2）做到通俗易懂　鉴定书要作为证据用于事故处理、理赔处理，甚至法庭诉讼。在这些过程中所涉及的人员普遍不熟悉科学鉴定中所使用的科学概念、定律、技术术语等。因此，鉴定书的撰写应尽可能简明扼要，不要在一些细枝末节上纠缠不清，使外行人也能读懂。将一些专业性比较强的论证部分作为附录，还可适当地添加一些图表、照片、图形、录像等，这样更有助于加深感性认识。

（3）做到天网恢恢，疏而不漏　要保证交通事故鉴定的客观性，最重要的是不受事件的细节所束缚，要完整地观察事故的全貌。不要过分拘泥于事故的部分细节，不要拘泥于某一特定的证据或理论设定假说。否则，会造成严重后果。

（4）避免先入为主　这是在强行做出结论前提型鉴定时的常用手段。在鉴定过程中，必须清楚所做的考证过程与提交的结论之间的关联性，依靠考证的条理性与来龙去脉让相关人员弄清楚鉴定的结论。

（5）避免使用夸大其词的逻辑推理　使用夸大其词的逻辑推理是在强行做出结论前提型鉴定时常见的方法。在鉴定时明显夸大损伤的程度，故意忽略难以掩盖的明显损伤的例证，以特定的不确切的证言或风闻为依据，故意展开故事情节，并围绕这些因素进行各种求证，来解释其理论的正确性。这种方法在事故鉴定中有极大的危害性。

（6）从多种角度观察、论证　事故鉴定的证据主要分为证明碰撞及碰撞发生前的运动、碰撞发生后的运动状况的物证和证人的证言两种。实际上，碰撞发生前的运动状态与碰撞过程及碰撞后的运动状态紧密相关，各种状态之间的相互关系完全可以通过力学计算按时间序列追溯推定。因此，交通事故这一物理现象可以依据大量可靠的证据从多方面、多角度查证。

（7）鉴定结论必须充分考虑采样数据的误差　当通过实验室来处理交通事故鉴定问题时，因与外界存在着各种可控条件的误差，会使鉴定结论存在较大的误差。

（8）着眼于关键证据　在整个鉴定过程中，往往是某一关键证据决定着鉴定结论的真伪。

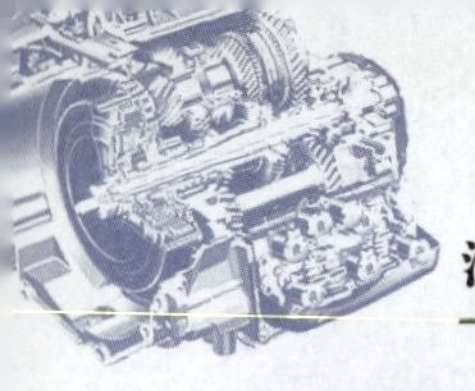

二、交通事故类型

(一) 交通事故的碰撞类型

汽车与汽车之间发生的碰撞事故，按事故发生后的碰撞结果，可分为正面碰撞、追尾碰撞、迎头侧面碰撞、斜碰撞几种。

1. 正面碰撞

相向行驶中车辆间发生的迎头正面碰撞。该现象多发生在超车过程中与对面来车相撞；在视线不良的弯道上与对面来车相撞；因其他原因驶入逆行车道，与对面来车发生的迎头正面相撞。由此引发的正面相撞一般不会引起车辆发生侧滑，所以不产生摩擦力。

2. 追尾碰撞

通常所说的追尾碰撞，一般发生在行进过程中，由于跟车距离过近，当前车猛然减速或紧急停车时，后车采取措施不力或在雨雾天行车视线不良，后车发现前车时由于距离太近，来不及采取措施而导致车头与前车尾部相撞。此时的碰撞面为正面而不会引起车辆发生侧滑，所以不产生摩擦力。

3. 迎头侧面碰撞

迎头侧面碰撞是指基本上垂直于被撞车辆的车身侧面的迎头碰撞。该现象多发生在无交通信号控制的交叉路口，两车垂直方向直行且同时进入路口时发生的拦腰碰撞。另外，在路口左、右转弯行进的车辆也可能发生此类碰撞事故。

4. 斜碰撞

斜碰撞是指有别于正面碰撞和迎头侧面碰撞的一种以锐角或钝角形式相互接近的碰撞。斜碰撞多发生在躲避正面碰撞和迎头侧面碰撞时形成的；左、右转弯车和直行车之间会发生斜碰撞。此时由于是重心与重心偏斜的碰撞，且碰撞面之间不呈直角，所以碰撞将伴随有旋转运动（角运动），车辆有侧滑现象发生，会有摩擦力。

(二) 交通事故的行驶类型

1. 城市交通事故

(1) 直行事故　市区非主要路口及边远郊区，由于没有安装红绿灯，直行车辆发生事故的概率较大，约占事故总数的30%。

(2) 追尾事故　多发生在遇红灯急停车时，由于前后车距过近而追尾，或雨雾天气则追尾更为常见，约占事故总数的13%。

(3) 超车事故　快速车在超慢速车时与对面车相撞，或与突然横穿的行人、骑车人相撞而导致；夜间超车时遇对向车炫目灯光，亦常造成事故；约占事故的12%。

(4) 左转弯事故　交叉路口左转弯时，交织点多，车与车、车与人冲突可能性增大，常引发事故，约占事故总数的25%。

(5) 右转变事故　在巷道的进出口、单位大门的进出口和一些十字路口，是右转弯事故的多发之处，约占事故总数的20%。

2. 山区公路交通事故

(1) 窄道事故　由于公路等级低，加之塌方、损坏失修，多处路径狭窄。行驶车辆不减速，会车不礼让、抢先行，往往导致事故。

(2) 弯道事故　行驶弯道，如车速过快、超载或操作失误，易造成事故。

(3) 坡道事故　行驶坡道，常见车辆前溜或后溜，则往往是超载车辆或“病”车，一旦操作失误，则事故难免。

3. 干线公路交通事故

我国干线公路密布山区和乡镇，且少划中心线和快慢分道线，由此引发常见事故。

(1) 会车事故　由于一般车辆均居路中行驶，一旦车速快而会车不注意礼让，临近才避躲，则往往避躲不及相撞。

(2) 超车事故　居路中行驶，若有一方超车，如措施不及或操作失误则相撞难免。

(3) 停车事故　干线路窄而随意停车多，尤其在夜间，一旦停车不开尾灯，或车周边未安置警示物，过往车辆则易与停车相撞而导致事故。

(三) 交通事故的伤亡类型

交通事故伤亡分为轻微事故、一般事故、重大事故和特大事故。

(1) 轻微事故　这是指一次造成轻伤1~2人，或者财产损失机动车事故不足1000元，非机动车事故不足200元的事故。

(2) 一般事故　这是指一次造成重伤1~2人，或者轻伤3人以上，或者财产损失不足3万元的事故。

(3) 重大事故　这是指一次造成死亡1~2人，或者重伤3人以上10人以下，或者财产损失3万元以上不足6万元的事故。

(4) 特大事故　这是指一次造成死亡3人以上，或者重伤11人以上，或者死亡1人，同时重伤8人以上，或者死亡2人，同时重伤5人以上，或者财产损失6万元以上的事故。

三、交通事故鉴定的基础知识

(一) 视觉

安全行车与躲避危险所必需的信息，大部分是通过视觉摄取的，通过视觉驾驶人可以获得80%的行车信息。视觉问题包括可视距离、视野、识别、光照适应与眩目等。

1. 可视距离

对于驾驶人来说，“能看多远”对行车安全起着至关重要的作用，直接影响能否正确识别所看到的对象物。“能看多远”具体来说可分为可视距离和视野。可视距离基本上受亮度制约。夜间行车，前照灯的亮度直接决定着可视距离。车速也会间接影响到可视距离。

对象物的反射率直接影响着可视距离。在夜间，汽车行驶在狭窄的道路上，对穿着黑色衣服的行人只有非常接近时才会发现。车辆行驶速度的高低也会使可视距离产生较大的偏差。因此，行人和自行车的反射率对交通安全有特别重要的意义。

人与视物的关系可分为：人与视物都静止的叫作静止视力；人在移动的物体上，看静止的视物叫作移动视力；移动的人看移动的视物，人和物都在移动，称为移动体视力。与静止视力相比，移动视力约下降5%，移动体视力约下降10%。汽车安全技术条件中对灯光的安全照射距离都有详细的规定。

2. 视野

视野即生理性视觉的极限角度，左右两眼分别为160°。中间重叠的视野为左右各60°，确认色彩的视野为正前方左右35°。一般说来，人的最佳视野为：水平±45°，垂直±30°。

夜间视野主要受前照灯光的定向性所制约。间接视野由驾驶人的眼位和后视镜的特性决定。

3. 识别

驾驶人在行车过程中要有短暂的时间中断注视前方，用眼的余光去识别交通信号、交通标志、仪表、警报器等。所以这些装置应易于识别，一看就懂。

识别的要素主要有：颜色、形状、尺寸、表示方法、设置场地、与其他景物的相对关系等。

色彩鲜艳的颜色易于识别，所以，交通信号、车辆的灯光、仪表、警报装置都采用了红、黄、绿等颜色。行驶着的车辆的尾灯，与在路旁紧急停车的尾灯同样是红色。

各种信息形状的图形越简单、边角越少，越容易识别。

设置场所与其他景物的相对关系对识别效果有较大的影响。信号或标志的设置高度应与驾驶人眼睛的位置相适应，应在眼睛的有效视野范围之内。

4. 光照适应与眩目

人眼对光的适应有两种情况，即“暗适应”与“亮适应”。行驶在明亮处的车辆，一旦进入较暗的隧道，驾驶人视力会暂时性的极度下降。相反，当从黑暗的隧道行驶到较明亮的外部时，也会有因外部太明亮，眼睛不适应而看不见东西的情况，这就是光适应问题。眼睛“暗适应”需要较长的时间，一般5min可恢复40%，10min能够恢复65%。眼睛“亮适应”恢复较迅速，一般1~2s就可恢复。

相向行驶车辆的前照灯光束，映入眼睛后会出现炫目，有时还会看不清附近的行人，这就是“眩光影响”。随着眩光的照度增强，可视距离急剧下降。因此，交通法规规定，两车交会时要关闭远光灯，打开近光灯，以防止炫目。

（二）知觉与反应

行车过程中，从特殊景象进入驾驶人视野到采取相应行动的时间，即知觉反应时间。知觉反应时间包括如下4个过程：

1）发现，即把外部信息情报摄入到大脑内的时间。一般是通过视觉发现。

2）识别，是对发现的情形做出判断。

3）决定行动，识别后决定采取什么样的行动，也即产生行动命令的信号。

4）反应，行动命令信号传递给手脚的肌肉组织，到开始操作的时间叫反应时间。这一反应时间通常因人而异，反应敏捷的为0.45~0.85s；反应迟钝的超过1.13s。反应时间还和驾驶人的心理状态有关（疲劳、饮酒等）。另外一个关键的问题是，驾驶人从发现到识别后，能否做出正确的判断，确认危险的存在。也就是说，驾驶人能否正确判定什么时间把脚从加速踏板上收回，什么时间踩制动踏板。在有限的时间内，行驶中的驾驶人发现、确认危险情况是一种概率现象。

（三）驾驶状态

驾驶人在行车过程中的精神状态是一种生理现象，这是造成交通事故的主要原因之一。不正常的驾驶状态有如下几种：疲劳型打瞌睡；单调型打瞌睡；酒后驾驶等。打瞌睡事故也有伪造的自杀、他杀事故。

1. 疲劳型打瞌睡

开车虽然并不是一种重体力劳动，但会使中枢神经特别是视觉神经的负担较重，长时间

行车，会加重中枢神经的疲劳，导致驾驶人打瞌睡。“感觉刺激的阻断”过程是“疲劳就要休息”，这是十分自然的自卫性生理现象。

2. 单调型打瞌睡

长时间在单调的环境下，人的感觉受到刺激的新鲜感就会消失，紧张感钝化，感到厌烦，最终导致催眠状态。

如果驾驶人在夜间，单独长时间驾车行驶在单一环境的直线公路上，由于缺乏变化，最终会变得单调乏味。因此，为了减少这种现象的发生，在高速公路上应适当设置一些弯道。

3. 酒后驾驶

饮酒、酗酒会给驾驶人带来生理、精神和心理上的不良影响。在生理上，会延长知觉反应时间，导致视力下降、视野变窄、多种感觉钝化、动作不协调等，综合驾驶能力下降。

醉酒会对人的心理和精神造成更大的影响，可导致与正常人完全不同的精神和心理状态，包括情绪不稳定及感情控制力下降、注意力下降、理性判断能力下降、意识范围变窄、信息处理能力下降、预测准确度下降、危机感麻痹和不自觉地夸大运动能力等。

酒精的氧化速度随人而异。一般认为，血液中乙醇浓度在0.05%以下时，对驾驶无影响；血液中乙醇浓度为0.05% ~0.15%时，一般，人会不适合驾车；若乙醇浓度超过0.15%时，对所有人都会有影响，不适宜驾车。

知识链接

交通事故责任划分

公安机关交通管理部门应当根据当事人的行为对发生道路交通事故所起的作用以及过错的严重程度，确定当事人的责任。

1）因一方当事人的过错导致道路交通事故的，承担全部责任。

2）因两方或者两方以上当事人的过错发生道路交通事故的，根据其行为对事故发生的作用以及过错的严重程度，分别承担主要责任、同等责任和次要责任。

3）各方均无导致道路交通事故的过错，属于交通意外事故的，各方均无责任。

4）一方当事人故意造成道路交通事故的，他方无责任。

省级公安机关可以根据有关法律、法规制定具体的道路交通事故责任确定细则或者标准。

任务实施

步骤1　拟订实施计划

步骤2　接待报案人报案

1）联系报案人，了解交通事故的情况，重点要了解事故类型、碰撞类型等。

2）根据报案人的描述对事故的性质、严重程度做出初步判断，提醒当事人应采取的措施。

步骤3　现场调查

1）到现场后，向报案人了解出险情况。核实事故造成的人员伤害、财产损失等情况。

2）核实相关单证、核实车辆情况、核实出险当事人的情况。

步骤4　确定交通事故处理方法

根据调查情况，判断是否应当报警处理。

步骤5　认定交通事故责任

根据道路交通法初步认定交通事故责任，应与交通管理部门的一致。

任务评价

使用任务评价表对任务完成情况进行评价，任务16评价表见表16-1。

表16-1　任务16评价表

评价项目	评分标准	分数	学生自评	小组互评	小计
团队合作	团队和谐，有分工有合作，组员积极参与	10			
操作过程	接受事故报案，派工，进行事故初步认定，记录事故报案	60			
创新点	介绍有创新点	10			
任务方案	完整、合理	10			
完成情况	圆满完成	10			
	总分	100			
教师评价					

任务小结

1. 交通事故处理的一般程序

交通事故处理的一般程序如图16-1所示。

2. 交通事故责任类型

交通事故责任类型如图16-2所示。

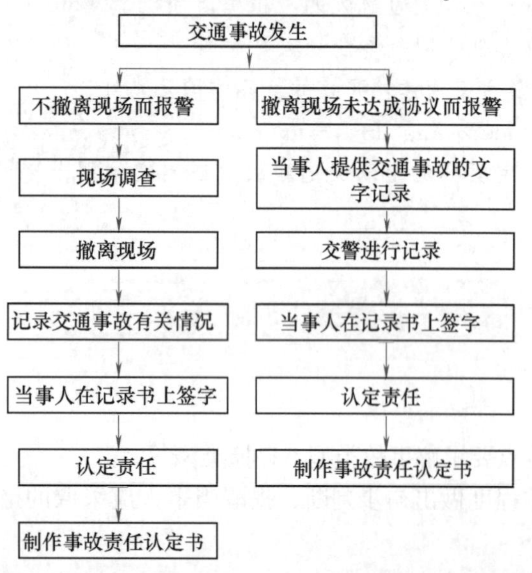

图16-1　交通事故处理的一般程序

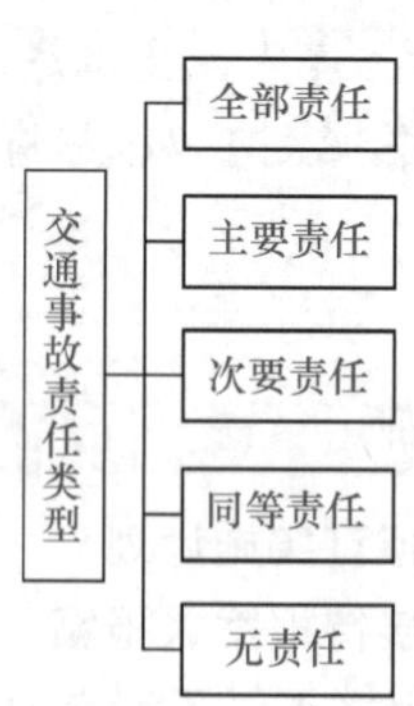

图16-2　交通事故责任类型

任务17　事故现场查勘

任务目标

1. 知道交通事故现场查勘的工作内容。
2. 知道交通事故现场的查勘程序。
3. 能够对交通事故现场进行查勘。
4. 能过判断交通事故是否属于保险责任。

案例导入

查勘员晚上 8 点接到任务。在大概 10 分钟前，某市区街道十字路口，发生一单交通事故，两车相撞，导致双方车辆受损，人员受伤，其他情况不明。现需对此交通事故进行处理。

相关知识

一、交通事故现场的处理

（一）事故现场

交通事故现场（以下简称现场）是指发生交通事故的车辆及其与事故有关的车、人、物遗留下的同交通事故有关的痕迹证物所占有的空间。现场必须同时具备一定的时间、地点、人、车、物 5 个要素，它们的相互关系与事故发生有因果关系。交通事故现场可分为原始现场和变动现场。

1. 原始现场

原始现场指发生事故后至现场查勘前，没有发生人为或自然破坏，仍然保持着发生事故后的原始状态的现场。这类现场的现场取证价值最大，它能较真实地反映出事故发生的全过程。

2. 变动现场

变动现场指发生事故后至现场查勘前，由于受到了人为或自然原因的破坏，使现场的原始状态发生了部分或全部变动。这类现场给查勘带来种种不利因素，由于现场证物遭到破坏，不能全部反映事故的全过程，给事故分析带来困难。出现变动现场的原因有如下几个：

1）为抢救伤者或排除险情而变动了现场的原始位置。

2）执行任务的消防、救护、警备、工程救险车，肇事后因任务需要驶离现场。

3）过往车辆和行人及现场围观群众。

4）自然原因（刮风、下雨、下雪、日晒等）。

5）主要交通干道或繁华地段发生的事故，需及时排除交通堵塞而移动肇事车辆及相关

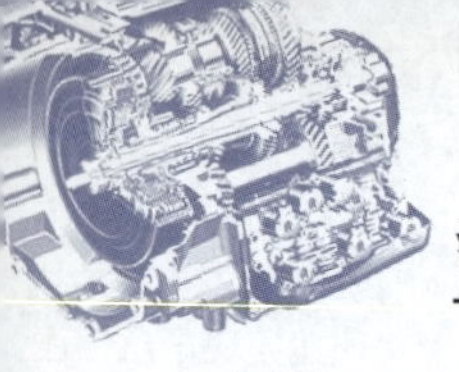

证物。

6）伪造和破坏现场。当事人为了逃避责任或进行保险诈骗，对现场进行破坏和伪造。这类现场事故状态不合常理，不符合客观规律。

7）恢复现场。恢复现场有两种情况：一是对上述变动现场，根据现场分析、证人指认，将变动现场恢复到原始现场状态；二是原始现场撤除后，因案情需要，根据原现场记录图、照片和查勘记录等材料重新布置恢复现场。

（二）现场询问笔录

（1）交通事故询问技巧的内容包括四部分　第一，重视现场询问；第二，正确地使用证据；第三，发现和利用矛盾；第四，适时进行说服教育。

（2）现场询问的对象　现场询问的被询问人包括三个方面：肇事车辆的驾驶人，其他当事人和证人。

（3）现场询问的任务有两项　第一，查找被询问人，认定和查实当事人的身份，寻找证人；第二，现场询问，取得询问笔录。现场询问的内容：

1）肇事前的行驶情况，肇事车是谁驾驶的，使用档位、行驶的车道或位置，行驶的方向和速度。

2）发生事故的基本情况，事故的时间、地点、当时的交通状况。

3）事故各方在道路上各自行驶（走）的方向、位置、状况和速度。

4）发现对方的地点、距离。

5）感到危险的地点和距离，发现危险时的心理状态。采取了什么措施，采取措施的地点和相互间的距离。

6）相互接触的地点，事故形态、接触部位。

7）事故后的车辆轨迹，当事各方停止的地点和状态。

8）抢救伤员、保护现场，报警的情况，是否变动了现场，变动的原因和内容，是否做了标记，有无证人等。

二、事故现场查勘

（一）事故现场查勘准备

现场查勘是一项细致、烦琐又复杂的工作。因此，在查勘前必须根据现场的具体情况，确定查勘的范围、顺序和重点，拟定查勘方案，按确定的顺序和步骤展开查勘。

现场查勘范围根据事故类型而定。查勘人员到现场后，应及时向现场保护人员了解事故情况，现场有无变动及变动的原因和范围，必要时根据当事人和证明人的记忆恢复现场。

对于现场范围比较小，肇事车辆和证物痕迹比较集中的现场，以肇事车辆为中心由内向外展开查勘。

1）对于肇事车辆和证物痕迹比较分散的现场，查勘顺序要灵活掌握。以重要部位和可能遭受破坏的部位为重点进行查勘，也可以由外围向中心进行，逐步缩小查勘范围；对于面大距离长的现场，可分片逐段进行查勘。

2）在现场查勘或对事故进行分析研究中，当对认定痕迹或事故原因有异议时，在关键问题上意见无法统一时，应通过现场实验进行科学考察。

3）查勘人员到达事故现场后，要根据现场情况，由现场指挥人员统一部署，布置现场

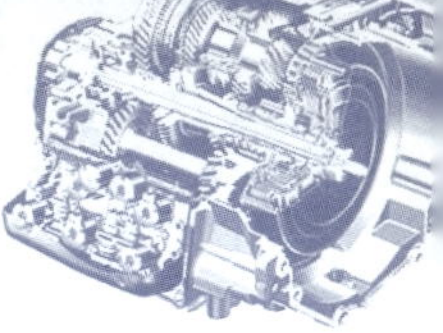

警戒；维护交通秩序，预防现场交通堵塞；保护现场；组织救护交通事故伤员，组织现场抢险。

1. 现场查勘的意义

（1）现场查勘是重大交通事故案件刑事及民事诉讼程序的重要环节　交通事故立案、调查、提起公诉和审判，是刑事诉讼活动的4项程序。现场查勘是刑事诉讼第1、2道程序中的重要环节。因此，事故发生后，必须对现场、肇事车辆、物品、人员损伤、道路痕迹等进行现场调查。

（2）现场查勘是保险赔付的基础工作　对于保险车辆，一旦发生交通事故，就涉及赔付问题。只有通过第一现场的查勘才能确定事故的真伪、事故原因及事故态势，确定赔付的基本依据和确认是否为骗保案件。

（3）现场查勘是事故处理的起点和基础工作　只有通过严格细致的现场查勘，才能正确揭示事故的发生、发展过程；通过对现场各种物证痕迹等物理现象的分析研究，发现与事故有关联的逐项内在因素。也只有通过周密的现场查勘、询问当事人、访问证明人等调查活动，才能掌握第一手材料，对案情做出正确的判断。有了正确的判断，就能正确认定事故责任，追究事故责任者的法律责任，维护受害人的正当权益。

（4）现场查勘是收集证据的基本措施　证据是查明事故原因和认定事故责任的基本依据。车辆交通事故是一种纯物理现象，交通事故的发生必然引起现场内客观事物的变化，在现场留下痕迹物证。因此，对现场进行细致的、反复的查勘，把现场遗留下的各种痕迹物证加以认定和提取，经过检验与核实就成为事故分析的第一证据。

（5）现场查勘是侦破交通肇事逃逸案件的重要环节　现场是交通事故行为的客观反应。交通肇事逃逸的行为不可避免地引起现场各种交通要素的变化，留下痕迹和物品。通过现场查勘取得的各种痕迹、证物等证据，是分析案情、揭露逃逸人的特征、侦破逃逸案件的重要依据。

2. 现场查勘的目的

（1）确定事故的性质　通过客观、细致的现场查勘证明案件是刑事性质的交通事故，还是普通单纯的交通事故，是否为骗保而伪造事故，对事故进行划分和提供处理依据。

（2）查明事故情节及要素　通过现场的各种痕迹物证，对事故经过进行分析调查，查明事故的主要情节和交通违法因素。

（3）确认事故原因　通过对现场周围环境、道路条件的查勘，可以了解道路、视距、视野、地形、地物对事故发生的客观影响；通过对当事人和证明人的询问和调查，可以确认当事人双方违反交通法规的主观因素。

3. 现场查勘的要求

（1）及时迅速　现场查勘是一项时间性很强的工作。要抓住案发不久、痕迹比较清晰、证据未遭破坏、证明人记忆犹新的特点，取得证据。反之，到案不及时，就可能由于人为和自然的原因，使现场遭到破坏，给查勘工作带来困难。所以，事故发生后查勘人员要用最快的速度赶到现场。

（2）细致完备　现场查勘是事故处理程序的基础工作。现场查勘一定要做到细致完备、有序，查勘过程中，不仅要注意发现那些明显的痕迹证物，而且，特别要注意发现那些与案件有关的不明显的痕迹证物。切忌走马观花、粗枝大叶的工作作风，以免由于一些意想不到

的过失使事故复杂化，使事故处理陷于困境。

（3）客观全面　在现场查勘过程中，一定要坚持客观、科学的态度，要遵守职业道德。在实际中可能出现完全相反的查勘结论，要尽力防止和避免出现错误的查勘结果。

（4）遵守法定程序　在现场查勘过程中，要严格遵守《道路交通事故处理程序规定》和《道路交通事故痕迹物证勘验》的规定。要爱护公私财物，尊重被讯问、访问人的权利，尊重当地群众的风俗习惯，注意社会影响。

4. 现场查勘的组织实施

现场查勘工作是一项政策性、技术性、法律性很强且烦琐细致的工作。尤其对于重大和特大交通事故，查勘工作量大，需要的时间长，涉及的部门、人员多，有些情况要现场处理。因此，现场查勘要有严密的组织和强有力的临场指挥，使查勘工作在统一领导、统一指挥下，有组织、有秩序地进行，避免杂乱无章。交通事故的现场查勘由属地公安交通管理部门统一组织，单方事故可以由保险公司独立查勘、处理。

现场查勘的组织应注意如下事项：

1）迅速赶赴现场事故发生地的公安交通管理部门接到报案后，应立即组织警力，快速赶赴现场，按《道路交通事故处理程序规定》的要求，及时划定现场范围，实施保护，维护交通秩序，保证现场查勘工作的顺利进行。

2）全面了解和掌握现场情况。只有全面了解和掌握情况，才能对事故性质以及采取什么样的措施等一系列问题做出正确的判断与决策。否则，将会使查勘工作陷于被动。

指挥员到达现场后，首先听取先期到达有关人员的汇报，亲自巡视、查看现场状况，确定查勘重点，布置各项查勘工作。对重要痕迹物证，要亲自查验，鉴别真伪与可靠程度，掌握第一手资料。

3）兼顾统筹、全面安排。

①合理布置查勘力量，特别是重大、特大交通事故。在分配工作任务时，要注意发挥工作人员的特长，因人制宜、新老搭配，提高查勘取证的效率和质量。

②重点痕迹过细查勘。尽管现场查勘的工作内容很多，但对重点痕迹的查勘、对痕迹形成的认定、收集人证物证、现场查勘记录4项工作不得有误。这些工作直接关系到事故因果关系、事故性质、事故责任认定。

③掌握进度，协调工作。现场查勘工作既有分工又有合作，痕迹查勘与摄影录像、测绘现场图之间要彼此照应，相互协调。否则就会彼此干扰，影响工作的完整性。指挥员要协调各组的工作进度，进行必要的调整，使现场查勘工作顺利进行。

④及时采取应急措施。在现场查勘过程中，当遇到某些紧急情况时，应当机立断，及时采取相应措施，保证查勘工作的连续性。例如，对交通肇事逃逸案，一旦掌握基本证据，即可立即采取措施，对肇事车辆进行堵截。

⑤组织现场汇报。查勘结束后，应召开现场工作报告会，听取各项调查汇报，查验查勘记录和现场记录图是否符合《道路交通事故痕迹物证勘验》的要求。发现漏洞和差错，及时复查和补充。若需安排现场实验，另选时间和地点进行。

（二）现场查勘操作要求和流程

1. 对查勘人员的要求

查勘人员接到查勘通知后，应迅速携带《机动车辆保险出险报案表》《机动车辆保险报

案记录（代抄单）》等相关单证以及定损查勘工具赶赴事故现场。查勘定损人员到达事故现场后，应及时向接案中心报告并在 48h 内进行现场查勘或给予受理意见。如果保险车辆仍处于危险中，应立即协助客户采取有效的施救、保护措施避免损失的扩大。现场查勘定损工作必须双人完成。

2. 现场查勘操作流程

现场查勘操作流程如图 17-1 所示。

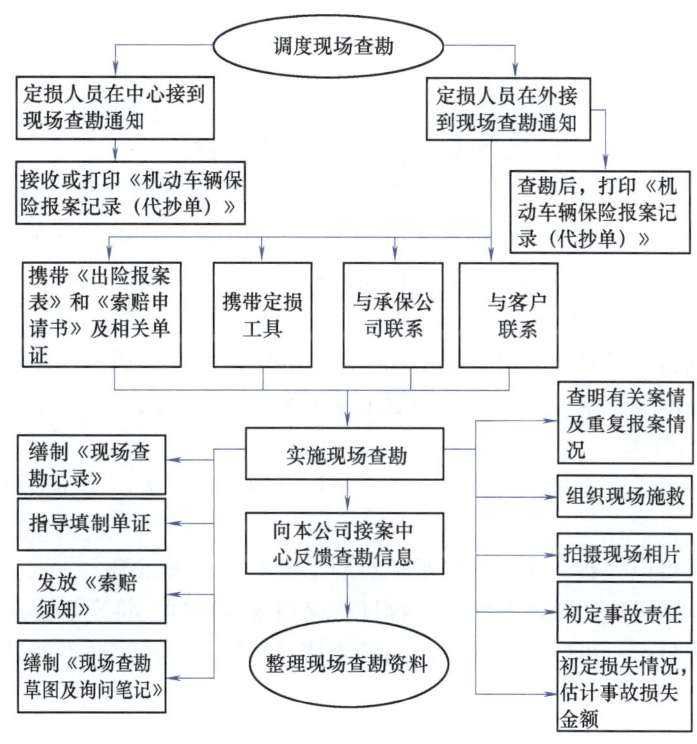

图 17-1　现场查勘操作流程

（三）查勘的主要内容

现场查勘人员必须按照《机动车辆保险事故现场查勘记录》的要求逐项查勘并认真记录。

1）进行保险情况的确认，查验客户提供的“保险证”或“保险单”。

2）查明报案人身份。

3）查明出险时间和出险地点。

4）查明出险车辆的情况　如车型、号牌号码、发动机号码、VIN/车架号码、行驶证，详细记录事故双方车辆已行驶里程、车身颜色，并与保险单、证（或批单）、行驶证核对是否相符，车辆安全设备的配置情况，适用赔案类型。

5）查实车辆的使用性质　查实保险车辆出险时使用性质与保单载明的是否相符，以及是否运载危险品、车辆结构有无改装或加装。

6）查清驾驶人员姓名、驾驶证号码、准驾车型、初次领证日期、职业类型等。

7）查明出险原因。

8）施救和清理受损财产。

9）查明各方人员伤亡情况，估计损失金额。

10）要查清事故各方所承担的责任比例。

11）重大赔案应绘制《机动车辆保险车辆事故现场查勘草图》。

12）对重大复杂的或有疑问的案件，要走访有关人员进行询问记录。

13）拍摄事故现场和受损标的的照片。

14）对造成重大损失的保险事故或事故当事人、事故原因等因素存在疑点难以明确的案件，保险人或肇事驾驶员或受损害方必须对现场查勘记录内容进行确认并签字。

15）对于本公司接案中心告知需认真查实的出险时间接近的案件，必须认真检查以最终确定是否属于重复报案案件。如果属于，按拒赔案件处理。

16）认真、完整、准确地缮制《机动车辆保险事故现场查勘记录》，对事故损失金额进行认真的估计，并填写在《机动车辆保险事故现场查勘记录》中的相关项目中。

17）现场查勘结束后，查勘人员应立即将查勘情况反馈给接案中心。

（四）交通事故现场摄影

交通事故现场摄影是对交通事故现场和与之有关的道路、车辆、人体、痕迹、物品，用照相的方法客观、准确、全面、系统地固定记录下来的专门手段。

1. 现场摄影的特点

现场摄影和现场勘查笔录、现场图一样，是记录现场的方法。现场摄影的特点主要体现在三个方面：

一是客观性。可以完整、真实、客观地再现出现场的本来面貌。

二是迅速性，能迅速记录现场痕迹、物证等交通事故证据，将现场固定下来。

三是准确、形象性。可以形象反映出现场的情况和特点，在交通事故处理中起着证据的作用。

2. 交通事故现场照片的组成

完整的交通事故现场照片应包括四个方面的基本内容：现场方位照相、现场概貌摄影、现场重点部位摄影、现场细目摄影。

1）现场方位摄影是指以整个事故现场和周围环境为拍摄对象，反映交通事故发生的位置及其与周围事物关系的专门摄影。现场方位照片应尽可能包括一些永久性的标志物，如高大的建筑、路标、铁路、桥梁等，还要反映出现场与周围环境的关系和外部特征。

一般来说，应选择较高、较远的位置拍摄现场方位照片，使现场周围环境能够完整地包括在拍照范围内。在构图上，应该把现场或重点部位安排在前景或画面的主要位置上，把其他关联的景物安排在次要位置上。拍摄时，应尽量用一个镜头反映被拍景物；一个镜头难以完成时，可采用回转连续拍照法或直线连续拍照法拍摄，用一组照片显示宽广的现场及外部环境特征。

2）现场概貌摄影亦称现场概览摄影，是指以整个现场或现场中心地段为拍摄内容，反映现场全貌及现场有关车辆、伤员、物品、痕迹的位置及相互间关系的专门摄影。所反映的现场面貌，包括现场的范围、现场的整体情况和特点，能清楚地反映出现场各个车辆、人员、物品之间的相互关系和联系。拍摄时，应以现场中心物体为基点，沿现场道路走向的相

对两向位或者多向位分别拍摄。各向位拍摄的概览照相，其成像中各物体间的相对位置应当基本一致。一般应选择较高的拍照角度，避免物体之间的相互遮掩、重叠。同时要注意反映出痕迹和物体间的联系。

3）现场重点部位摄影也称现场中心摄影，是指在较近距离拍摄交通事故现场中心、重要局部或地段的状况、痕迹的位置及其与有关物体之间的联系的专门摄影。应反映出重点地段内的具体情况，包括重点物体和中心位置的特点，痕迹和物体之间的联系；重点物体和痕迹的形状、特征等。一般情况下，交通事故现场内有多个重点部位需要拍照，有时每个重点部位需要多张照片表现。因此，在现场摄影中，重点照相所占比例最大。

现场重点部位照相与现场概貌摄影结合，可以充分表现出交通事故现场的内部状况和特征。概貌摄影反映了现场的整体状况，以及各个重点部位间的关系，但由于范围大，局部的具体状况不清晰。现场重点照片可弥补这一缺点。

4）现场细目摄影是采用近距或微距拍摄交通事故现场路面、车辆、人体或物体上的痕迹及有关物体特征的专门照相方法。它可以记录现场发现的与交通事故有关的细小局部状况和各种痕迹、物品，以反映其大小、形状、特征。现场细目的应用，一是可以为物证检验、鉴定提供条件；二是可以为侦破交通事故逃逸案件提供线索；三是可以作为证据。

细目照相是现场摄影中意义最大、难度最大、要求最高的照相内容。常用于比对检验，因此拍照时要求垂直拍照，加标尺，将比例尺与物体一同拍入画面；同时要求影像清晰不变形。拍摄痕迹、物证，应先拍照后提取，以防止提取过程中破坏。不能提取的痕迹、物证，可反复拍照，直到取得满意的效果为止。

3. 现场摄影应遵循的原则

交通事故现场的许多痕迹，会由于车辆、人员或气象条件的破坏而消失。要先拍易受破坏和易消失的，后拍不易破坏的；先拍原始的，后拍移动的；先易后难；先急后缓；先拍地面上的痕迹物证，后拍其他；先拍概貌，后拍中心、细目。一般情况下，具体的拍照顺序可以是：

第一，拍摄现场原始概貌。

第二，拍摄比较明显的重点部位和细目。

第三，随着现场勘查的展开，随时拍摄发现的重点和细目，有些不易拍摄的细目，可以放在最后拍摄。

第四，拍摄现场方位，可以放在第二和第三步之间进行，也可以根据情况灵活掌握。

4. 现场摄影方法

（1）单向拍摄法　它以被摄物体为中心，从一个方向进行拍摄。

（2）相向拍摄法　从相对的两个方向相等的距离对被拍物进行拍摄，两张照片可以互为补充。对拍照的要求是两个拍照点到拍照中心的距离要尽量做到相等。

（3）多向拍摄法　它以被摄目标为中心，从几个不同的方向，以相等的距离对被拍物进行的拍摄，可以最全面地表现目标状况及与周围物体的关系。

（4）回转连续拍摄法　它是指固定照相机机位，水平或垂直方向转动镜头，将事故现场分段连续拍照成若干画面的拍摄方法。放制照片后，再将照片连接在一起成为完整的照片。拍照要求，要选择合适的拍照位置，相机保持水平，相邻画面连接点明显，曝光一

致。

(5) 直线连续拍摄法　它是指相机焦平面和被拍物平面平行、等距，沿着被拍物直线移动并将其分段连续拍照成若干画面的拍照方法。拍摄要求，相机改变的位置间距要尽量相等，镜头光轴方向一致；相机保持水平，相邻两画面连接点明显，曝光一致。

(6) 测量拍摄法　用测量摄影的方法对现场进行拍摄。应注意镜头的光学主轴应垂直于被摄物面，保证影像不变形；比例标尺放置在痕迹旁10mm以内，与痕迹处于同一平面，刻度一侧朝向痕迹。比例标尺长度一般为50cm；当痕迹长度大于50cm时，可用卷尺作为比例标尺。

绘制事故现场草图，执行中华人民共和国公共安全行业标准《道路交通事故现场图绘制》(GA 49—2014)。

任务实施

步骤1　拟订任务实施计划

拟订接受任务后的勘察工作计划。

步骤2　接受查勘工作任务

接受任务时必须做到：初步了解案情，及时与报案人取得联系。

步骤3　事故查勘前准备

在赶赴查勘现场之前，需要准备查勘工具，主要是在现场中需要用到的一些工具和需要客户填写的理赔单据（索赔申请、查勘记录、索赔须知、交通事故简易处理协议书等），详见表17-1。

表17-1　现场查勘工具

序　号	工　具	用　途	序　号	工　具	用　途
1	相机	现场拍照	5	三脚架	保护现场
2	盒尺（易拉卷尺）	测量现场	6	录音笔	现场服务录音
3	印泥	拓印	7	签字笔	填写单据
4	手电筒	阴暗处照明	8	理赔单据	现场填写

步骤4　到达现场了解事故情况

1）确认报案人、驾驶人身份。

2）确认出险车辆是否为保单所承保的车辆。

3）向报案人或驾驶人详细地了解出险的时间、地点、原因、出险过程、出险时车上人员等情况。

步骤5　搜集现场证据

1）现场道路、地形地貌的勘察。

2）搜集现场路面上的痕迹和物证。

3）对照肇事车辆和伤亡人员身体的现场位置。

【导读】

什么是车辆识别代码

VIN（Vehi eidentification number）译为车辆识别代码，又称车辆识别码，车辆识别代码，车辆识别号，车辆识别代号，VIN 是表明车辆身份的代码。VIN 由 17 位字符（包括英文字母和数字）组成，俗称十七位码。是制造厂为了识别而给一辆车指定的一组字码。该号码的生成有着特定的规律，一一对应于每一辆车，并能保证五十年内在全世界范围内不重复出现。因此又有人将其称为“汽车身份证”。车辆识别代号中含有车辆的制造厂家、生产年代、车型、车身形式、发动机以及其他装备的信息。

VIN 的含义：①第 1 ~3 位（WMI：世界制造厂识别代码）：表示制造厂、品牌和类型。用来标识车辆制造厂的唯一性。通常占 VIN 代码的前三位；第 1 位：表示地理区域，如非洲、亚洲、欧洲、大洋洲、北美洲和南美洲。第 2 位：表示一个特定地区内的一个国家。美国汽车工程师协会（SAE）负责分配国家代码。第 3 位：表示某个特定的制造厂，由各国的授权机构负责分配。如果某制造厂的年产量少于 500 辆，其识别代码的第三个字码就是 9。②第 4 ~9 位（VDS：车辆说明部分）：说明车辆的一般特性，制造厂不用其中的一位或几位字符，就在该位置填入选定的字母或数字占位，其代号顺序由制造厂确定。轿车为种类、系列、车身类型、发动机类型及约束系统类型；MPV 为种类、系列、车身类型、发动机类型及车辆额定总重；载货车为型号或种类、系列、底盘、驾驶室类型、发动机类型、制动系统及车辆额定总重；客车为型号或种类、系列、车身类型、发动机类型及制动系统。③第 10 ~17 位（VIS：车辆指示部分）：制造厂为了区别不同车辆而指定的一级字符，其最后四位应是数字。第 10 位为车型年份，即厂家规定的型年（Model Year），不一定是实际生产的年份，但一般与实际生产的年份之差不超过 1 年；第 11 位为装配厂；12 ~17 位为顺序号，一般情况下，汽车召回都是针对某一顺序号范围内的车辆，即某一批次的车辆。

车辆识别代码一般可以在汽车前风窗玻璃左下角或右下角、发动机舱与驾驶舱隔板、副驾驶座椅下、叶子板内骨架、车大梁、前减振器座等位置找到。

步骤 6 进行现场摄影

现场拍照的具体步骤。现场概貌——车架号——整车照——事故痕迹——损失项目明细——三证（驾驶证、行驶证、保险单）——事故证明（凭证，责任认定书）。

步骤 7 测量现场绘制草图

量方位——定现场——量路况——量车辆位置——量制动印痕——量触部位，如碰撞物的高度、碰撞受损的面积等——量车、人、物的痕迹。并绘制成草图。

步骤 8 确定保险责任

步骤 9 填写相关单证

步骤 10 完成查勘报告

任务评价

使用任务评价表对任务完成情况进行评价，任务 17 评价表见表 17-2。

表 17-2　任务 17 评价表

评价项目	评分标准	分数	学生自评	小组互评	小计
团队合作	团队和谐，有分工有合作，组员积极参与	10			
操作过程	能正确记录现场询问信息、现场拍照规范、能进行现场测量、绘制草图正确、查勘结论正确、查勘报告撰写规范	60			
创新点	介绍有创新点	10			
任务方案	完整、合理	10			
完成情况	圆满完成	10			
	总分	100			
教师评价					

任务小结

现场查勘任务实施流程见图 17-2。

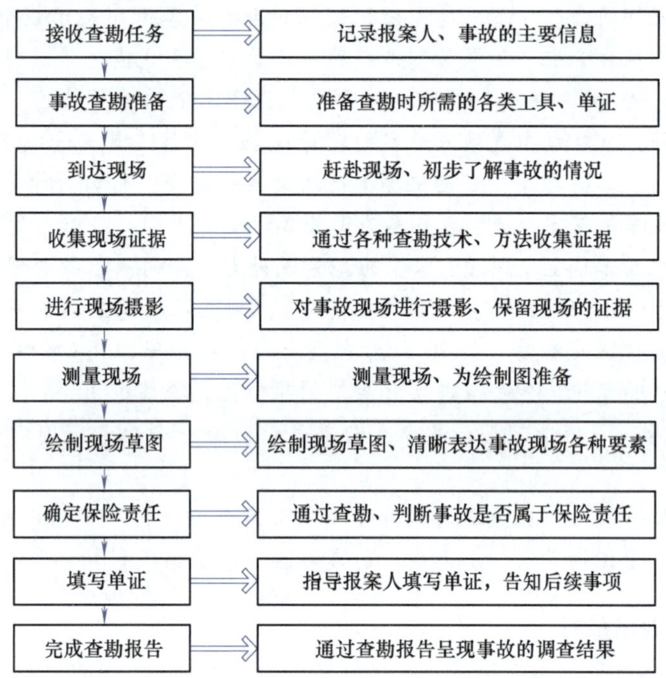

图 17-2　现场查勘任务实施流程

项目 5 检测

一、单选（每题 5 分，共 25 分）

1. 交通事故现场查勘后（　　）h 内，必须对是否立案做出决定。(易)

A. 24　　B. 48　　C. 12　　D. 36

2. 接到客户报案后，凡属可以受理的案件，理赔内勤应及时登录“机动车辆赔款案

件登记簿”并编号立案，同时要求被保险人及时填写（　　），并作为被保险人索赔的正式依据。(中)

A. 机动车辆险出险通知书　　B. 报案登记表

C. 保险单副本抄件　　D. 查勘记录表

3. 轻微事故是指一次造成轻伤1~2人，或者财产损失机动车事故不足（　　）元，非机动车事故不足（　　）元的事故。(中)

A. 1000，200　　B. 2000，1000　　C. 500，100　　D. 1000，100

4. 一般说来，人的最佳视野为：（　　），夜间视野主要受前照灯光的定向性所制约。(难)

A. 水平±30°，垂直±45°　　B. 水平±45°，垂直±30°

C. 水平±30°，垂直±15°　　D. 水平±45°，垂直±30°

5. 一般认为，血液中乙醇浓度在0.05%以下时，对驾驶无影响；血液中乙醇浓度为0.05%~0.15%时，一般人会不适合驾车；若乙醇浓度超过时（　　），对所有人都会有影响，不适宜驾车（难）。(中)

A. 0.15%　　B. 0.1%　　C. 0.08　　D. 0.05

二、判断（每题4分，共20分）

1. 道路交通事故按损害后果分为轻微事故、一般事故、重大事故和特大事故。（　　）(易)

2. 对于异地事故，保险人可以委托兄弟分公司代查勘，并填制“委托代理机动车辆险赔案函”注明委托事宜及要求发往受委托的兄弟公司。（　　）(中)

3. 正面碰撞一般不会引起车辆侧滑，所以不产生摩擦力。（　　）(中)

4. 在机动车辆第三者责任险中，车上的乘客属于第三者。（　　）(易)

5. 车辆出险后，无论什么情况必须保留原始现场等待查勘人员进行查勘。（　　）(难)

三、名词解释（每题5分，共20分）

1. 交通事故现场（中）

2. 重大事故（中）

3. 原始现场（中）

4. 变动现场（难）

四、简答（每题7分，共28分）

1. 简述交通事故碰撞类型。(易)

2. 简述报案受理的工作流程。(中)

3. 简述车险现场查勘现场查勘的目的。(中)

4. 现场查勘时询问的内容。(中)

五、论述（共7分）

试论如何根据事故现场确定查勘范围及组织查勘现场。(中)

项　目　6

事故车辆定损

项目概述

本项目介绍事故车辆定损的流程，事故车辆定损的项目，介绍事故车辆维修费即零件损失费、维修工时费的计算方法及参照标准。

学习本项目能熟悉事故车定损流程，能进行事故车损失确定，能进行配件损失估算，能进行维修工时费计算。

任务18　确定事故车辆损失

任务目标

1. 了解事故车辆定损的流程。
2. 能够确定车辆损失的项目。
3. 能够确定事故车辆的换修方案。

案例导入

查勘员接到工作任务，两辆车相互碰撞发生交通事故，两车均有损伤，已经过查勘员的现场查勘，现在已到修理厂，需对两辆车进行定损。将车拖至修理厂后，拆解发动机发现，第三缸的活塞连杆折断、缸体损坏。根据损坏机理的分析，汽车正面的轻度碰撞，不应该导致连杆折断，更不会导致缸体损坏，原因何在呢？经对车主详细了解得知，该车曾在三天前强行涉水，导致当场熄火，车主在将积水进行简单清理并更换空气滤清器后，继续使用。

相关知识

一、事故车辆定损梗概

（一）车辆定损流程

保险车辆出险后的定损项目包括车辆定损、人员伤亡费用的确定、施救费用的确定、其他财产的损失确定和残值处理等内容。定损的流程图如图 18-1 所示。

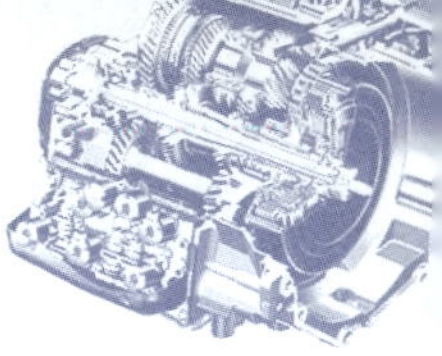

（二）车辆定损原则

定损人员在车辆定损的工作中应遵循以下原则：

1）修理的范围仅限本次保险事故所造成的损失。主要是要区别本次事故损失和非本次事故损失，正常维护损失与保险事故损失。根据保险损失补偿原则只有本次保险事故所造成的损失才属于赔偿范围。

2）能修复的部件应坚持修理，不能随意更换。

3）能够进行局部修复的，不进行整体修理。

4）能换零件的不换总成件。

5）定损中应根据当地维修行业工时费用水平准确确定工时费用。

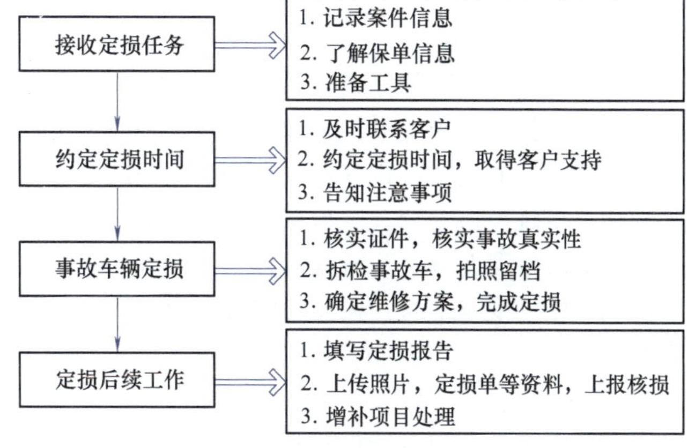

图18-1　定损流程图

6）定损中应按照市场情况准确掌握换件价格。

7）确定车辆的维修方案时，应保证车辆维修后能达到原有的技术性能状态。

8）在定损工作过程中，应积极主动，掌握定损的主动权。超过权限时及时报上级。

（三）车辆定损内容与要求

出险涉及的受损车辆在车辆定损时应会同被保险人和第三者车损方一起核定。在整个过程中要体现“以保险公司为主”的原则。车辆定损的基本内容、要求和程序包括：

1）根据现场查勘情况认真检查受损车辆确定受损部位、损失项目、损失程度，并进行登记，对投保新车出厂时车辆标准配置以外新增加的设备要进行区分；并分别确定损失项目和金额。损失严重的应将车辆解体后再确认损失项目，对估损金额超过本级处理权限的，应及时报上级公司协助定损。

2）与客户协商确定修理方案，包括换件项目、数量、修复项目、检修项目。协商双方应本着实事求是、合情合理的原则。协商时注意区分本次事故和非本次事故的损失，注意事故损失和正常维修维护的界限，对确定事故损失部位应坚持能修不换的原则，能够更换部件的，决不更换总成件。严禁“搭车”修理。车主要求扩大修理的，其超出部分应由车主自己承担。

3）根据换件项目、修理项目的有关内容，按照各保险公司的详细规定确定损失金额，并打印出《机动车辆保险车辆损失情况确认书》。

4）对损失金额较大，双方协商难以定损的或受损车辆技术要求高，难以确定损失的，可聘请专家或委托公估机构定损。

5）受损车辆原则上采取一次定损。定损完毕后，可以由被保险人自行选择修理厂修理，或应被保险人要求推荐、招标修理厂修理。保险车辆修复后，保险人可根据被保险人的委托直接与修理厂结算修理费用，明确区分由被保险人自己负担的部分费用，并在《机动车辆保险车辆损失情况确认书》上注明，由被保险人、保险人和修理厂签字认可。

6）车辆定损时应注意：经保险公司书面同意对保险事故车辆损失原因进行鉴定的费用

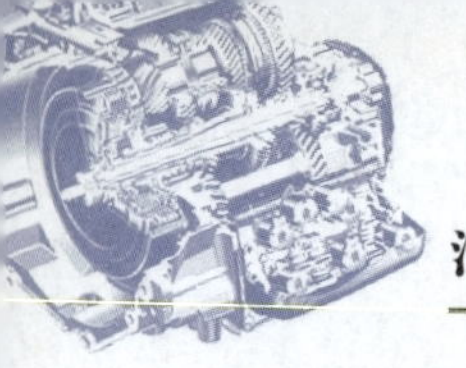

可以负责赔偿；受损车辆未经保险公司和被保险人共同查勘定损而自行送修的，根据条款规定，保险人有权重新核定修理费用或拒绝赔偿。

二、事故车辆不同部位的定损

（一）车身的定损

车辆发生碰撞、倾翻等交通事故，车身因直接承受撞击力会造成不同程度的损伤，最常见的损伤形式包括车身变形、车身掉漆等。一般发生轻度碰撞时，车身受到的损伤较小，主要就是车身漆面的损伤。在鉴定时主要就是去区分究竟是碰撞产生的剐蹭还是人为用利器产生的剐蹭。当碰撞强度较大，车身变形较严重时，车身的一些附件会受到波及和诱发的影响而损坏，如前风窗玻璃、车窗玻璃、天窗玻璃、车门、门锁、前后保险杠等。尤其对于现代轿车，电气化程度非常高，较强的撞击还会导致车身部位的电气设备，如电动天窗、电动车窗等的损坏。

在对车身损伤进行检查时，应注意详细检查车身表面的漆层有无损伤，因为漆面的损伤不易辨别，而又具有太多的道德风险因素在其中。车门及车身的变形损坏，可以直接观察到，可以采用钣金修复的方法还原。若车门严重变形或车身严重烧毁，则需要将车门或车身壳体拆下进行维修。因此，在对车身定损时，主要考虑到的修复方法是钣喷。

（二）发动机的定损

车辆发生碰撞、倾翻等交通事故，车身因直接承受撞击力会造成不同程度的损伤，同时由于波及、诱发和惯性的作用，发动机和底盘各总成也存在着受损伤的可能。但由于结构的原因，发动机和底盘各总成的损伤往往不直观，因此，在车辆定损查勘过程中，应根据撞击力的传播趋势认真检查发动机和底盘各总成的损伤程度。

汽车的发动机，尤其是小型轿车的发动机，一般布置于车辆前部的发动机舱内车辆发生迎面正碰撞事故，不可避免地会造成发动机及其辅助装置的损伤。对于后置发动机的大型客车，当发生追尾事故时，也有可能造成发动机及其辅助装置的损伤。

一般发生轻度碰撞时，发动机基本上受不到损伤。当碰撞强度较大，车身前部变形较严重时，发动机的一些辅助装置及其覆盖件会受到波及和诱发的影响而损坏，如空气滤清器总成、蓄电池、进排气歧管、发动机外围各种管路、发动机支撑座及胶垫、冷却风扇、发动机罩等。尤其是现代轿车，发动机舱的布置相当紧凑，碰撞还可能造成发电机、空调压缩机、转向助力泵等总成及管路和支架的损坏。更严重的碰撞事故还会波及发动机内部的轴类零件，致使发动机缸体的薄弱部位破裂，甚至导致发动机报废。

在对发动机进行损伤检查时，应注意详细检查有关支架所处的发动机缸体部位有无损伤，因为这些部位的损伤不易发现。发动机的辅助装置和覆盖件损坏能够直接观察到，可以采用就车拆卸、更换或修复的方法。若发动机支撑、罩和基础部分损坏，则需要将发动机拆下进行维修。当怀疑发动机内部零件有损伤或缸体有破裂损伤时，需要对发动机进行解体检验和维修。必要时应进行零件隐伤探查，但应正确区分零件形成隐伤的原因。因此，在对发动机定损时，应考虑到各种修复方法及修复工艺的选用。

（三）底盘的定损

1. 悬架系统的定损

悬架是车架（或承载式车身）与车桥（或车轮）之间的一切传力装置的总称。悬架系

统的作用是：把路面作用于车轮上的垂直反力、纵向反力（牵引力和制动力）和侧向反力以及这些反力所形成的力矩，传递到车架（或承载式车身）上；悬架系统还承受车身载荷；悬架系统的传力机构维持车轮按一定轨迹相对于车架或车身跳动；独立悬架还直接决定了车轮的定位参数。

由于悬架直接连接着车架（或承载式车身）与车桥（或车轮），其受力情况十分复杂。在碰撞事故中，悬架系统（尤其是独立悬架系统）经常受到严重的损伤，致使前轮定位失准，影响车辆的正常行驶。

车辆遭受碰撞事故时，悬架系统由于受到车身或车架传导的撞击力，悬架弹簧、减振器、悬架上支臂、悬架下支臂、横向稳定器和纵向稳定杆等元件会受到不同程度的变形和损伤。悬架系统元件的变形和损伤往往不易直接观察到，在对其进行损伤鉴定时，应借助检测设备和仪器进行必要的测量及检验。在车辆定损时应注意，这些元器件的损伤一般不宜采用修复方法修理，应换新件。

2. 转向系统的定损

转向系统的技术状况直接影响着行车安全，而且由于转向系统的部件都布置在车身前部，通过转向传动机构将转向机与前桥连接在一起。当发生一般的碰撞事故时，撞击力不会波及转向系统元件。但当发生较严重的碰撞事故时，由于波及和传导作用，会造成转向传动机构和转向机的损伤。

转向系统易受损伤的部件有转向横直拉杆、转向机、转向节等；更严重的碰撞事故，会造成驾驶室内转向杆调整机构的损伤。转向系统部件的损伤不易直接观察，在车辆定损鉴定时，应配合拆检进行，必要时进行探伤检验。

3. 制动系统的定损

车辆制动性能下降会导致交通事故，造成车辆损失。车辆发生碰撞事故时，同样会造成制动系统部件的损坏。对于普通制动系统，在碰撞事故中，由于撞击力的波及和诱发作用，往往会造成车轮制动器的元器件及制动管路损坏。这些元器件的损伤程度需要进一步的拆解检验。对于装有ABS的制动系统，在进行车辆损失鉴定时，应对有些元件进行性能检验，如ABS轮速传感器、ABS制动压力调节器。管路及连接部分的损伤可以直观检查。

4. 变速器及离合器的定损

变速器及离合器总成与发动机组装为一体，并作为发动机的一个支撑点固定于车架（或承载式车身）上，变速器及离合器的操纵机构又都布置在车身底板上。因此，当车辆发生严重碰撞事故时，由于波及和诱发等原因，会造成变速器及离合器的操纵机构受损、变速器支撑部位壳体损坏、飞轮壳断裂损坏。这些损伤程度的鉴定，需要将发动机拆下进行检查鉴定。

三、人员及其他定损

（一）人员伤亡费用的确定

事故处理应遵循“以责论处，按责分担”的原则；说明承担费用的标准，应符合现行道路交通事故处理的有关规定。凡被保险人自行承诺或支付的赔偿金额，定损人员应重新核定，对不合理的部分应予剔除。

事故结案前，所有费用均由被保险人先行支付。待结案后，业务人员应及时审核被保险

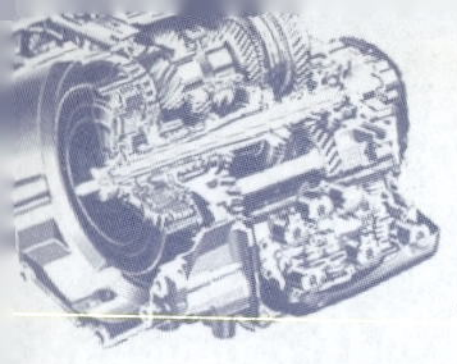

人提供的公安交通管理部门或法院等机构出具的事故证明、有关的法律文书和伤残证明以及各种有关费用单据。依照国家有关道路交通事故处理的法律、法规规定以及保险合同约定的可以负责赔偿的合理费用进行核定。不符合规定的费用，如精神损失补偿费、困难补助费、营养费、保户处理事故人员的生活补助、招待费、请客送礼费、事故处理部门扣车后的停车费、各种罚款和其他超过规定的费用均不负赔偿责任。

对车上及第三者人员伤亡的有关情况要进行调查，重点调查被扶养人的情况及生活费、医疗费、伤残鉴定证明的真实性、合法性、合理性。

（二）其他财产的损失确定

第三者责任险的财产和附加车上货物责任险承运货物的损失，应会同被保险人和有关人员逐项清理，确定损失数量、损失程度和损失金额。同时，要求被保险人提供有关货物、财产的原始发票。定损人员审核后，制作《机动车辆保险财产损失确认书》，由被保险人签字认可。

对于车上货物责任险中的货物损失。在确定损失金额，进行赔偿处理时，需要被保险人提供运单、起运地货物价格证明以及第三方向被保险人索赔的函件等单证材料。

（三）施救费用的确定

当保险车辆或其所涉及的财物或人员在遭遇保险责任范围内的车祸时，被保险人采取措施进行抢救以防止损失的扩大。其中因采取施救措施而支出的费用即为施救费用。施救费用必须是直接的、必要的、合理的，是按照国家有关政策规定为施救行为付出的费用。

施救费用的确定要严格遵照条款的规定。以下几种情况应特别注意：

1）被保险人施救保险车辆时使用非专业消防单位的消防设备所产生的费用，应予赔偿。

2）施救保险车辆时雇用吊车和其他车辆进行抢救的费用，以及将出险车辆拖运到修理厂的运输费用，应予赔偿。

3）因抢救而不慎或不得已对他人财产的损坏，可酌情予以赔偿。但在抢救时抢救人员个人物品的丢失，不予赔偿。

4）抢救车辆在施运受损保险车辆途中发生意外事故造成的损失和费用支出，如果该抢救车辆是被保险人自己或他人义务派来抢救的，应予赔偿；如果该抢救车辆是有偿的则不予赔偿。

5）保险车辆出险后，被保险人赶赴肇事现场处理所支出的费用，不予负责。

6）保险公司只对保险车辆的救护费用负责。

7）经保险公司同意去外地修理的移送费，可予负责。但护送车辆者的工资和差旅费，不予负责。

8）当施救、保护费用与修理费用相加，已达到或超过保险车辆的实际价值时，则可推定全损予以赔偿。

9）第三者责任险的施救费用与第三者损失金额相加不得超过第三者责任险的责任限额。

10）施救费应按照规定扣减相应的免赔率。

（四）残值处理

残值应协商作价折归被保险人，如被保险人不要，参照相关内容处理。

任务实施

步骤 1　拟订任务实施计划

接到定损任务后 ,应及时赶赴定损地点开展工作,进行车辆定损,定损工作按照流程进行。

步骤 2　确认事故性质

到达定损点后，为了弄清事故详情，确认性质，定损人员需进行以下工作：确认相关人身份，确认标的车，了解事故情况，检查证件，核对碰撞痕迹，确认事故性质。

步骤 3　区分定损界限

为了把握定损的范围，定损人员需区分定损的界限，主要是：

1）区分事故损失与正常机械损失。

2）区分新碰撞与已经存在的旧损失。

3）区分属于保险责任范围内的损失与除外责任损失。

步骤 4　确定车辆维修方案

确定了损伤项目后，定损人员应当根据车辆损失程度、车辆配件的价格、车辆损失部件按照汽车配件换修标准确定换修方案。例如，经检验后，双方车辆换修方案如下：

1. 标的车维修方案

（1）需更换　保险杠、左前翼子板灯、左前角灯。

（2）可修复　发动机盖、左前翼子板、保险杠（下段）。

2. 三者车维修方案

（1）需更换　有后视镜、左前翼子板灯。

（2）可修复　右前翼子板、左前车门。

步骤 5　签订定损单

根据方案，沟通协商，正确填写定损单。

任务评价

使用任务评价表对任务完成情况进行评价，任务 18 评价表见表 18-1。

表 18-1　任务 18 评价表

评价项目	评分标准	分数	学生自评	小组互评	小计
团队合作	团队和谐，有分工有合作，组员积极参与	10			
操作过程	接受定损任务，能核定定损车辆，正确制订维修方案，填写定损单	60			
创新点	有创新点	10			
任务方案	完整、合理	10			
完成情况	圆满完成	10			
	总分	100			
教师评价					

任务小结

1. 事故车辆定损任务实施流程

事故车辆定损任务实施流程如图 18-2 所示。

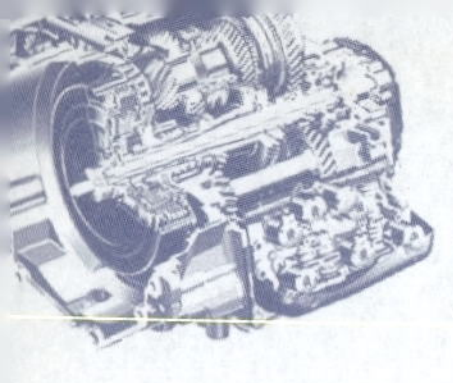

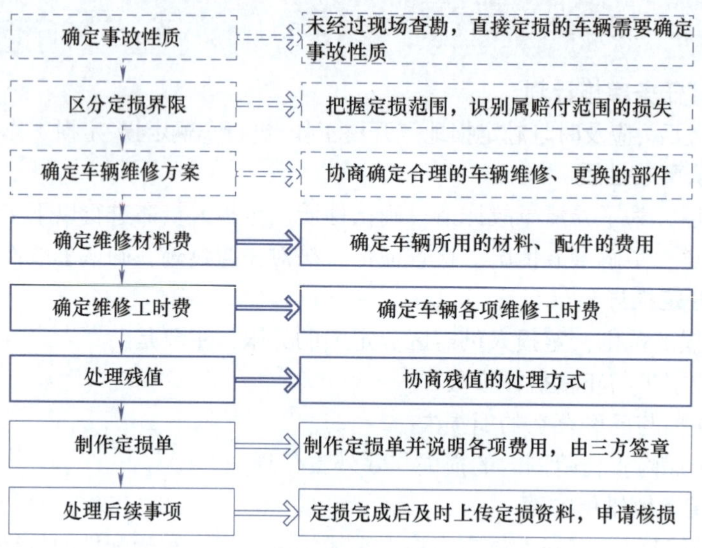

图 18-2　事故车辆定损任务实施流程

2. 确定事故性质流程

确定事故性质流程如图 18-3 所示。

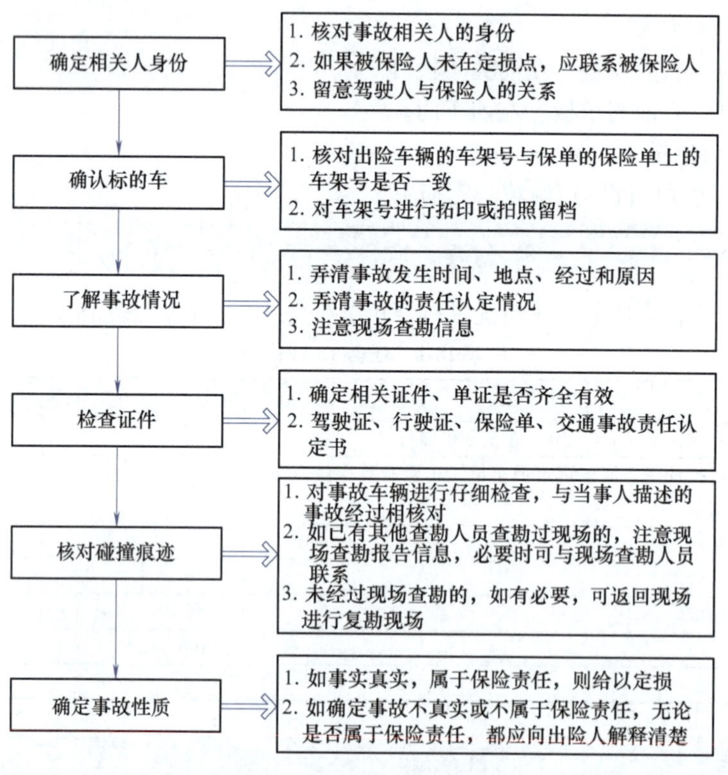

图 18-3　确定事故性质流程

3. 定损界限

定损界限如图 18-4 所示。

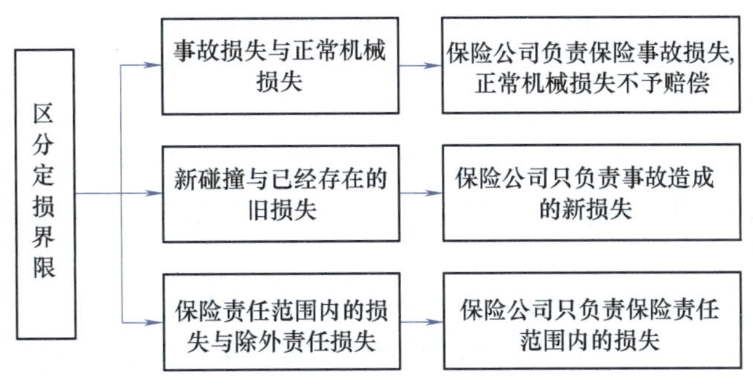

图 18-4　定损界限

任务19　计算事故车维修费

任务目标

1. 能计算车辆零件损失费。
2. 能计算车辆维修工时费。

案例导入

查勘员接到工作任务，两辆车相互碰撞发生交通事故，两车均有损伤，已经过查勘员的现场查勘，现在已到修理厂，已对两辆车进行定损，计算车辆的维修费用。

相关知识

一、事故车辆的配件费用

（一）车辆配件价格

根据配件的来源，有以下三类配件价格：厂家指导价、生产厂价格及市场零售价。其中厂家指导价是汽车生产厂家对其特约售后服务规定的配件销售价格。生产厂价格是符合国家及汽车厂家质量标准，合法生产及销售的装车配件、配套件价格。市场零售价是指当地大型配件交易市场上销售的原装配件价格。在实际定损工作中，确定汽车配件的价格时应对多家询价，确定配件的市场零售价格。厂家指导价一般要比市场价高。

（二）确定车辆更换配件费用的方法

一般根据不同的维修场所，用不同的方法确定配件费用。

1. 车辆在一般维修厂维修（以二类厂为准）

则：更换配件的配件费 = 配件进货价 + 配件管理费 − 受损配件残值。

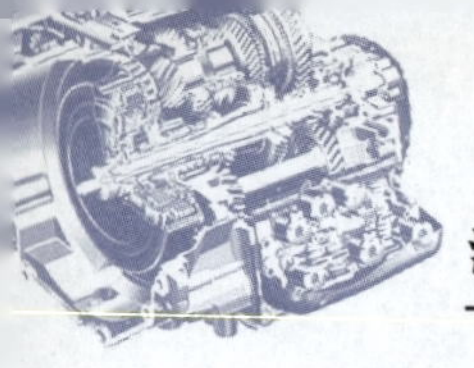

配件进货价：是维修厂以该配件的市场零售价为准。

配件管理费：是配件在采购过程中发生的采购、装卸、运输、保管、损耗等费用以及维修企业应得利润和出具发票应缴税的综合性费用。根据汽修市场行情和汽配市场情况确定配件管理费，一、二类综合性修理厂一般为5%～10%，但最高不能超过进货价的15%；4S店、特约维修站的配件标准价格一般包含管理费，故无须另加管理费。

受损配件残值：参照当地汽修市场行情与被保险人一方共同确定。

残值原则：残值必须从维修总费用中扣除。对于更换项目中存在可变卖或可回收利用的零件时，需要扣除残值。

残值标准：残值的数额可依照更换件的剩余价值来折算。一般标准如下：车价在30万元以上（含30万元）的按更换配件材料费的2%计算。车价在30万元以下的，按更换配件材料费的3%计算。需要注意的是，对于单价超过200万元的零配件，尤其是断了固定脚的前照灯、杠体、电子元器件等，一旦确定更换，因其残值很低，但道德风险较大，必须贴好标签，回收残件。

2. 车辆在特约服务站维修

如果车辆在特约服务站维修，则：更换配件的配件费＝厂家指导价－受损配件残值。

（三）材料更换按“补偿原则”确定

1）一般情况下,应更换正厂配件,超过一半使用期的营运车除安全部件外以副厂件更换。

2）如损坏本身不是正厂件，则以配套零件进行更换。

3）稀有、老旧、高档车型的配件，更换标准应从严掌握；部分老旧车型，可与客户和修理厂协商，以拆车件进行更换。

二、事故车维修费的计算

（一）维修工时费计算

维修工时费普遍的计算公式

$$工时费＝工时定额\times工时单价＋外加工费$$

1. 工时定额

工时定额即完成维修所需时间，有以下几个时间组合构成：维修准备时间（包括业务洽谈、生产计划、调度、生产场地、工具、配件准备等工作时间）；车辆故障诊断时间（含维修前检测、诊断时间）；实际施工时间；实验、调试时间；试验、调试时间；场地清理时间。所以工时定额不仅仅是指事故检测维修的时间。

工时定额主要决定于车型构造、作业项目、工艺设备、工人技术熟练程度及管理等因素，因此不同维修企业之间会稍有差别。在确定工时定额时不是指某个特定维修企业完成维修所用的时间，而是指维修市场上普遍的维修时间。在确定工时定额时参照下面几个原则：

1）大项目的维修工时费，应注意各项目的兼容性，而不能简单地累加工时。

2）所有维修工时费均包含辅助材料、利润和税金。

3）喷漆工时费应包含喷漆所需的材料费，工时定额根据油漆材料可调整，对用珍珠油漆的，可适当上浮。

4）局部喷漆范围以最小范围喷漆为原则。如以受损部位最接近的接缝、明显棱边为该部位的喷漆范围边界。

2. 工时单价

工时单价是指维修单位工作时间的维修成本费用、税金和合理利润之和。

1）工时单价以二类维修厂的价格为基础，一类厂与其他资质维修厂在二类厂价格基础上浮动。

2）维修厂规模、档次、技术水平以及各地区物价情况对工时单价有直接影响，应考虑具体情况予以确定。

3. 外加工费

外加工费是指委托事故车辆维修厂以外的厂家或企业对车辆部分损失维修加工而发生的费用。凡是已含在维修工时定额内的外加工费，本费用中不能再列项。

（二）事故车辆各类维修费用定损原则

1. 拆装类工时费核定原则

1）一般原则：按照拆装的难易程度及工艺的复杂程度核定工时费。

2）单独拆装单个零件按单件计算人工。

3）拆装某一零件必须先拆掉其他零件，则需要考虑辅助拆装的工时费。

4）拆装机械零件和电器零件，需要适当考虑拆装后的调试或测试费用。

5）拆装覆盖件及装饰件，一般不考虑其他工时费。

6）检修ABS，需确认维修方法，一般拆车轮30元/轮。

7）检修电路或电器元件另外计算拆装费。

8）拆装座椅如含侧气囊，工时费用适当增加。

9）拆装转向机，工时应按照车型调整。

10）吊装发动机的，应计算发动机吊装费。

11）当更换项目较多时，可以按30元~50元/项统一计算总拆装费。

2. 钣金类工时费定损原则

1）一般车型：按损坏程度及损坏面积，并结合修复部位的难易程度来核定修理费。

2）特殊车型：价值较高的车型或老旧车型，当外观件、车身骨架及大梁等变形严重时可以与客户和修理厂协商，修理工时费卡应按配件价格的20%~50%核定。

3. 漆工类工时费定损原则

油漆工时费是指油漆材料费、油漆辅料费及油漆人工费之总和。

1）塑料件亚光饰件、金属漆及变色漆在工费核定时可按照10%~20%比例上浮。

2）大型客车按单位面积核定工费。

3）轿车及小型车按幅（每年13幅）核定工时费。

（三）车辆维修工时费的标准

由于不同档次车型的工时费有所不同，把常见的车型按价格分成几个档次。表19-1~表19-5中的数值是参考二类地区二类维修厂的工时参考值。

1. 拆装工时费标准

常见拆装工时费标准见表19-1。

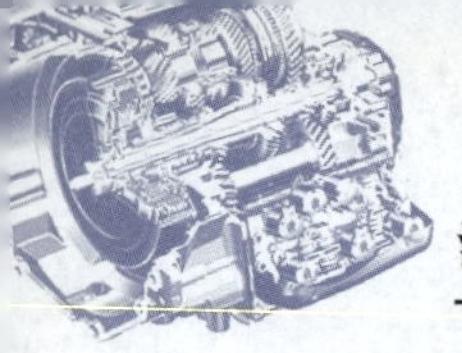

表19-1　常见拆装工时费标准　（单位：元）

项目		档次		
		15万元以下	15万~30万元	30万元以上
拆装前、后保险杠		50	上浮10%~30%	上浮30%~50%
拆装前翼子板		50		
拆装前盖		80		
拆装车门	换总成	80		
	含附件拆装	120		
拆装后翼子板		220		
拆装行李箱盖		50		
更换行李箱后围板		150		
更换车顶	小型客车	200		
	面包车、吉普车	300		
更换前纵梁		200/条		
拆装龙门架	螺钉连接	30		
	纤维	100		
	焊接	120		
座椅拆装	前座	50/张	80/张	
	后座	75	120	
全车机械座椅拆装		100		
全车内饰拆装		≤400	≤600	

2. 钣金工时费标准

价格为15万元~30万元的车辆常见钣金工时费见表19-2。

表19-2　钣金工时费　（单位：元）

名称	损失程度	工时费范围	名称	损失程度	工时费范围
前后保险杠	轻度	50~80	元宝梁	轻度	200~300
	中度	80~150	车顶	轻度	100~150
	严重	150~200		中度	150~200
前后保险杠内杠	轻度	80~100		严重	200~400
	中度	100~120	发动机盖	轻度	50~150
前翼子板	轻度	50~100		中度	150~300
	中度	100~150		严重	300~400
	严重	150~200	行李箱盖	轻度	50~150
前纵梁	轻度	300~500		中度	150~300
后翼子板	轻度	50~100		严重	300~400
	中度	100~200	车架校正	轻度	300~500
	严重	200~350		中度	500~1000
车门	轻度	50~120		严重	1000~2000
	中度	120~180	大梁校正	轻度	300~500
	严重	180~300		中度	500~1000
裙边	轻度	50~100		严重	1000~2000
	中度	100~200	前后围	轻度	50~100
				中度	100~150
	严重	200~300		严重	150~200

3. 电工工时费标准

电工工时费标准见表 19-3。

表 19-3　电工工时费标准　（单位：元）

项　　目		档　　次		
		15 万元以下	15 万～30 万元	30 万元以上
检修冷气加制冷剂	普通	200		
	环保	250		
电脑解码		200		300～500
仪表台拆装		≤250	300～400	450～550
检修安全气囊		300		
检修 ABS		300		500

4. 机修工时费标准

机修工时费标准见表 19-4。

表 19-4　机修工时费标准　（单位：元）

项　　目		档　　次			
		15 万元以下	15 万～30 万元	30 万～70 万元	70 万元以上
发动机（换中缸）	4 缸	500	700	800	—
	6 缸	—	1000	1500	2500
	8 缸	—	—	2500	3000
	12 缸	—	—	—	4500

5. 喷漆工工时费标准

喷漆工工时费标准见表 19-5。

表 19-5　喷漆工工时费标准　（单位：元）

部　　位	车　　价						
	7 万元以下	7 万～12 万元	12 万～15 万元	15 万～30 万元	30 万～50 万元	50 万～80 万元	80 万元以上
全车	1500	2300	2800	3300	4500	5500	7000
前后保险杠	180	250	350	400	500	600	700
前翼子板	180	220	300	350	450	550	600
机盖	300	350	450	550	600	700	850
车顶	300	350	450	550	600	700	850
车门	250	350	400	450	550	650	750
后翼子板	200	250	300	330	380	550	600
后盖	250	350	400	450	550	650	750
立柱	50	100	120	100	110	130	150
反光镜	50	100	100	120	150	150	200

6. 不同地区维修厂工时费的处理

由于地区化差异、修理厂类别不同等因素影响，修理工时费很难有统一的标准，甚至有些地方差别较大。这里列出的工时费标准仅供参考。在定损时，需做到公平公正，结合当地维修市场的维修工时进行定损。

（1）汽车服务站（4S店）维修工时费的确定　各地4S店的维修工时费，会因地区、经营的品牌不同有所差别，但地区之间差别不大。上面表中的数据是参考二类地区二类维修厂的维修工时费标准。其他地区可供参考，根据实际情况给予确定。

（2）普通维修厂维修工时费的确定　二类地区以外地区的维修工时费，在当地二类厂维修工时费的基础上浮动。

7. 总维修工时费的确定

工时费必须按照拆装、钣金、机修、电工、油漆五大项和每个大项的明细项目一一列出明细，然后汇总。工时的核定应严格按照维修项目、当地工时定额、车型车系和维修企业收费类别合理确定。

任务实施

步骤1　拟订任务实施计划

拟订维修方案后，应及时赶赴定损地点开展工作，进行车辆维修费用核算。

步骤2　确定维修材料费

一般给出特约服务站维修材料费用总计和二类维修厂维修材料费用总计。累计出单项及总计价格。

步骤3　确定维修工时费

在实际定损工作中，维修费用包括以下几项，各不同工种分开计算。

1. 标的车维修工时费项目

包括：拆装费用、钣金修复费、喷漆费和总费用。

2. 三者车维修工时费项目

包括：拆装费用、钣金修复费、喷漆费和总费用。

步骤4　处理残值

回收旧件一定要一一回收。不回收旧件的，应按照一定比例扣除残值赔款。

步骤5　签订定损单

各项维修费用确定后，就要签订定损单，定损单中，各项费用应开列明确。一般保险公司有标准的定损单。

步骤6　定损后其他事项处理

定损后，应尽快将照片录入理赔系统，上报核价。

如有增补项目，需另外上报审批。

任务评价

使用任务评价表对任务完成情况进行评价，任务19评价表见表19-6。

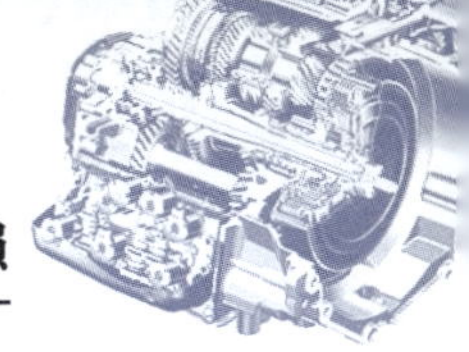

表 19-6　任务 19 任务评价表

评价项目	评分标准	分数	学生自评	小组互评	小计
团队合作	团队和谐，有分工有合作，组员积极参与	10			
操作过程	按照维修方案，能正确计算维修各种费用，填写定损单	60			
创新点	有创新点	10			
任务方案	完整、合理	10			
完成情况	圆满完成	10			
	总分	100			
教师评价					

任务小结

事故车维修费的计算，计算公式如下：

事故车维修费用 = 配件费 + 维修工时费

配件费 = 配件进货价 + 配件管理费 − 受损配件残值

维修工时费 = 工时定额 × 工时单价 + 外加工费

项目 6 检测

一、单选（每题 5 分，共 30 分）

1. 在对车身定损时，主要考虑到的修复方法是（　　）。(易)

A. 钣喷　　B. 换件　　C. 机修

2. 在车辆定损时悬架系统元器件的损伤一般采用的修复方法是（　　）。(易)

A. 修复　　B. 修理　　C. 换件

3. 定损过程中在计算施救费时，因抢救而不慎或不得已对他人财产的损坏（　　），在抢救时对抢救人员个人物品的丢失（　　）。(难)

A. 可酌情予以计算赔偿，不予赔偿　　B. 不予赔偿，可酌情予以计算赔偿

C. 不予计算赔偿，不予赔偿　　D. 酌情予以计算赔偿，酌情予以计算赔偿

4. 经保险公司书面同意对保险事故车辆损失原因进行鉴定的费用（　　）。(中)

A. 负责赔偿　　B. 不负责赔偿　　C. 当事人双方协商确定

5. 货车发生事故，在进行车损险定损过程中施救费包括（　　）。(难)

A. 施救货物和车的费用　　B. 施救车的合理费用　　C. 施救货物费用

6. 以下不属于定损的内容的是（　　）。(中)

A. 确定车辆损失　　B. 确定人员伤亡损失

C. 确定施救费用　　D. 确定保险责任

二、判断（每题4分，共20分）

1. 定损项目包括车辆定损、人员伤亡费用的确定、施救费用的确定、其他财产的损失确定和残值处理等内容。(　　)（中）

2. 出险涉及的受损车辆在车辆定损时应会同被保险人和第三者车损方一起核定。(　　)（易）

3. 车辆定损以后，在解体车辆时如发现尚有事故损失部位未定损的，经核实后可追加修理费（　　）。(中)

4. 汽车的保险杠价格便宜，只要碰撞损坏就应该换新的保险杠（　　）。(中)

5. 施救费用与修理费用相加，已达到或超过保险车辆的实际价值时，则可推定全损予以赔偿。(　　)。(难)

三、名词解释（每题8分，共16分）

1. 工时单价（中）

2. 施救费用（难）

四、简答（每题8分，共16分）

1. 机动车辆定损的原则。(中)

2. 车辆定损内容与要求。(中)

五、论述（共18分）

事故车辆各类维修费用定损原则。(难)

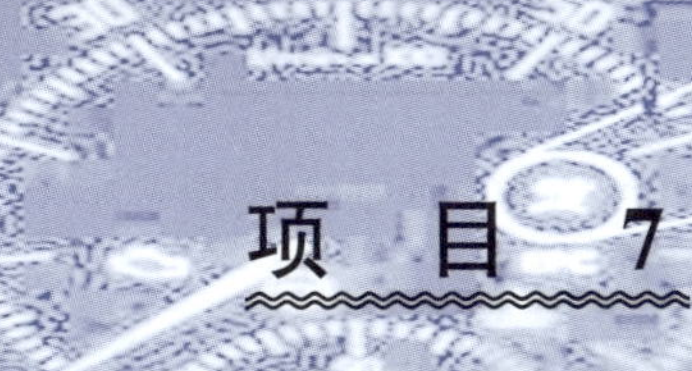

项 目 7

事故车辆理赔

项目概述

本项目介绍事故车辆理赔的流程，资料准备，以及事故车辆赔款理算，编制赔款计算书的方法。介绍事故车辆核赔的流程以及结案程序。

学习本项目熟悉事故车辆理赔的程序，能进行核赔，能编制赔款计算数，能对理赔案件结案，能分析事故车拒赔，确认拒赔理由。

任务20 理算车辆赔款

任务目标

1. 熟悉事故车索赔应提供的资料。
2. 能够审核事故车索赔资料。
3. 能够进行车辆赔款计算。
4. 能缮制赔款计算书。

案例导入

甲厂和乙厂的车辆在行驶中相撞。甲厂的车辆损失5000元，车上货物损失10000元，乙厂的车辆损失4000元，车上货物损失5000元。经公安机关认定，甲厂车辆负主要责任，承担经济损失的70%；乙厂车辆负次要责任，承担经济损失的30%；甲乙厂的车都投保了车辆损失险和第三者责任险，试计算双方应获得的保险公司赔款。

相关知识

一、事故车辆索赔

（一）事故车辆索赔流程

保险车辆出险后，被保险人应及时向保险公司报案索赔。事故车索赔流程如图20-1所示。

（1）出险报案 《保险法》规定“投保人、被保险人或者受益人知道保险事故发生后，

应当及时通知保险人”，因此，发生事故后，被保险人应当及时通知保险公司，否则造成损失，无法确定或扩大损失部分，保险公司不予赔偿。

1）报案期限。在事故发生后 48h 内报案。现在一般事故后直接电告保险公司报案。故意或因重大过失未及时通知，致使保险事故的性质、原因、损失程度等难以确定的，保险公司对无法确定的部分，不承担赔偿责任。

2）外地出险报案。在外地出险的，可向保险公司在当地的分支机构报案，并在 48h 内通知保险公司。在当地的公司查勘后，再回到投保的所在地向承保公司申请索赔。

（2）配合查勘　发生保险事故后，被保险人应当提供事故发生的有关情况，积极协助保险人进行现场查勘。保证保险公司及时准确地查明事故原因，核定损失的程度和损失的大致金额。

（3）车辆修理　在确定事故损失后，保险人可以进行车辆的修理，修理前被保险人应当会同保险人检验，协商确定修理项目、方式和费用，否则，保险人有权重新核定。无法重新核定的，保险人有权拒绝赔偿。

（4）搜集资料　被保险人索赔时，应当向保险人提供与确认保险事故的性质、原因、损失程度等有关证明材料。

（5）递交索赔资料　被保险人索赔时，向保险公司递交有关索赔资料，保险公司应当对索赔资料迅速审查核定，并将核定结果及时通知被保险人。

（6）保险公司理赔　保险公司接受索赔后，应当迅速进行理赔处理。

（7）领取赔款　当保险公司确定了赔偿金额后，应通知被保险人领取赔款。对于属于保险责任的，保险人应当与被保险人达成协议后十日内支付赔款；对于不属于保险责任的，保险人应当从做出核定之日起，三日内向被保险人发出拒绝赔偿通知书，说明理由。

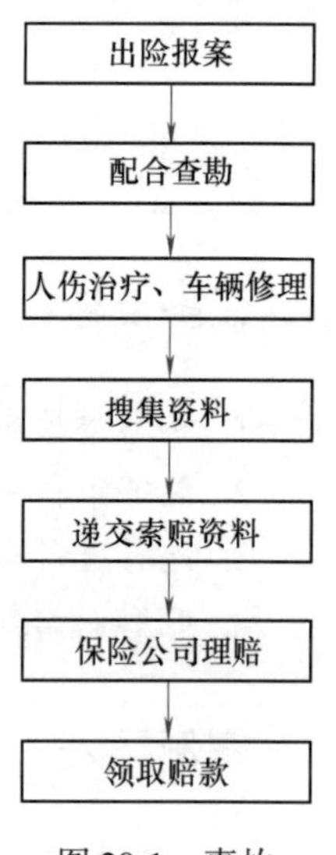

图 20-1　事故车索赔流程

（二）事故车辆索赔资料

被保险人进行索赔时，需要提供与保险事故有关的资料，一般分 4 类资料：标的证明、事故证明、损失证明、索赔申请。另根据案件的不同，具体所提供的资料各类案件有所不同。

1. 基本索赔资料

基本索赔资料是常规的车险各类事故中通用的资料，见表 20-1。

表 20-1　基本索赔资料

序　号	基本索赔资料	备　注
1	机动车保险索赔申请书	通用
2	保险单正本复印件	通用
3	机动车行驶证正副本复印件	通用
4	机动车驾驶证正副本复印件	通用
5	营运证、特种车辆操作证	营运证、特种车辆出险时
6	交警责任认定书	经过交警处理的交通事故

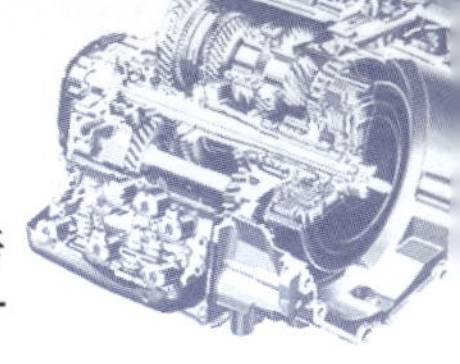

（续）

序　号	基本索赔资料	备　注
7	交警赔偿调解书（或第三方调解书）	经交警调解的交通事故
8	法院民事判决书（民事调解书）	经法院判决、调解书的事故
9	仲裁委员会仲裁书	经仲裁的事故
10	当事人自行协商赔偿协议	当事人自行协商的交通事故
11	火灾证明	因火灾造成的损失
12	自然灾害证明	因自然灾害造成的损失

2. 车辆损失索赔资料

车辆损失索赔资料是发生事故导致车辆（包括标的车和第三者的车辆）遭受损失，索赔时需要提供的资料，见表 20-2。

表 20-2　车辆损失索赔资料

序　号	车辆损失索赔资料	备　注
1	机动车保险事故损失项目确认书	通用
2	汽车修理发票	通用
3	机动车保险一次性定损自行修车协议	当采用一次定损确定损失时
4	修复车辆验收通知单	当所维修的车辆需要验收时
5	第三者财产损失证明及赔偿凭证	第三者的车辆发生损失的事故
6	货物运单及价格、数量凭证	需要赔偿货物损失的事故
7	事故车辆施救费赔偿凭证	事故车辆需要施救的事故

3. 人员伤亡索赔资料

人员伤亡索赔资料是指交通事故中出现人员伤亡的情况。这部分的损失需要保险公司赔偿，索赔时需提供资料（表 20-3）。

表 20-3　人员伤亡索赔资料

序　号	人员伤亡索赔资料	备　注
1	医院诊断证明	人员在门诊治疗时
2	医疗费凭证	通用
3	病历	通用
4	诊疗及药品清单	通用
5	伤亡人员单位误工证明	索赔误工费时（单位开具）
6	伤亡人员医院误工证明	索赔误工费时（医院开具）
7	护理证明	伤员需要护理时
8	护理人员误工及收入证明	索赔护理人员的误工费时
9	后续医疗证明	受伤人员需要后续治疗时
10	住院伙食补助费凭证	索赔住院伙食补助费时
11	营养费凭证	索赔营养费时

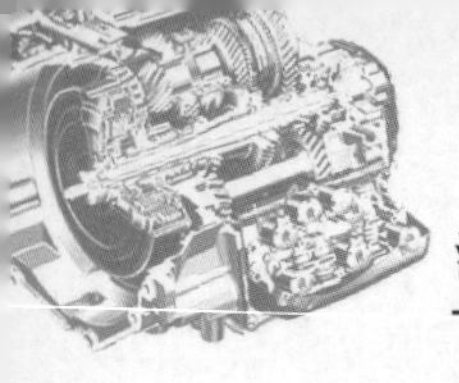

（续）

序　号	人员伤亡索赔资料	备　注
12	交通费凭证	索赔交通费时
13	住宿费凭证	索赔住宿费时
14	交通事故伤残鉴定	发生伤残，进行鉴定的事故
15	残疾辅助器具证明	索赔残疾辅助器费用时
16	死者户籍注销证明	发生死亡的事故
17	丧葬费凭证	索赔丧葬费时
18	被扶养人户籍关系证明	索赔抚养费时
19	被扶养人丧失劳动能力证明	索赔抚养费时

4. 财务损失索赔资料

财务损失索赔资料是指发生车辆之外的财务损失，索赔时须提供的索赔资料（表20-4）。

表20-4　财务损失索赔资料

序　号	财务损失索赔资料	备　注
1	机动车保险第三者财产保险损失证明	需要赔偿第三者财产损失时
2	机动车保险第三者财产保险赔偿证明	需要赔偿第三者财产损失时
3	货物运单及价格、数量凭证	索赔货物损失时
4	损失物资回收单	有损失的物资需要回收时
5	第三者财务施救费赔偿凭证	索赔第三者财务施救费时

5. 盗抢险索赔资料

盗抢险索赔资料是指发生盗抢险索赔时所需要提供的资料（表20-5）。

表20-5　盗抢险索赔资料

序　号	盗抢险索赔资料	备　注	序　号	盗抢险索赔资料	备　注
1	保险车辆盗抢案件立（破）案证明	通用	6	登载车辆被盗抢声明的报纸	通用
2	报警回执	通用	7	权益转让书	通用
3	车辆报停或注销证明	通用	8	机动车登记证原件	通用
4	车辆来历证明或购车发票原件	通用	9	被保险人身份证或营业执照复印件	通用
5	购置附加税凭证	通用			

（三）事故车赔案缮制流程

缮制是理赔内勤依据被保险人在出险过程中承担的责任，按照投保条款的保险责任计算理赔金额的过程。在确认保险事故的损失后，被保险人向保险公司提供相关资料，对损失进行索赔。保险公司接受被保险人的索赔申请后，应对被保险人递交的索赔资料进行审核和赔案缮制。赔案缮制流程如图20-2所示。

（1）搜集客户的索赔单证　在接受被保险人的索赔资料时，保险理赔人员应仔细审核，

资料不齐全的应告知被保险人补全。

（2）审核保险责任　理赔人员对于被保险人的索赔要求，依据保险合同进行审核，明确被保险人的索赔要求是否属于保险责任的赔付范围。对于不属于保险责任范围的，明确告知被保险人原因，解释清楚。

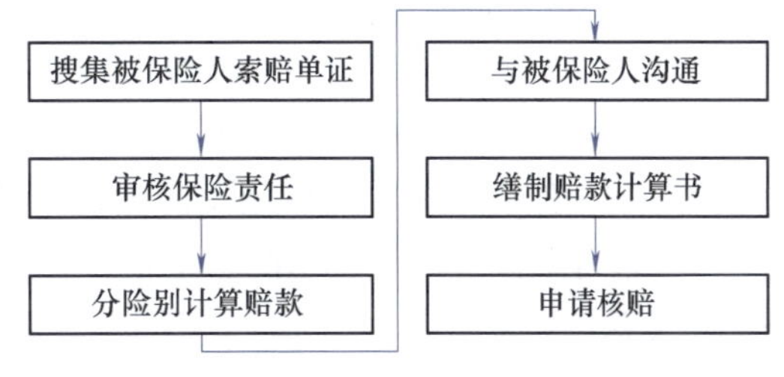

图 20-2　赔案缮制流程

（3）分险别计算赔款　保险公司理赔人员对属于保险责任的损失，应区分属于何种险种的赔付责任，计算每个险种的赔款，并与被保险人沟通。

（4）与被保险人沟通　保险赔款计算最终完成后，应告知被保险人与其沟通，对其有疑问的地方进行解释。

（5）缮制赔款计算书　各险种赔款计算完成，进行审查无误后，应缮制赔款计算书，出具缮制意见，并签章。

（6）申请核赔　赔案缮制完成后，需要及时提交赔案，申请索赔。

二、事故车赔款理算

（一）事故车赔款理算流程

赔款理算是理算人员根据保险人提供的经审核无误的有关费用单证，根据保险条款、事故证明等确定保险责任及赔偿比例，计算汽车保险赔款、缮制赔款计算书。赔款理算的流程如图 20-3 所示。

（1）接受赔案　在接受待理算的赔案时，应对赔案资料进行清点，并核对签名、签章是否齐全有效。主要审核下列单证：抄单、批单；车损、物损损失确认书；伤亡人员费用核损结果；查勘记录、事故证明；事故现场照片，车损、物损照片；客户签名确认的书面索赔申请、报案记录；其他相关证明、票据等。如索赔资料完整无误，应在“索赔资料回执单”上进行登记，由双方签字确认；对资料不完整者，应及时要求补全。

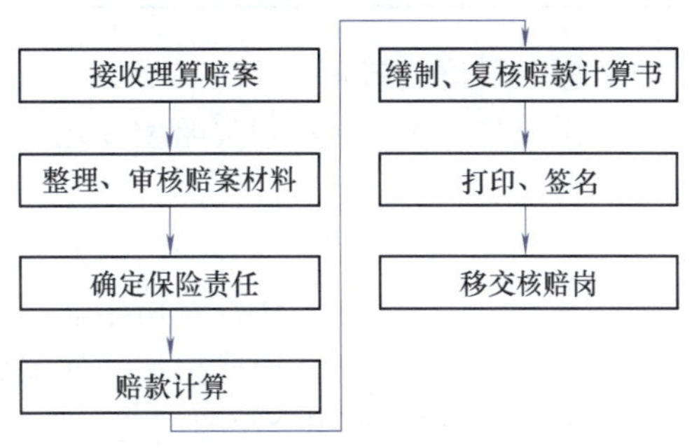

图 20-3　赔款理算流程

（2）整理赔案资料　理算员对接收的资料审核完成后，指导上交人员对赔案材料按规范要求进行粘贴整理。

（3）确认保险责任　审阅事故责任证明、现场查勘记录、报案记录等，了解出险原因及经过，根据投保情况对照保险条款确认保险责任。

（4）确定事故责任比例、赔偿比例　根据保险条款及相关法规、保险事故责任证明，确认事故责任比例；核实是否足额投保，不足额的按比例分摊；核实施救费用是否涉及比例分摊；确定免赔率或免赔额度。

（5）赔款计算　根据各项损失确认书确定的损失金额、事故责任比例等计算赔款。

（6）缮制、复核赔款计算书　对赔款计算复核无误后，缮制赔款计算书。

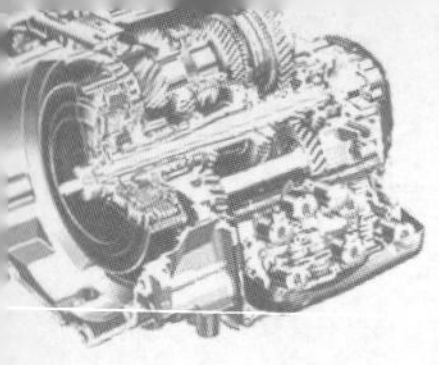

（7）将赔款移交核赔岗　理算工作完成后，重新整理赔案资料，填写赔案流转表，将赔案资料移交核赔岗核赔。

（二）事故车辆赔款理算

在进行赔款理算时，由于保险费率的放开，各家保险公司的理算结果会有所不同，但都要严格按照相关保险条款和保险单的合同要求进行。下面以中国保险监督管理委员会2009版《机动车辆保险条款》和中国人民保险公司2009版《机动车辆保险条款》的赔款计算进行说明，未特别注明的，表示两版条款计算方法相同。

1. 交强险赔款计算

交强险实施后，赔偿的原则是由交强险先进行赔付，不足的部分再由商业三者险来补充。因此，交强险的赔款计算将影响到商业机动车保险的赔款计算。

交强险将被保险人在事故中承担的责任分为有责和无责两级。如果有责，不管责任大小，其赔款在死亡伤残、医疗费用、财产损失三个限额内进行计算赔偿；如果无责任，赔款在无责任的伤亡伤残、无责任医疗费用、无责任财产损失三个赔偿限额内进行计算赔偿（表20-6）。

表20-6　交强险赔款限额

项　目	赔偿限额/元	
	被保险人有责	被保险人无责
死亡伤残	180000	18000
医疗费用	18000	1800
财产损失	2000	100

1）基本计算公式：

总赔款 = ∑各分项损失赔款 = 死亡伤残赔款 + 医疗费用赔款 + 财产损失赔款

各分项承担损失赔款 = 各分项核定损失承担金额，即：

死亡伤残费用赔款 = 死亡伤残费用核定承担金额

医疗费用赔款 = 医疗费用核定承担金额

财产损失赔款 = 财产损失核定承担金额

各分项核定损失承担金额超过交强险各分项赔偿限额的，各分项损失赔款等于交强险各分项赔偿限额。

2）当保险事故涉及多个受害人时，基本公式为

各分项损失赔款 = ∑各受害人各分项核定损失承担金额

当各受害人各分项核定损失承担金额之和超过被保险机动车交强险相应分项赔偿限额的，各分项损失赔款等于交强险各分项赔偿限额。

被保险机动车交强险对某一受害人各分项损失的赔偿金额为

赔偿金额 = 各分项赔偿限额 × 分项核定损失承担金额/∑各受害人分项核定损失承担金额

3）当保险事故涉及多辆肇事机动车时　各被保险机动车的保险人分别在各自的交强险各分项赔偿限额内，对受害人的分项损失计算赔偿。

各方机动车按其适用的交强险分项赔偿限额占总分项赔偿限额的比例，对受害人的各分

项损失进行分摊。

注意：肇事机动车中的无责任车辆，不参与对其他无责车辆和车外财产损失的赔偿计算，仅参与对有责方车辆损失或车外人员伤亡损失的赔偿计算。无责方车辆对有责方车辆损失应承担的赔偿金额，由有责方在本方交强险无责任财产损失赔偿限额项下代赔。

初次计算后，如果有致害方交强险限额未赔足，同时有受害方损失没有得到充分补偿，则对受害方的损失在交强险剩余限额内再次进行分配，在交强险限额内补足。对于待分配的各项损失合计没有超过剩余赔偿限额的，按分配结果赔付各方；超过剩余赔偿限额的，则按每项分配金额占各项分配金额总和的比例乘以剩余赔偿限额分摊；直至受损各方均得到足额赔偿或应赔付方交强险无剩余限额。

4）受害人财产损失需施救的，财产损失赔款与施救费累计不超过财产损失赔偿限额。

5）主车和挂车在连接使用时发生交通事故　主车与挂车的交强险保险人分别在各自的责任限额内承担赔偿责任。若交通管理部门未确定主车、挂车应承担的赔偿责任，主车、挂车的保险人对各受害人的各分项损失平均分摊，并在对应的分项赔偿限额内计算赔偿。主车与挂车由不同被保险人投保的，在连接使用时发生交通事故，按互为三者的原则处理。

6）对被保险人依照法院判决或者调解承担的精神损害抚慰金，原则上在其他赔偿项目足额赔偿后，在死亡伤残赔偿限额内赔偿。

【案例 20-1】

A、B 两机动车发生交通事故，两车均有责任。A、B 两车车损分别为 4000 元和 5000 元，B 车车上人员医疗费用 9000 元，死亡伤残费用 8 万元，另造成路产损失 1000 元。设两车适用的交强险财产损失赔偿限额为 2000 元，医疗费用赔偿限额为 1 万元，死亡伤残赔偿限额为 11 万元，试计算 A、B 两车可获得的交强险赔款为多少？

解：

A 车交强险赔偿计算：

A 车交强险赔偿金额 = ∑受害人各分项损失赔款 = B 车车上人员死亡伤残费用核定承担金额 + B 车车上人员医疗费用核定承担金额 + 财产损失核定承担金额，其中：

(1) B 车车上人员死亡伤残费用核定承担金额 = 80000 元 < 死亡伤残赔偿限额（18 万元）。

(2) B 车车上人员医疗费用核定承担金额 = 9000 元 < 医疗费用赔偿限额（1.8 万元）。

(3) 财产损失核定承担金额 = 路产损失核定承担金额 + B 车损核定承担金额 = 1000/2 元 + 5000 元 = 5500 元 > 财产损失赔偿限额（2000 元）。超出限额按限额计，本项赔款 2000 元。

其中，A 车交强险对 B 车损的赔款 = 财产损失赔偿限额 × B 车损核定承担金额/（路产损失核定承担金额 + B 车损核定承担金额）= 2000 × [5000/（500 + 5000）] 元 ≈ 1818.18 元。

A 车交强险对路产损失的赔款 = 财产损失赔偿限额 × 路产损失核定承担金额/（路产损失核定承担金额 + B 车损核定承担金额）= 2000 × [500/（500 + 5000）] 元 ≈ 181.82 元。

A 车交强险赔偿金额 =（80000 + 9000 + 2000）元 = 91000 元。

B 车交强险赔偿计算：

B车交强险赔偿金额＝财产损失核定承担金额＝路产损失核定承担金额＋A车损核定承担金额＝1000/2＋4000元＝4500元＞财产损失赔偿限额(2000元)。

所以,B车交强险赔偿金额＝2000元。

2. 机动车损失保险赔款计算

商业保险赔款计算时，按照条款要求应先扣除事故当事方保险公司赔付的交强险赔款，然后在商业险项下进行赔偿。

（1）全部损失

赔款＝保险金额－被保险人已从第三方获得的赔偿金额－绝对免赔额

（2）部分损失　被保险机动车发生部分损失，保险人按实际修复费用在保险金额内计算赔偿：

赔款＝实际修复费用－被保险人已从第三方获得的赔偿金额－绝对免赔额

（3）施救费　施救的财产中，含有本保险合同之外的财产，应按本保险合同保险财产的实际价值占总施救财产的实际价值比例分摊施救费用。

【案例20-2】

一辆价值为150000元的货车投保了机动车损失保险，发生翻车单方肇事事故，导致车损修车费为15000元，施救货物和车的费用共10000元，货物价值10万元。车辆未投保附加绝对免赔率特约条款。

该事故中车辆为部分损失，运用部分损失计算公式：

车损赔款＝实际修复费用－被保险人已从第三方获得的赔偿金额－绝对免赔额＝15000元

施救费为施救车辆费用，当施救费用是货物和车一起的费用时，则各个单独被施救对象费用为按对象实际价值分摊。即车辆施救费用＝货物和车的总施救费×［汽车价值/（汽车价值＋货物价值）］

本案中汽车施救费＝10000×［15/（15＋10）］元＝6000元，则该案机动车损失保险赔款为车辆损失＋施救费＝15000元＋6000元＝21000元

被保险机动车发生本保险事故，导致全部损失，或一次赔款金额与免赔金额之和（不含施救费）达到保险金额，保险人按本保险合同约定支付赔款后，本保险责任终止，保险人不退还机动车损失保险及其附加险的保险费。

3. 机动车第三者责任保险赔款计算

（1）赔款计算

1）当（依合同约定核定的第三者损失金额－机动车交通事故责任强制保险的分项赔偿限额）×事故责任比例等于或高于每次事故责任限额时：

赔款＝每次事故责任限额

2）当（依合同约定核定的第三者损失金额－机动车交通事故责任强制保险的分项赔偿限额）×事故责任比例低于每次事故责任限额时：

$$赔款=\left(\begin{matrix}依合同约定核定的\\第三者损失金额\end{matrix}-\begin{matrix}机动车交通事故责任\\强制保险的分项赔偿限额\end{matrix}\right)\times事故责任比例$$

保险人按照《道路交通事故受伤人员临床诊疗指南》和国家基本医疗保险的同类医疗

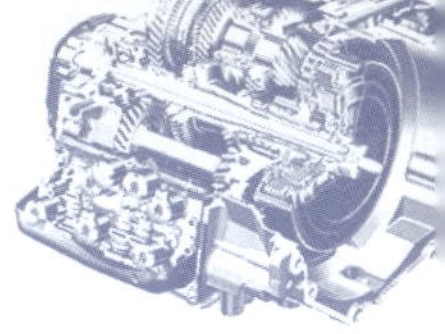

费用标准核定医疗费用的赔偿金额。未经保险人书面同意，被保险人自行承诺或支付的赔偿金额，保险人有权重新核定。不属于保险人赔偿范围或超出保险人应赔偿金额的，保险人不承担赔偿责任。

【案例 20-3】

一辆投保交强险和第三者责任险的车辆发生交通事故，在事故中负主要责任，承担 70% 的损失，第三者责任险责任限额为 10 万元。此次事故中，第三方损失为 30 万元，其中财产损失 8 万元，医疗费用 2 万元，死亡伤残费 20 万元。试计算第三者责任险的赔款。

解：第三者责任险中被保险人按事故责任比例应承担的赔偿金额 =（事故第三方损失 30 万元 − 交强险赔款 20 万元）× 事故责任比例（70%）=7 万元（责任限额 10 万元）。

所以，第三者责任险赔款为 7 万元。

事故责任比例：一般按照交警部门判定的事故责任比例判定。如果经过核赔人员认真审核，认为某种赔偿比例更符合实际情况，更为合理，此处的事故责任比例可以用该赔偿比例代替（表 20-7）。

表 20-7　事故责任比例

交通事故责任类型	事故责任比例（%）	交通事故责任类型	事故责任比例（%）
被保险机动车方负全部责任	100	被保险机动车方负次要责任	30
被保险机动车方负主要责任	70	被保险机动车方无责任	0
被保险机动车方负同等责任	50		

（2）车辆损失险、第三者责任险赔款计算注意事项

1）赔款计算依据交通管理部门出具的《道路交通事故责任认定书》以及据此做出的《道路交通事故损害赔偿调解书》。

2）当调解结果与责任认定书不一致时，对于调解结果中认定的超出被保险人责任范围内的金额，保险人不予赔偿；对于被保险人承担的赔偿金额低于其应按责赔偿的金额的，保险人只对被保险人实际赔偿的金额在限额内赔偿。

3）对于不属于保险合同中规定的赔偿项目但被保险人已自行承诺或支付的费用保险人不予承担。

4）法院判决被保险人应赔偿第三者的金额，如精神损失赔偿费等保险人不予承担。

5）保险人对第三者责任事故赔偿后，对受害第三者的任何赔偿费用的增加不再负责。

6）车辆损失的残值确定，应以车辆损失部分的零部件残值计算。

7）诉讼仲裁费用标准应按照最高人民法院下发的有关标准执行。车损险诉讼仲裁费用计入车损险施救费，第三者责任险诉讼仲裁费用必须经保险人事先书面同意，在第三者责任险责任限额的 30% 以内计算赔偿。

4. 车上人员责任险赔款计算

1）对每座的受害人，当（依合同约定核定的每座车上人员人身伤亡损失金额 − 应由机动车交通事故责任强制保险赔偿的金额）× 事故责任比例高于或等于每次事故每座责任限额时：

赔款 = 每次事故每座责任限额

2）对每座的受害人，当（依合同约定核定的每座车上人员人身伤亡损失金额 - 应由机动车交通事故责任强制保险赔偿的金额）×事故责任比例低于每次事故每座责任限额时：

$$\text{赔款}=\left(\begin{array}{c}\text{依合同约定核定的}\\\text{每座车上人员人身伤亡损失金额}\end{array}-\begin{array}{c}\text{应由机动车交通事故}\\\text{责任强制保险赔偿的金额}\end{array}\right)\times\text{事故责任比例}$$

3）车上人员责任险总的赔款

$$\text{赔款}=\sum\text{每人赔款}$$

赔款人数以投保座位数为限。

5. 主要附加险赔款计算

（1）玻璃单独破碎险

$$\text{赔款}=\text{实际修理费用}$$

（2）火灾、爆炸、自燃损失险

1）全部损失：

$$\text{全部损失赔款}=\text{保险金额}\times(1-20\%)$$

2）部分损失：

$$\text{赔款}=\text{实际修理费用}\times(1-20\%)$$

赔款金额不得超过该险种保险金额。

3）施救费用：

$$\text{赔款}=\text{实际施救费用}\times(\text{保险财产价值}\div\text{实际施救财产总价值})\times(1-20\%)$$

施救费用以不超过保险金额为限。

（3）车身划痕损失险

$$\text{赔款}=\text{实际损失金额}\times(1-15\%)$$

（4）车上货物责任险

1）当被保险人按责任比例应承担的车上货物损失金额未超过保险合同载明的责任限额时：

$$\text{赔款}=\text{应承担的赔偿金额}\times(1-\text{事故责任免赔率})$$

2）当被保险人按责任比例应承担的车上货物损失金额超过保险合同载明的责任限额时：

$$\text{赔款}=\text{责任限额}\times(1-\text{事故责任免赔率})$$

（5）无过失责任险

1）当无过失责任险损失金额未超过责任限额时：

$$\text{赔款}=\text{实际应承担的赔偿金额}\times(1-20\%)$$

2）当无过失责任损失金额超过责任限额时：

$$\text{赔款}=\text{责任限额}\times(1-20\%)$$

事故处理裁决书载明保险车辆及驾驶人在事故中无过失并按道路交通处理规定承担10%赔偿费用的案件，其赔款应在第三者责任险中列支。

（6）不计免赔特约条款

$$\text{赔款}=\text{一次赔款中已承保且出险的各险种中免赔额之和}$$

其中，下列被保险人自行承担的免赔额，保险人不负责赔偿：

1）车辆损失保险中应当由第三方负责赔偿而确实无法找到第三方的。

2）因违反安全装载规定加扣的。

3）同一保险年度内多次出险，每次加扣的。

4）附加盗抢险或附加火灾、爆炸、自燃损失险或附加自燃损失险中规定的。

5）对家庭自用车保险合同中约定驾驶人员的，保险事故发生时由非约定驾驶人员驾车而加扣的。

【案例 20-4】

一辆家庭自用车投保了责任限额 150000 元的机动车辆第三者责任保险及责任限额 50000 元的附加车上货物责任险，同时投保了上述两个险种的不计免赔特约险。在保险期内第二次发生交通事故时，造成第三者损失 50000 元、车上货物损失 10000 元，驾驶人员承担全部责任，依据该种车辆条款的规定承担 15% 的免赔率，同时又由于非约定驾驶人肇事，应增加 5% 的免赔率，二次出险，增加 5% 免赔率。则：

第三者责任险赔款 = (50000 − 1000) 元 × [1 − (15% + 5% +5%)] = 36750 元

车上货物责任险赔款 = (10000 − 100) 元 × (1 − 20%) = 7920 元

由于被保险人要自行承担同一保险年度内多次出险时每次加扣的免赔率和对家庭自用车保险合同中约定了驾驶人员而保险事故发生时由非约定驾驶人员驾车而加扣的免赔率，所以

不计免赔特约条款赔款 = (50000 − 1000) 元 × 15% + (10000 − 100) 元 × 20% = 9330 元

6. 免赔率的确定

免赔率按条款的明确规定确定。其中特别注意的是：

1）全车盗抢险中被保险人索赔时未能提供《机动车行驶证》、《机动车登记证书》、机动车来历凭证、车辆购置税完税证明（车辆购置附加费缴费证明）或免税证明等原件，每缺少一项增加 1% 的免赔率。

2）因自然灾害引起的不涉及第三者损害赔偿的单纯车损案件，不扣免赔。但对被保险人未尽到妥善保管或及时施教义务的案件除外。

7. 重复保险处理

重复保险是指投保人对同一保险标的、同一保险利益、同一保险事故分别向两个以上保险人订立保险合同的保险。

重复保险赔款的计算：

赔款 = 核定赔款 × (本保险合同的保险金额 ÷ 所有保险合同保险金额的总和)

三、缮制赔款计算书

在赔款计算核对无误后，可缮制保险赔款计算书，计算书必须有理算人、核赔人签章。

现在，缮制人员对赔款的理算，可以直接在理赔系统中缮制平台处理，缮制人员根据案件的损失情况直接在平台上录入损失金额、责任比例、各种免赔信息等相关因素，系统将自动计算，生成赔款计算书，很快即得出赔款金额。

任务实施

步骤 1　拟订任务实施计划

保险理赔人员按照缮制赔案流程开展工作。

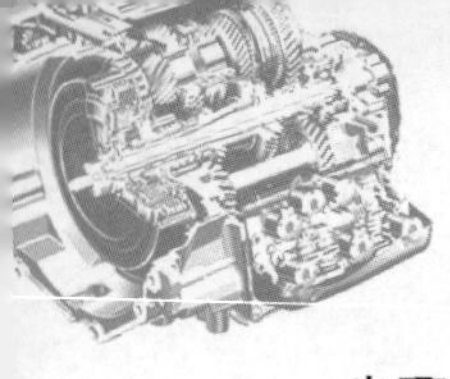

步骤2　接受索赔资料

保险理赔人员应当热情接受咨询,接待客户,接受车险索赔资料,并审核索赔资料,保证车险理赔案件资料的正确流转。

1)理赔人员接受客户索赔资料时,要逐一审核,仔细查看每一张单证、每一页数字、每一个印章。单证要求齐全有效。

2)客户提交索赔的单证不完整的,暂不受理,详细告知补充资料,一次完成。

3)填写机动车辆索赔材料交接单,意义核定。

4)简单计算赔付金额并告知客户,必要时让被保险人签署确认书。向被保险人说明理算基础,解释保单时条例清楚。

5)不予以赔付的项目应同时告知客户。简洁明了、条例清楚,或书面告知,不要延迟。

步骤3　审核保险责任

1）被保险人将索赔单证交齐后，应仔细审核，确认属于保险责任，对于客户要求赔偿的损失，判断是否在其投保的险种保障范围内。如不属于，及时通知被保险人。

2）对照事故的损失类型，判断各损失属于何种险种的保险责任，应当在哪个险种赔偿。

3）核对损失金额，对于超出相应险种的赔付限额内的损失，应明确说明保险公司赔付金额以赔付限额为限。超出部分由被保险人自己承担。核对无误，正确录入信息。

4）核对保单承保范围主要有:免赔率、免赔额扣除、责任限额、折旧、重复比例分摊等。

步骤4　进行赔款计算

1）各项损失项目的损失金额。

2）保险金额。

3）事故责任比例。

4）事故责任免赔率。

5）绝对免赔率。

6）规定的免赔率。

7）残值。

【案例5】

(任务7-1 案例导入例题)

解:

甲厂应承担的经济损失=(甲厂车损+乙厂车损+甲厂车上货损+乙厂车上货损)×70%

=[(5000+4000+10000+5000)×70%]元=16800元

乙厂应承担的经济损失=(甲厂车损+乙厂车损+甲厂车上货损+乙厂车上货损)×30%

=[(5000+4000+10000+5000)×30%]元=7200元

保险人的赔款计算与公安机关的赔款计算不一样，其赔款计算如下:

甲厂自负车损=甲厂车损5000元×70%=3500元

甲厂应赔乙厂=(乙厂车损+乙厂车上货损)×70%

=[(4000+5000)×70%]元=6300元

保险公司负责甲厂损失和第三者责任赔款＝甲厂自负车损×(1－免赔率)＋甲厂应赔乙厂×(1－免赔率)

＝[3500×(1－10%)＋6300×(1－15%)]元

＝8505元

乙厂自负车损＝乙厂车损×30%＝(4000×30%)元＝1200元

乙厂应赔甲厂＝(甲厂车损＋甲厂车上货损)×30%＝[(5000＋10000)×30%]元＝4500元

保险人负责乙厂车损和第三者责任赔款＝(乙厂自负车损＋乙厂应赔甲厂)×(1－5%)

＝[(1200＋4500)×(1－5%)]元

＝5145元

结果：此案甲厂应承担经济损失16800元，得到保险人赔款8505元；乙厂应承担经济损失7200元，得到保险人赔款5145元。这里的差额部分即保险合同规定不赔的部分。

步骤5　核对理算项目

1）理算单价。

2）费用估算。

3）折旧，依照条款约定的《折旧率表》执行。

4）对于拖车费、停车费、吊装费及损坏路面、草坪、苗木等的赔偿标准，按照财政局、物价局的规定执行。

5）追偿款及追偿费用的处理。在系统结案前，追偿款收入及追偿费支出可以在该赔偿案项下缮制保险赔款计算书直接做抵销处理。

步骤6　缮制赔款计算书

在赔款核对无误后，可缮制保险赔款计算书。

任务评价

使用任务评价表对任务完成情况进行评价，任务20评价表见表20-8。

表20-8　任务20评价表

评价项目	评分标准	分数	学生自评	小组互评	小计
团队合作	团队和谐，有分工有合作，组员积极参与	10			
操作过程	审核索赔资料的齐全性，能审定保险的责任，能进行赔款计算，能正确缮制赔款计算书	60			
创新点	有创新点	10			
任务方案	完整、合理	10			
完成情况	圆满完成	10			
	总分	100			
教师评价					

任务小结

1. 赔案缮制任务实施流程

赔案缮制任务实施流程如图20-4所示。

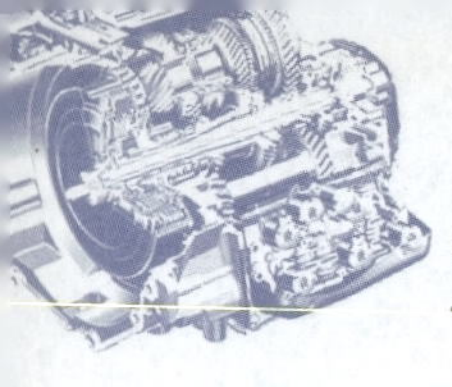

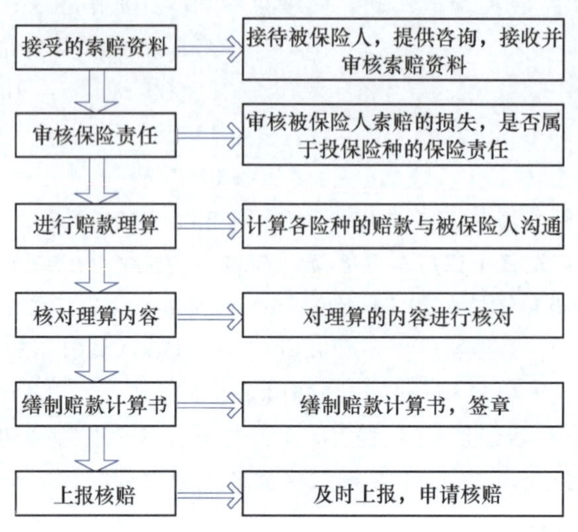

图 20-4 赔案缮制任务实施流程

2. 赔款计算公式（见上述）。

任务21 事故车核赔与结案

任务目标

1. 熟悉汽车保险核赔的流程。
2. 能够审核保险赔案。
3. 能够进行汽车保险赔付结案。
4. 能够进行汽车保险拒赔工作。

案例导入

车主赵某有一辆货车从事货运经营，并向保险公司投保了保额为20万元的第三者责任险和2万元的车上人员责任险。保险期内，赵某聘请的驾驶人驾车，自己随车前往广州送货，途中发现车上货物被盗，赵某急忙让驾驶人将车停下，下车查看。由于车未停稳，赵某跳下车后摔倒，被该车后轮压过身亡。

1）第三者责任条款中的责任免除：被保险人及其家庭成员伤亡、所有或代管的财产损失；被保险机动车本车上其他人员的人身伤亡或财产损失。

2）车上人员责任保险条款中的责任免除：车上人员在被保险机动车车下时遭受的人身伤亡。

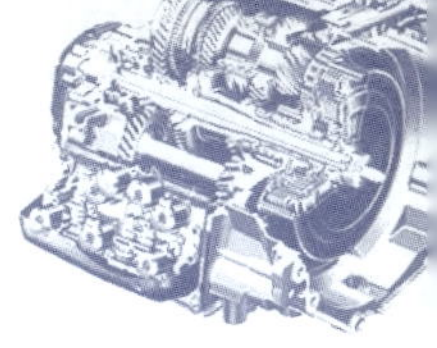

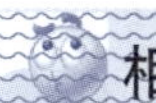

相关知识

一、事故车辆核赔

（一）汽车保险核赔流程

在经过赔款理算之后，要根据有关单证缮制赔款计算书。首先由相关工作人员制作《机动车辆保险赔款计算书》和《机动车辆保险结案报告书》。《机动车辆保险赔款计算书》各栏要详细录入，项目要齐全，数字要正确。损失计算要分险种、分项目计算并列明计算公式，应注意免赔率要分险种计算。《机动车辆保险赔款计算书》一式两份，经办人员要盖章、注明缮制日期。业务负责人审核无误后，在《机动车辆保险赔款计算书》上签注意见和日期，送核赔人。

核赔是在授权范围内独立负责理赔质量的人员，按照保险条款及保险公司内部有关规章制度对赔案进行审核的工作。核赔的操作流程如图 21-1 所示。

核赔的主要工作内容包括审核单证、核定保险责任、审核赔款计算、核定车辆损失及赔款、核定人员伤亡及赔款、核定其他财产损失及赔偿、核定施救费用等。核赔是对整个赔案处理过程进行控制。核赔对理赔质量的控制体现在：核赔师对赔案的处理过程，一是及时了解保险标的出险原因、损失情况，对重大案件，应参与现场查勘；二是审核、确定保险责任；三是核定损失；四是审核赔款计算。

（二）汽车保险核赔内容

（1）审核单证　审核被保险人按规定提供的单证、经办人员填写赔案的有关单证是否齐全、准确、规范和全面。

（2）核定保险责任　包括被保险人与索赔人是否相符；驾驶人是否为保险合同约定的驾驶人；出险车辆的厂牌型号、牌照号码、发动机号、车架号与保险单证是否相符；出险原因是否属保险责任；出险时间是否在保险期限内；事故责任划分是否准确合理；赔偿责任是否与承保险别相符等。

（3）核定车辆损失及赔款　包括车辆定损项目、损失程度是否准确、合理；更换零部件是否按规定进行了查询报价、定损项目与报价项目是否一致；换件部分拟赔款金额是否与报价金额相符；残值确定是否合理等。

（4）核定人员伤亡及赔款　根据查勘记录、调查证明和被保险人提供的“事故责任认定书”“事故调解书”和伤残证明，依照国家有关道路交通事故处理的法律、法规规定和其他有关规定进行审核；核定伤亡人员数、伤残程度是否与调查情况和证明相符；核定人员伤亡费用是否合理；被抚养人口、年龄是否真实，生活费计算是否合理、准确等。

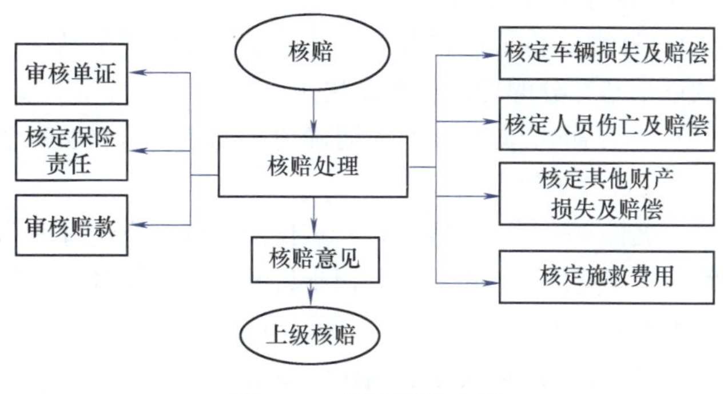

图 21-1　核赔操作流程

（5）核定其他财产损失赔款　根据照片和被保险人提供的有关货

物、财产的原始发票等有关单证，核定财产损失、损余物资处理等有关项目和赔款。

(6) 核定施救费用　根据案情和施救费用的有关规定，核定施救费用有效单证和金额。

(7) 审核赔付计算　包括残值是否扣除，免赔率使用是否正确，赔款计算是否准确等。

如果是上级公司对下一级进行核赔，应侧重审核：普通赔案的责任认定和赔款计算的准确性；有争议赔案的旁证材料是否齐全有效；诉讼赔案的证明材料是否有效，保险公司的理由是否成立、充分；拒赔案件是否有充分证据和理由等。

结案时《机动车辆保险赔款计算书》上赔款的金额必须是最终审批金额。在完善各种核赔和审批手续后，方可签发《机动车辆保险领取赔款通知书》通知被保险人。

二、事故车辆结案

(一) 汽车保险赔付结案

1. 支付赔款

在赔案经过分级审批通过之后，业务人员应制作《机动车辆保险领取赔款通知书》并通知被保险人，同时通知会计部门支付赔款。保户领取赔款后，业务人员按赔案编号输录《机动车辆保险已决赔案登记簿》，同时在《机动车辆保险报案、立案登记簿》备注栏中注明赔案编号、赔案日期，作为续保时是否给付无赔款优待的依据。被保险人领取赔款后，业务人员按赔案编号录入《保险车辆保险已决赔案登记信息》。

2. 单据清分

赔付结案后，应进行赔案单据的清分。一联赔款收据交被保险人，一联赔款收据、一联《机动车辆保险赔款计算书》或《机动车保险赔款审批表》交财务部门作为赔付的凭证。

3. 卷宗管理

理赔卷宗必须一案一卷进行整理、装订登记、保管。卷宗必须单证齐全，编排有序，目录清楚。归档案件赔案号顺序放置，由专人保管。

4. 注销案件

未决赔案是指截止到规定的统计时间，已经完成估损、立案、尚未结案的赔款案件或被保险人尚未领取赔款的案件。处理原则是：定期进行案件跟踪，对可以结案的案件，必须敦促被保险人尽快交齐索赔材料，赔偿结案；对尚不能结案的案件，应认真核对、调整估损金额；对超过时限、被保险人不提供手续或找不到被保险人的未决赔案，按照“注销案件”处理。

(二) 汽车保险拒赔处理

拒赔案件的拒赔原则是：

1) 拒赔案件要严格按照《保险法》《机动车辆保险条款》有关规定处理。拒赔要有确凿的证据和充分的理由，慎重决定。

2) 拒赔前应向被保险人明确说明原因，认真听取意见并向被保险人做好解释工作。

(三) 汽车保险追偿

在案件支付后，对需要进行追偿的案件，应进行追偿处理。保险追偿是指本身应当由第三者承担赔偿费用，而由保险公司支付赔偿的，保险公司保留向第三者责任方追偿回赔付款的权利，保险公司进行对本应第三者承担的赔付追偿即为保险追偿。代位追偿案件的实施原则是：

1) 代位追偿必须是发生在保险责任范围内的事故。

2) 代位追偿是《保险法》和《机动车辆保险条款》规定的保险人的权利，根据权利义务

对等的原则，代位追偿的金额应在保险金额范围内根据实际情况接受全部或部分权益转让。

3）代位追偿工作必须注意诉讼时效。

代位追偿案件的工作程序是：被保险人向第三者提出书面索赔申请——被保险人向保险人提出书面索赔申请——签署《权益转让书》——业务处理中心将赔案资料转业务管理部门——业务管理部门组织进行代位求偿——业务处理中心整理赔案、归档——财务中心登记、入账。

任务实施

步骤 1　拟订任务实施计划

在赔案缮制完成后，缮制人员将赔案资料交由核赔人员审核，并在系统内报申请核赔，待核赔的案件，将会派工给核赔人员，核赔人员需及时进行审核，保证理赔服务的质量，赔案核赔同意后，即可以支付结案工作。

步骤 2　接受待核赔案件

现代保险赔案的核赔都是使用网上理赔系统，经派工待核赔案件在保险公司的理赔系统中可以直接查看，选择核赔案件之后，就可以进行核赔处理，接受任务时应认真审核相关案件信息，即保险责任、事故责任、损失信息、赔款理算及缮制意见。核赔人在核赔时不惜赔、不滥赔，遵守法律，依照条款规定规范操作。

步骤 3　全面审核赔案

开始核赔工作后，对赔案信息进行全面审核，赔案审核的信息如下：

1）查看报案信息。

2）查看保单信息。

3）查看图片信息。

4）查看查勘信息与复勘信息。

5）查看损失录入信息。

6）查看缮制录入及理算。

7）查看支付信息。

8）查看缮制意见。

9）核赔中对保险责任的审核。

步骤 4　出具核赔意见

对案件进行全面审核后，赔款人应当出具核赔意见。

1）核赔同意通过的，案件将自动转入赔付结案环节。

2）核赔中发现有信息不完整的、不规范的、有异议的案件，应注明原因，退回相应环节处理。

3）对于经审核不属于保险责任的案件，做拒赔处理。

4）怀疑有欺诈可能案件的处理：应进行深入调查，并在案卷中做详细的调查说明和结论；应对已核查属实的欺诈案件做拒赔处理；如无法取证核查，也应使疑似欺诈案件的赔付损失降到最低程度。

步骤 5　赔付结案

核赔同意的案件可以进行结案支付，工作步骤：

1）核赔内勤填写《机动车保险赔款领取通知书》，通知保险人领取赔款，并告知客户领款所需单证。现在一般由银行直接转账支付。

2）收取客户支付单证，将案卷转给财务部门。

3）财务部门接受和审核支付单证。

4）审核无误后，在网上车险理赔系统中录入支付信息并上传相关单证。

5）被保险人领取赔款后，进行结案登记。

6）进行单据清分。

7）进行卷宗管理。

任务评价

使用任务评价表对任务完成情况进行评价，任务21评价表见表21-1。

表21-1　任务21评价表

评价项目	评分标准	分数	学生自评	小组互评	小计
团队合作	团队和谐，有分工有合作，组员积极参与	10			
操作过程	审核赔案资料，能审定保险的责任，能进行赔款计算审核，能正确进行结案及卷宗管理	60			
创新点	有创新点	10			
任务方案	完整、合理	10			
完成情况	圆满完成	10			
	总分	100			
教师评价					

任务小结

1. 核赔与结案任务实施流程

核赔与结案任务实施流程如图21-2所示。

2. 赔案审核信息点

赔案审核信息点如图21-3所示。

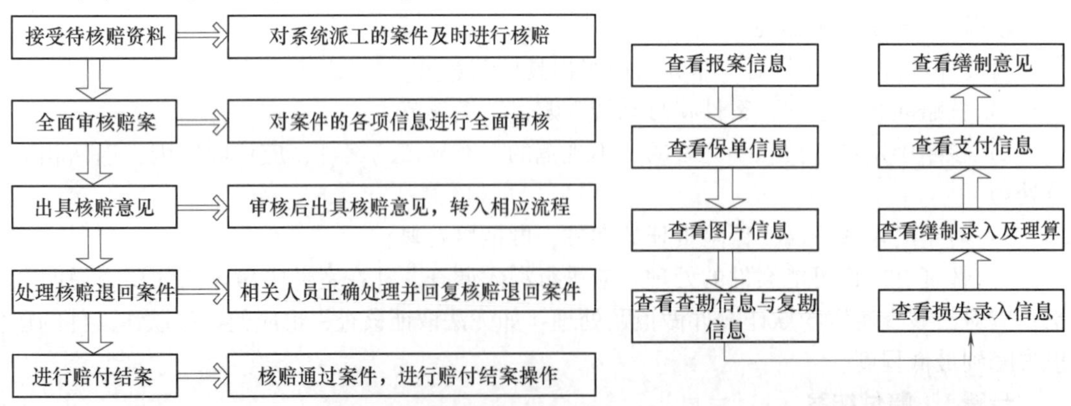

图21-2　核赔与结案任务实施流程

图21-3　赔案审核信息点

项目 7 检测

一、单选（每题 5 分，共 25 分）

1. 计算交强赔款时实行免赔率为（　　）。（易）

A. 20%　　B. 10%　　C. 0　　D. 15%

2. 下列属于车辆损失险理赔范围的是（　　）。（难）

A. 车辆行车中由于天气热爆胎引起的轮胎单独破损

B. 车辆因在高速行驶后，自燃导致车身部分损毁

C. 保险责任事故发生后，为降低车辆损失而进行抢救的必要的施救费用

D. 在事故中，车上人员随身携带的物品的损失

3. 下列选项中，属于机动车辆第三者责任险理赔范围的是（　　）。（难）

A. 保险车辆对被保险人所有或代管的财产造成的损失

B. 保险车辆行驶时发生意外事故致使本车所载乘客伤亡

C. 被保险人在使用保险车辆时不慎将路边行人撞伤

D. 保险车辆行驶时发生意外事故致使拖带的未保险车辆倾覆

4. 以下不属于交强险的理赔范围的是（　　）。（难）

A. 事故造成的自己车上的人员伤亡

B. 事故造成的对方的车辆损失

C. 事故造成的车下的人伤及其财产损失

D. 对受害人进行的必要的施救费

5. 被保险人在车险事故发生后应在（　　）h 内向保险人报案。（易）

A. 24　　B. 48　　C. 12　　D. 36

二、判断（每题 4 分，共 20 分）

1. 交强险在计算赔款时在分项限额内进行理赔，无免赔率。（　　）（易）

2. 对同一损失，交强险赔付后商业险再进行的赔偿。（　　）（难）

3. 保险车辆肇事逃逸是所有商业险条款的责任免除。（　　）（难）

4. 本车上其他人员的人身伤亡也是第三者责任险的保险责任范围。（　　）（中）

5. 交强险中无责车辆对有责车辆的财产损失部分由有责车辆保险公司代赔。（　　）（中）

三、名词解释（每题 6 分，共 24 分）

1. 赔款理算（中）

2. 核赔（中）

3. 保险追偿（中）

4. 未决赔案（中）

四、简答（每题 8 分，共 16 分）

1. 简述事故车赔款理算流程。（中）

2. 简述汽车保险核赔内容。(中)

五、赔款理算（共15分）

已知：孙某有一宝来家用轿车:投保了交强险,并按实际价值以10万元投保车损险,以责任限额为30万元投保了第三者责任险和车上责任人险(投保驾驶座限额为10万元)。王某有一帕萨特家用轿车:投保了交强险,并按实际价值以20万元投保车损险,以责任限额为20万元投保了第三者责任险和车上责任人险(投保驾驶座限额为20万元)。

案情：在一次事故中两车相撞（王某负主要责任，孙某负次要责任）造成：王某车损5000元，车上人王某受重伤医疗费花去6万元；李某车损3000元，路上一骑自行车人受伤花去医疗费3000元。计算王某、李某所投汽车保险各险种的赔款。

注：事故中商业险免赔率按：全责任20%，主要责任15%，同等责任10%，次要责任5%进行计算，残值不计。(难)

项目 8

认识汽车信贷保险

项目概述

本项目介绍汽车消费信贷保险的概念，车贷险存在的风险，车贷险的要求，介绍购买车贷险的流程，车贷险的保费及费率。介绍分期付款购车的费率、保费等内容。

学习本项目能了解车贷险的风险，熟悉车贷险购买的流程，知道车贷险的费率，了解分期付款购车的程序等。

任务22 汽车消费信贷保险

任务目标

1. 了解汽车消费信贷的风险。
2. 熟悉购买车贷险的程序。
3. 熟悉购买车贷险的要求。

案例导入

陈先生是上海一家私营企业的业务主管，月收入 5000 元，银行信用记录良好。其太太在小区的物业管理部门任会计，月收入 2000 元。陈先生的单位离家很远，他一般是骑摩托车上班或乘公交车，非常不便，所以陈先生早就有买车的打算，想通过汽车贷款购买 8 万元左右的一手车代步，了解一下车贷险的要求。

相关知识

一、汽车消费信贷保险

1. 汽车消费信贷保险的概念

汽车消费贷款保证保险即汽车消费信贷保险简称“车贷险”，是指购车人在向银行申请汽车贷款时，除将所购之车作为抵押物外，还向保险公司申请购买车贷保证保险。

随着汽车消费贷款业务的迅速增长和市场规模的扩大，贷款风险问题将成为银行日益重视的一个问题。为此，汽车消费贷款的保证保险业务的出现，能够帮助银行有效锁定风险，为保险公司创造新的效益增长点，使贷款购车用户方便借款和享受金融便利服务，可以说是

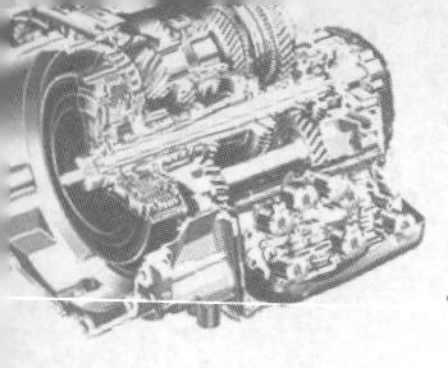

一件“三得利”的好事。

保险公司在其中起到担保人的角色，这样不但能够使银行的贷款审批更为便捷，而且当贷款人无法还款时，将由保险公司代为向银行还款。

车贷险把消费者、银行、保险公司、车商等相关主体联系在一起，组成了一条利益生物链，起到了刺激汽车消费的作用，同每个利益主体之间相互制约、相互影响，颇有“一荣俱荣，一损俱损”的意味。

不少人希望通过贷款的方式买车，银行也为此打开了方便之门。但由于车辆是移动资产，风险很大，银行除了对贷款人进行信用考察之外，还要求提供相应的担保，否则不予贷款。而车辆贷款保险是目前主要的担保方式之一。在车贷险中，被保险人是银行，保险公司承保贷款人不还款责任。

车贷险是一种以贷款合同所确定的贷款本息为标的，投保人（即义务人或借款人）根据被保险人（即权利人或提供汽车消费贷款的银行）的要求，请求保险人担保自己信用的一种保险。机动车辆消费贷款保证保险的投保人（即贷款购车人）必须是车辆的最终用户。

汽车消费贷款保证保险是指贷款人或购买机动车辆的借款人（购车人）向保险人支付保险费，当借款人未按照汽车消费贷款合同约定向贷款人归还贷款本息致使贷款人遭受损失时，由保险人承担赔偿责任的一种确实保证保险。在汽车消费贷款保证保险中，投保人是贷款人或借款人，被保险人是向借款人发放汽车消费贷款的贷款人，保险人是经有权机关批准开办保证保险业务的保险公司。

机动车辆消费贷款保证保险的保险对象有投保人和被投保人。其中投保人是指根据中国人民银行、银监会联合颁布的《汽车贷款管理办法》规定，与被保险人订立《汽车消费借款合同》（以下简称《借款合同》），以贷款购买汽车的中国公民、企业、事业单位法人。被保险人是指为投保人提供贷款的国有商业银行或经中国人民银行批准经营汽车消费贷款业务的其他金融机构。

2. 车贷险存在的风险

由于有关法律法规的不完善，保险业的粗放经营，行业之间的恶性竞争，以及社会环境、个人信用等因素的影响，汽车消费贷款保证保险业务风险日益凸现。汽车消费贷款保证保险业务风险有：

（1）物质损失风险　物质损失风险主要体现为外来的风险。投保人因购买汽车需向银行申请汽车消费贷款，这是汽车消费贷款保证保险业务的起因；而汽车是因负债而形成的资产，在没有还清银行贷款前，标的车的物质损失会加重投保人的还款压力，直接影响保证保险的正常履约，如碰撞、倾覆、爆炸、自然或盗抢等意外事故。

（2）个人信用风险　个人信用风险与个人品德、受教育程度、工作收入、家庭的稳定性有关，是汽车消费贷款保证保险业务的主要风险，具体表现为：投保人购车，纯粹是出于一时冲动，对于日后车辆使用所需费用，缺乏周详的财务安排；投保人出于其他目的，多头购车、多头贷款，在多家保险公司获得贷款担保，所举债务超过其还款承受能力；投保人经济收入减少或丧失，无法履行《借款合同》；投保人在还款期限内死亡、伤残、失踪、无人代偿银行债务；投保人恶意行为，采取转移、隐匿、逃债等手段拒不履行《借款合同》等。

（3）政策风险　政策风险集中体现为标的车市价贬值的风险，主要有因国家产业政策调整或环保要求，需淘汰部分车型而产生车价贬值的风险。

（4）法律风险　法律风险是指在承保汽车消费贷款保证保险业务时，就已经隐藏着发生法律纠纷的风险因素。法律风险主要有以下三个方面：假借他人名义购车、借款产生的法律风险；标的车产权转让而产生的法律风险；担保方式的采用而产生的法律风险。

3. 投保人与被保险人义务

（1）投保人义务　投保人必须在本合同生效前，履行以下义务：

一次性缴清全部保费；必须依法办理抵押物登记；必须按中国人民银行《汽车消费贷款管理办法》的规定为抵押车辆办理车辆损失险；第三者责任险、盗抢险、自燃险等保险的保险期限至少比汽车消费贷款期限长6个月，不得中断或中途退保。

（2）被保险人义务　被保险人发放汽车消费贷款对象必须为贷款购车的最终用户。被保险人应按《汽车贷款管理办法》严格审查投保人的资信情况，在确认其资信良好的情况下，方可同意向其贷款。资信审查时应向投保人收取以下证明文件，并将其复印件提供给保险人，内容包括：个人的身份证及户籍证明原件，工作单位人事及工资证明或居委会出具的长期居住证明；法人的营业执照、税务资信证明等。被保险人应严格遵守国家法律、法规，做好欠款的催收工作和催收记录。被保险人与投保人所签订的《汽车消费借款合同》内容如有变动，必须事先征得保险人的书面同意。被保险人在获得保险赔偿的同时，应将其有关追偿权益书面转让给保险人，并协助保险人向投保人追偿欠款。

4. 购买车贷险的要求

不少人都购买过房贷险，投保手续简单，基本上按照贷款数额计算保费。虽然车贷险同属于保证保险，但投保有不少特别的要求。

（1）要提供个人资信证明　保险公司提供车贷险时需要投保人提供个人资信状况，包括偿款能力、诚信状况等，这通常由贷款银行审核认定。由于目前车贷险在赔付时实行不低于10%的绝对免赔率，银行也要承担风险，所以资信审核比较严格。

（2）车贷险费率与资信状况挂钩　保险公司通常根据个人资信状况来决定车贷险的费率，如85分及以上的费率是1.3%，75～84分的费率是1.8%，55～74分的费率是2.3%，50～54分的费率是3.2%，50分以下不予贷款，当然，还可以实行适当的费率浮动。保险金额为购车贷款合同中列明的贷款金额及利息，车贷险的保费就是对应的费率乘以保额。还有一部分保险公司采取费率与贷款年限挂钩的办法，费率与贷款时间长短有关。总之，以资信状况决定费率是车贷险的主流。

（3）必须购买相应的车辆保险，这是车贷险比较特殊的地方　在实际操作中，要求贷款人购买车辆时投保车辆损失险、全车盗抢险、自燃损失险、交强险和第三者责任险等，其目的是防范车辆本身的风险，如被盗抢，保险公司可以赔付给车主相应的款项，用于偿还贷款。不同保险公司对于购买的车险险种有所不同，有的还要求增加不计免赔险等。对于这些保险，保险期间至少应与贷款期限相同，而且要一次性交费。

例如：王先生投保3年期的车贷险，需要一次性缴清3年期车贷险和3年车辆险的保险费。有的保险公司还要求车辆保险期比贷款期长6个月。这样算下来，车主要缴纳的保费数目不菲，20万元的车辆，如果贷款三年期10万元，需要一次性缴纳保费约16000元。

（4）贷款期限较短　由于车辆贷款金额相对较少，加上车辆损耗大，保险公司为控制风险，车贷险的贷款期间一般不超过5年，有的明确为3年。受保险期限的约束，贷款人需妥善规划好自己的还贷计划。

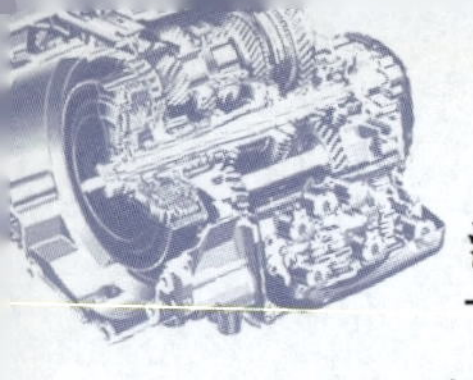

5. 购买车贷险的程序

（1）保人（购车人）/担保人必备条件　年满十八周岁，户口，固定寓所，固定工作，自有物业或不动产，有还款能力。

（2）所需资料　购车人及其配偶的身份证、户口本原件及复印件，结婚证原件及复印件；担保人及其配偶的身份证、户口本原件及复印件；购车人和担保人的收入证明材料；抵押或质押合同、抵押或质押证书；分别与银行和汽车销售商签订的分期付款购车合同；担保书、承保调查表。

（3）保险程序　投保人（购车人）办理汽车消费贷款保证保险的程序如下：在保险公司业务员指导下填写《投保申请书》及准备有关资料；填妥资料，连同有关资信证明材料交回保险公司；保险公司和银行审核客户资信；购车人获知审批结果，到车行选购车辆，签订购车合同，取得有关单证；保险公司出具保单；银行放款，客户提车；投保人（购车人）开始按月供款。

6. 车贷险的责任

投保人逾期未能按《借款合同》规定的期限偿还欠款满一个月的，视为保险责任事故发生。保险责任事故发生后6个月，投保人不能履行规定的还款责任，保险人负责偿还投保人的欠款。

以下原因可免除保险责任：

1）由于下列原因造成投保人不按期偿还欠款，导致被保险人贷款损失时，保险人不负责赔偿：战争、军事行动、暴动、政府征用、核爆炸、核辐射或放射性污染；因投保人的违法行为、民事侵权行为或经济纠纷使其车辆及其他财产被罚没、查封、扣押、抵债及车辆被转卖、转让；所购车辆的质量问题及车辆价格变动致使投保人拒付或拖欠车款。

2）由于被保险人对投保人提供的材料审查不严或双方签订的《汽车消费贷款合同》及其附件内容进行修订而事先未征得保险人书面同意，导致被保险人不能按期收回贷款的损失。

3）由于投保人不履行《借款合同》规定的还款义务而造成的罚息、违约金、保险人不负责赔偿。

7. 车贷险的赔付

一般保险公司对于下面两种情况进行车贷险的赔付。

1）当投保车主在保险合同有效期内遭受意外伤害，导致身故或者经鉴定达到一级至四级伤残；投保人自保险期间开始180日后（不含第180日）初次罹患疾病，导致身故或者鉴定达到一级至四级伤残，由保险公司完全承担贷款本息余额的还款责任。

2）车贷险还承担“无理由”不还款的情况，当投保车主连续三个还款期未履行还贷责任，银行通过拍卖车辆实现抵（质）押权后，所获资金不足以清偿未偿还的贷款本息的，保险公司负责赔偿差额部分。不过这种情况，银行也要承担10%的损失。

8. 提前还款如何退保

如同房贷一样，在经济允许的情况下，贷款买车的人会提前还贷，那么，提前还贷怎么计算保费呢？根据规定，投保人提前还清购车贷款的可申请退保，投保人凭保险单正本、被保险人提供的还清贷款及利息的书面证明和对退保无异议的书面证明、退保申请书向保险公司申请退保，保险公司根据实际贷款期退还剩余保险费。实际贷款期按季度计，不足一季度

的按一季度计，保险期间也按季度计，这样，应退保费 = [1 -（实际贷款期/保险期间）] × 实缴保险费。

9. 保险期限和保险金额

保险期限：从投保人获得贷款之日起，至付清最后一笔贷款之日止，但最后不得超过《汽车消费贷款合同》规定的最后还款日后的一个月。

保险金额：为投保人的贷款金额（不含利息、罚息及违约金）。

10. 保险费率

保险费等于保险金额乘以保险费率。保险费率与保险期限有关，见表22-1。

表22-1 保险费率表

保险期限	1年	2年	3年	4年	5年
保险费率	1%	2%	3%	4%	5%

说明：保险期限不足6个月，按6个月计算，费率为0.5%；保险期限超过6个月不满1年，按1年计算，即费率为1%。例如：保险期限为2年半，则费率为2% +0.5%，即2.5%；保险期限为3年零9个月，则费率为3% +1%，即4%。

11. 保险费贷款

保险费贷款是指将按揭车辆在贷款期间的车辆险保险费通过向银行贷款的方式缴纳，由投保人每月向贷款银行分期供款。其好处是以快捷、简便的手续便可减轻供车的首期费用，减少供车成本，有利于提高资金的使用效率，同时可获得由保险公司免费提供的差异化优质服务，如按揭车辆发生交通事故，在维修或事故处理期间，可享受替代车服务，及在外地可享受当地保险公司的快速理赔服务，或法律咨询、代理调查、取证、核实和代理诉讼等相关法律服务。

保险费贷款的申请条件是申请投保机动车辆消费贷款保证保险并且车辆贷款的首付款比例在30%以上的投保人即可申请保费贷款。

办理保费贷款手续简便，投保人在向保险公司申请机动车辆消费贷款保证保险时，只需亲笔填写《委托划款通知书》即可办理保费贷款。

保费贷款的计算方法为：根据投保人购买的车辆、所投保的险种及保险公司报出的机动车辆保险费率计算出一年的车辆险保险费，乘以贷款年限（最长不超过3年）为总车辆险保费，取其以千元为单位的整数即为保险费贷款金额（此处不使用四舍五入法）。

二、汽车分期付款保险

汽车分期付款售车信用保险属于机动车辆保险中的一种特别约定保险，它与前述汽车消费贷款保证保险最大的不同之处在于机动车辆分期付款售车信用保险的被保险人是汽车销售商，而汽车消费贷款保证保险的被保险人是提供贷款的国有商业银行和经中国人民银行批准经营汽车消费贷款业务的其他金融机构。

1998年国家制定了《机动车辆分期付款售车信用保险条款》，对汽车分期付款售车信用保险做出了明确的规定，促进了我国汽车销售市场的发展。

（一）保险程序

购车人到经销商处选定了购买车辆，经过经销商复审和银行初审，交齐首付款，签订购

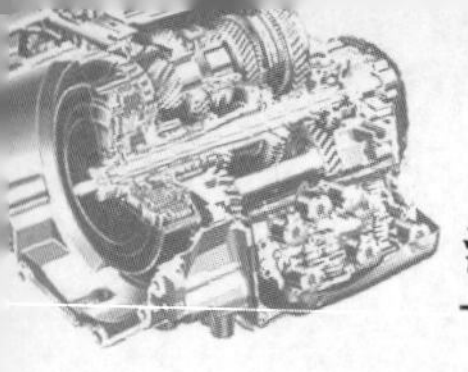

车合同书，得到车辆交接单，此时经销商就可以提供客户文件向保险公司办理汽车分期付款售车信用保险。

保险公司办理汽车分期付款售车信用保险应准备以下资料：机动车辆险投保单（全国统一），机动车辆分期付款售车信用保险投保单，机动车辆消费贷款保证保险投保单。

经销商为保险公司准备的客户文件包括：购车人身份证复印件；购车人户口本复印件；购车人的工资收入证明复印件；经过公证的购车合同书；共同购车人的身份证、户口本复印件；保证人的身份证复印件；购车发票、汽车合格证、车辆购置附加费缴费凭证复印件；首期款缴费凭证复印件；车辆交接单复印件。

投保时，投保人应如实填写投保单，并交验《购车合同》《抵押合同》《车辆行驶证明》、机动车辆（含盗抢险）保险单及办理汽车抵押登记手续证明，经保险人审核同意承保的，应一次缴清保险费，保险人签发保险单正本交被保险人存执，保险费收据交投保人存执。

（二）被保险人义务

被保险人应履行以下义务：

1）要求购车人提供具有担保资格的担保人，并以所购汽车作为抵押。

2）严格遵守购销合同、抵押合同、质押合同等有关必备合同的规定。

3）严格审查购车人和担保人的资信情况，在确认其资信良好的情况下，方可按分期付款方式销售车辆。

4）资信审查时向购车和担保人收取以下证明文件，并予以登记，内容包括：个人的身份证及户籍证明原件；工作单位人事及工资证明或居委会出具的长期居住证明；法人的营业执照税务登记证复印件，营业场所证明，法人代表身份证明，单位的开户行、户名及账号，银行及税务资信证明等。保险人有权要求被保险人提供上述证明文件。

5）按时向保险人交纳保险费。

6）严格遵守国家法律、法规及购车人与汽车经销商签订的《分期付款购买汽车合同》中的责任和义务，经常检查分期付款合同的执行情况，做好欠款的催收工作和催收记录，对保险人提出的防损建议，应认真考虑并付诸实施。

7）被保险人的《分期付款购买汽车合同》如需变动，必须事先征得保险人的书面同意。被保险人改变经营方式，如果对购车人分期付款产生较大影响，应及时书面通知保险人。

8）被保险人对于本保险单所载的汽车不得擅自转让、出租、改装或非法使用，并应尽维护义务，如有损坏应负责修复。

在本保险有效期内，投保人对于导致风险变化的各种情况，应在十日内通知保险人，并根据保险人的要求，缴纳应增加的保险费。

（三）保险责任

1. 一次性清偿责任

保险期限内，因下列情形投保人不能按《购车合同》的规定履行按期还款义务，致使被保险人按《抵押合同》依法处分抵押汽车，在支付处分费用、缴纳税款后所得价款不足以清偿所欠贷款本金、利息而遭受损失时（损失额的计算不包括投保人逾期还款的罚息，以及因不履行合同而发生的违约金在内），保险人在保险金额内对其差额部分负一次性清偿

责任：

1）投保人连续三个月未依约履行到期债务。

2）投保人（自然人）死亡，且无人代为履行到期债务。

3）投保人（法人）依法宣告破产。

2. 不赔偿责任

如果由于下列原因造成购车人不按期偿还欠款，导致被保险人的经济损失时，保险人不负责赔偿：

1）战争、军事行动、核爆炸、核辐射或放射性污染。

2）因购车人的违法犯罪行为以及经济纠纷致使其车辆及其他财产被罚没、查封、扣押、抵债。

3）因所购车辆的质量问题及合同纠纷而引起偿还贷款争议，致使购车人拒付或拖欠车款。

4）因车辆价格变动致使购车人拒付或拖欠车款。

5）被保险人没有按规定程序进行资信调查或审批，对购车人资信调查的材料不真实或售车手续不全，以及与投保人恶意串通，损害保险人利益的。

6）投保人或被保险人未经保险人书面同意临时性变更购车合同。

7）投保人或被保险人订立的购车合同被确认无效，以及投保人与被保险人协商解决该合同的。

（四）保险期限、保险金额与保险费

保险期限与《购车合同》中约定的还款期限一致，即保险的保险期限是从购车人支付规定的首期付款日起，至付清最后一笔欠款日止，或至该份购车合同规定的合同期满日为止，两者以先发生为准，但最长不超过 3 年，当投保提前还清贷款本金、利息，本保险期限则同时提前终止。

保险金额为购车人首期付款（不低于售车单价的 30%）后尚欠的购车款额（含资金使用费）。

保险费等于保险金额乘以保险费率。保证保险按货款期限，一次性交完，保险手续由经销商代办。

（五）保险费率

汽车分期付款售车信用保险费率见表 22-2。

表 22-2 汽车分期付款售车信用保险费率

分期付款时间	保险费率（%）	分期付款时间	保险费率（%）
6 个月	0.6	2 年	2
7 ~ 12 个月（含 1 年）	1	2 年 3 个月	2.25
1 年 3 个月	1.25	2 年 6 个月	2.5
1 年 6 个月	1.5	2 年 9 个月	2.75
1 年 9 个月	1.75	3 年	3

（六）赔偿、追偿及处置抵押物

当发生保险责任范围内事故时，被保险人应立即书面通知保险人，如属刑事案件，应同时向公安机关报案。一般被保险人应以书面形式向保险公司申请赔偿，并提供下列单证：保险单正本，分期付款购车合同，车辆行驶证，拍卖机构的拍卖成交价格证明或变卖价格证明，被保险人依抵押合同取得的抵押权转移给保险人的法律文件，还款凭证，投保人丧失还款能力的声明及证明材料，机动车辆（含盗抢险）保险单，保险人认为有必要的其他证明。

保险人对被保险人提出的赔偿保险金的申请和所有证明，经审核确属保险责任的，在实现抵押权转移后十日内，保险人对被保险人一次性全部清偿保险金，保险责任即行终止。

被保险人索赔时应交回抵押车辆，由保险人依法处置抵押物抵减欠款，抵减欠款不足部分由保险人按相关条款赔偿办法予以赔偿。若被保险人无法收回抵押车辆，应向担保人追偿，若担保人拒绝承担连带责任时，被保险人就可以提起法律诉讼。另外，当被保险人在获得保险赔偿时，应将其有关追偿权益书面转让给保险人。当保险人支付保险赔款之后，即取代被保险人的地位，行使对购车人的追偿权利，包括接管为被保险人债权而设计的任何抵押物。同时，保险人有权采用拍卖、转让、兑现等方式处置抵押物。分配抵押物所得的款项一般按照先支付处分费和税金，再清偿被保险人应得款项，然后清偿保险人应得的所有款项等顺序分配。如上述款项仍有余额，该余额应归还购车人。如上述款项不足清偿欠款，被保险人应积极协助保险人向购车人追偿。

被保险人自其知道保险事故发生之日起两年内，不向保险人提出赔偿请求的，即作为自愿放弃权利。投保人或被保险人与保险人就保险事宜发生争议，可协议申请仲裁或向人民法院提起诉讼。

任务实施

步骤1　拟订任务实施计划

根据购车情况，拟订办理信贷的汽车购车客户办理信贷保险。熟悉汽车消费贷款保证保险的程序。

步骤2　讲解汽车消费贷款保证责任

明确：投保人逾期未能按《汽车消费贷款合同》规定的期限偿还欠款满一个月的，视为保险责任事故发生。保险责任事故发生后6个月，投保人不能履行规定的还款责任，保险人负责偿还投保人的欠款。

步骤3　计算汽车信贷保险费用

按照表22-2计算保险费。

步骤4　讲解信用保险的风险

明确一次性清偿责任。保险期限内，因下列情形投保人不能按《购车合同》的规定履行按期还款义务，致使被保险人按《抵押合同》依法处分抵押汽车，在支付处分费用、缴纳税款后所得价款不足以清偿所欠贷款本金、利息而遭受损失时（损失额的计算不包括投保人逾期还款的罚息，以及因不履行合同而发生的违约金在内），保险人在保险金额内对其差额部分负一次性清偿责任。

步骤 5　计算分期付款售车信用保险费用

按照表 22-2 计算保险费。

【导读】

《关于促进汽车消费贷款保证保险业务稳步发展的通知》保监发〔2009〕69 号

为积极贯彻国务院《汽车产业调整和振兴规划》和《当前金融促进经济发展的若干意见》的精神，促进我国汽车产业持续、健康、稳定发展，商务部联合我会及相关部委于近期下发了《关于促进汽车消费的意见》，将稳步发展汽车消费贷款保证保险业务作为保险业积极促进国内汽车消费的一项重要举措。

中国保监会 2009 年 5 月 27 日下发《关于促进汽车消费贷款保证保险业务稳步发展的通知》，要求各财产保险公司在风险可控的前提下，积极稳妥发展汽车消费贷款保证保险业务。这意味着，这项鼓励机制也许会将重新启暖车市。

任务评价

使用任务评价表对任务完成情况进行评价，任务 22 评价表见表 22-3。

表 22-3　任务 22 评价表

评价项目	评分标准	分数	学生自评	小组互评	小计
团队合作	团队和谐，有分工有合作，组员积极参与	10			
操作过程	接待购车客户，能计算车贷险保险费；能计算售车信用保险的保险费；能解释车贷险、信用险的责任和义务	60			
创新点	有创新点	10			
任务方案	完整、合理	10			
完成情况	圆满完成	10			
	总分	100			
教师评价					

任务小结

1. 汽车消费贷款保险涉及对象

汽车消费贷款保险涉及对象如图 22-1 所示。

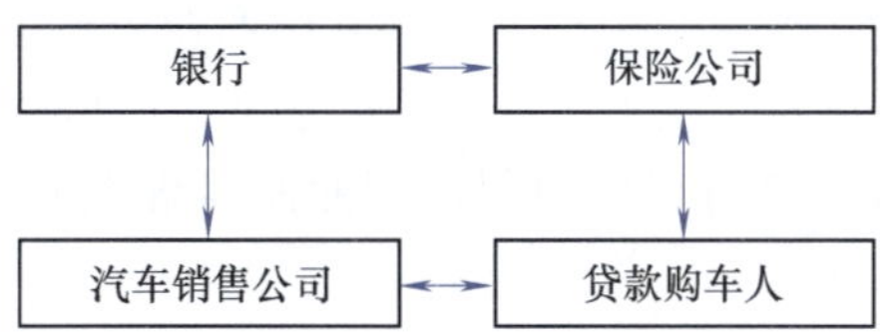

图 22-1　汽车消费贷款保险涉及对象

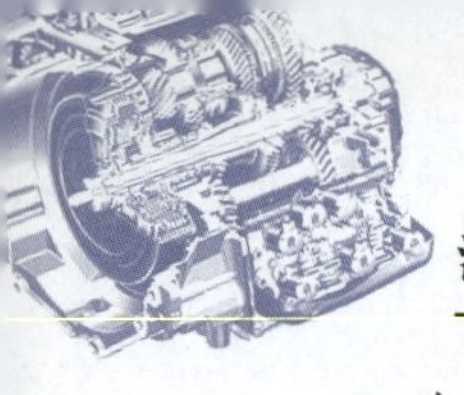

2. 汽车分期付款流程

汽车分期付款流程如图22-2所示。

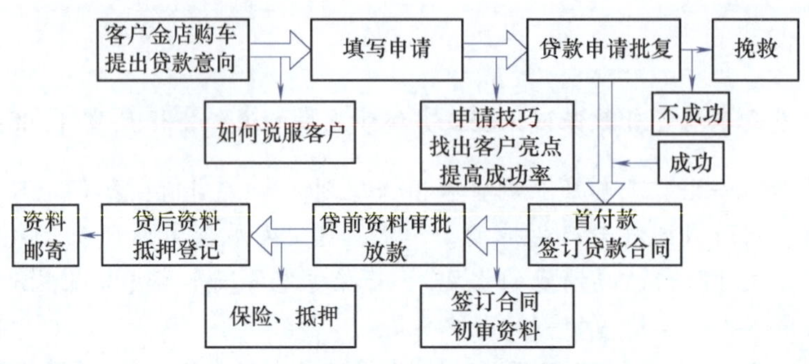

图22-2　汽车分期付款流程

任务23　汽车贷款操作

任务目标

1. 熟悉汽车贷款的条件。
2. 了解汽车贷款的程序。
3. 知道汽车贷款的费用及还款方式。

案例导入

王先生是一家企业的业务主管，月收入4200元，银行信用记录良好，太太在一家超市工作，月收入2000元。王先生的单位离家很远，他一般是乘公交上班，耗费的时间特别长；晚上送孩子学琴、星期天回家探望父母均要打的或乘公交车，非常不便，所以王先生早就有买车的打算，想通过汽车贷款购买10万元左右的车代步。

相关知识

一、汽车贷款的基本要求

为规范汽车贷款业务管理，防范汽车贷款风险，促进汽车贷款业务健康发展，根据《中华人民共和国中国人民银行法》《中华人民共和国商业银行法》《中华人民共和国银行业监督管理法》等法律规定，制定《汽车贷款管理办法》，于2004年3月22日中国人民银行第5次行长办公会议和2004年8月9日中国银行业监督管理委员会主席会议审议通过，自2004年10月1日起施行。

（一）贷款条件

1. 个人申请汽车贷款必须符合的条件

借款人申请个人汽车贷款，应当同时符合以下条件：

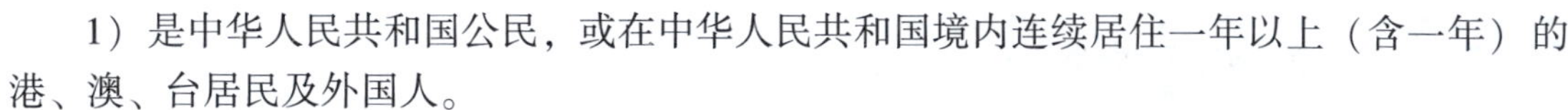

1）是中华人民共和国公民，或在中华人民共和国境内连续居住一年以上（含一年）的港、澳、台居民及外国人。

2）具有有效身份证明、固定和详细住址且具有完全民事行为能力。

3）具有稳定的合法收入或足够偿还贷款本息的个人合法资产。

4）个人信用良好。

5）能够支付本办法规定的首期付款。

6）贷款人要求的其他条件。

2. 汽车经销商申请汽车贷款必须符合的条件

借款人申请经销商汽车贷款，应当同时符合以下条件：

1）具有工商行政主管部门核发的企业法人营业执照及年检证明。

2）具有汽车生产商出具的代理销售汽车证明。

3）资产负债率不超过 80%。

4）具有稳定的合法收入或足够偿还贷款本息的合法资产。

5）经销商、经销商高级管理人员及经销商代为受理贷款申请的客户无重大违约行为或信用不良记录。

6）贷款人要求的其他条件。

3. 法人申请汽车贷款必须符合的条件

借款人申请机构汽车贷款，必须同时符合以下条件：

1）具有企业或事业单位登记管理机关核发的企业法人营业执照或事业单位法人证书等证明借款人具有法人资格的法定文件。

2）具有合法、稳定的收入或足够偿还贷款本息的合法资产。

3）能够支付本办法规定的首期付款。

4）无重大违约行为或信用不良记录。

5）贷款人要求的其他条件。

（二）贷款的最高比例

贷款人发放自用车贷款的金额不得超过借款人所购汽车价格的 80%；发放商用车贷款的金额不得超过借款人所购汽车价格的 70%；发放二手车贷款的金额不得超过借款人所购汽车价格的 50%。

前面所称汽车价格，对新车是指汽车实际成交价格（不含各类附加税、费及保费等）与汽车生产商公布的价格的较低者，对二手车是指汽车实际成交价格（不含各类附加税、费及保费等）与贷款人评估价格的较低者。

（三）贷款期限

汽车贷款的贷款期限（含展期）不得超过 5 年，其中，二手车贷款的贷款期限（含展期）不得超过 3 年，经销商汽车贷款的贷款期限不得超过 1 年。

（四）汽车消费贷款利率

汽车消费贷款利率按照中国人民银行公布的贷款利率规定执行，计、结息办法由借款人和贷款人协商确定。贷款期限在 1 年以内的，按合同利率计息，遇法定利率调整利率不分段；贷款期限在 1 年以上的，遇法定利率调整，于下年初开始，按相应利率档次执行新的利率水平。

二、汽车消费贷款所需资料和相关程序

（一）借款人需要提供的资料

1. 对自然人需要提供的资料

资料包括：《汽车消费贷款申请书》（自然人）；个人及配偶的身份证、结婚证、户口簿或其他有效居留证件原件；贷款人认可的部门出具的借款人职业和经济收入的证明；与贷款人指定的经销商签订的购车协议或合同；不低于首期付款的银行存款凭证；以财产抵押或质押的，应提供抵押物或质押物清单、权属证明及有权处分人（包括财产共有人）同意抵押或质押的证明，有权部门出具的抵押物估价证明；由第三方提供保证的，应出具保证人同意担保的书面文件，有关资信证明材料及一定比例的保证金；以所购买车辆做抵押物的，应提供在合法抵押登记和有关保险手续办妥之前贷款人指定经销商出具的书面贷款推荐担保函。

2. 对法人需要提供的资料

资料包括《汽车消费贷款申请书》（法人）营业执照、法人代码证、法定代表人证明文件、身份证复印件、《贷款证》；经审计的上一年度及上一个月的资产负债表、损益表和现金流量表或财务状况变动表；经办行会计部门开出的购车首期款存款证明；与银行特约经销商签订的《购车合同》；如果抵押或质押方式，需提供抵押物、质物清单和有处分权人同意抵押、质押的证明文件，抵押物还需提交所有权或使用证权书、估价、保险文件；质物还要提供权利凭证。

（二）汽车消费贷款基本程序

第一步：借款人与银行指定特约经销商草签《购车合同》，凭此《购车合同》到银行指定经办行填写《汽车消费贷款申请书》，同时提交有关资料。

第二步：银行经办行按内部审批程序审批，同意发放的，借款人应按经办行要求办理借款手续，经办行向经销商出具《汽车消费贷款通知书》。

第三步：特约经销商在收到《汽车消费贷款通知书》后，借款人即可在经销商处办理缴税费及领取牌照等手续，并在《汽车消费贷款通知书》所规定的时限内，将所有购车发票、各种税费原件及行驶证复印件等凭证直接交予经办行。

第四步：经办行在收到购车发票等凭证后，通知借款人办理支用手续。贷款连同首期款一起转到经销商账户上。

（三）汽车消费信贷的操作程序

（1）客户咨询　客户咨询工作主要是了解客户购车需求、帮助客户选择车型、介绍购车常识和如何办理汽车消费信贷购车、报价、办理购车手续等。由于客户咨询工作是直接面对客户的，所以礼貌待客、耐心解说、准确报价、周到服务是客户咨询员的基本要求。

（2）客户决定购买　在客户咨询员的介绍和协助下，客户选中了某种车型决定购买，此时咨询员应指导客户填写《消费信贷购车初、复审意见表》和《消费信贷购车申请表》，报审查部门审查。

（3）复审　审查部门应根据客户提供的个人资料、消费信贷购车申请、信贷担保等进行贷款资格审查，并根据复审结果填写《消费信贷购车资格审查核查调查表》等表格，还要对《消费信贷购车初、复审意见表》填写复审意见，然后将有关资料报送银行。

（4）与银行交换意见　将经过复审的客户资料提交贷款银行进行初审鉴定。

(5) 交首付款　收取客户的首付款后，应出具收据，并为客户办理银行户头和银行信用卡。

(6) 客户选定车型　客户选定车型后，根据选定车型填写车辆验收交接单，以备选车和提车时使用。

(7) 签订购车合同书　客户选定车型后，准备好购车合同书的标准文本，交于客户仔细阅读，确认无异议后，双方签订合同书。

(8) 公正、办理保险　办理公证和保险需要许多资料、手续繁复。

(9) 终审　审查部门将客户文件送交银行进行初审确认，签订合格的有关文件提交领导签署意见。

(10) 办理银行贷款　受银行委托，给客户办理相关个人消费信贷借款手续。

三、主要费用及还款方式

(一) 主要费用

1) 合同公证费：由国家公证机关按规定收取。

2) 保险费：按保险公司经银行批准费率收取。

3) 房地产评估费。

(二) 还款方式

借款人应按借款合同约定的还款日期、计划、还款方式偿还贷款本息。如借款人提前偿还全部贷款，应提前15日向贷款人提出书面申请，征得同意后方可办理有关手续。

贷款本息按月（季）偿还，每次偿还本息额为：

贷款本金/还本付息次数+（贷款本金－已归还本金累计数）×月（季）利率

任务实施

步骤1　拟订任务实施计划

根据购车情况，拟订办理信贷的汽车购车客户接待办理计划。

步骤2　接待客户信贷咨询

对信贷客户讲解汽车消费信贷购车须知，讲解购车常识，讲解消费信贷购车价格明细表及消费信贷购车费用明细表，与客户沟通，初步了解客户个人资料及工资收入等。

步骤3　审核客户信贷资料

按照贷款基本条件，初审客户资格审查调查表，看是否符合信贷要求。信贷客户必须有个人行为能力，有还款能力，信誉好。

步骤4　初步签订购车合同

初步签订购车合同，指导客户填写“银行汽车消费贷款申请书”，请示领导审核其申请信贷资料。签订个人消费贷款保证合同，提交银行进行初审鉴定。

步骤5　办理银行贷款

送交银行的资料文件有：个人消费贷款保证合同、委托付款授权委托书、委托收款通知书、个人消费贷款借款合同书、个人消费贷款审批书。

步骤6　收取首付款

签订正式购车合同。银行消费贷款办理中，收取客户首付款。

步骤7　给客户交车

收到首付款及银行借款后，办理客户交车手续。

步骤8　建立客户档案

经销商应建立完整的客户档案，以便售后服务和贷款催讨工作顺利开展。

任务评价

使用任务评价表对任务完成情况进行评价，任务23评价表见表23-1。

表23-1　任务23评价表

评价项目	评分标准	分数	学生自评	小组互评	小计
团队合作	团队和谐，有分工有合作，组员积极参与	10			
操作过程	接待购车客户；能审核信贷购车客户基本资料，判断还款能力；能解释信贷购车价格明细；能正确解释分析付款销售明细表	60			
创新点	有创新点	10			
任务方案	完整、合理	10			
完成情况	圆满完成	10			
	总分	100			
教师评价					

任务小结

经销商汽车消费信贷业务流程如图23-1所示。

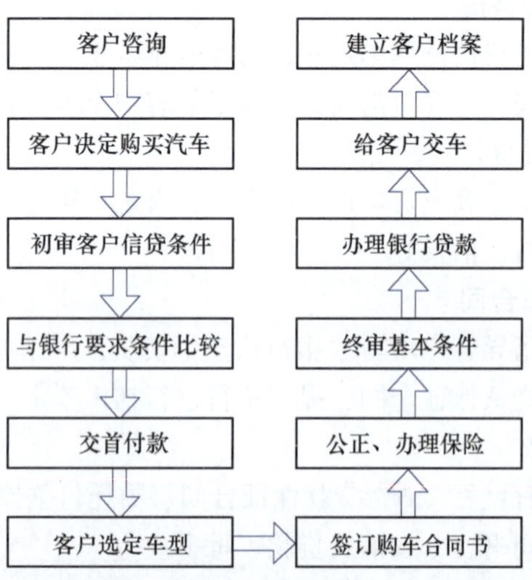

图23-1　经销商汽车消费信贷业务流程

项目 8 检测

一、单选（每题 5 分，共 25 分）

1. 以质押方式申请贷款能申请最高贷款为汽车购买款的（　　）。(中)

A. 20%　　B. 80%　　C. 70%　　D. 60%

2. 汽车消费信贷的贷款期限一般为（　　）年，最长不超过 5 年（含 5 年），并根据借款人性质分别掌握。(中)

A. 1　　B. 2　　C. 3　　D. 4

3. 汽车消费信贷保证保险的投保人是（　　），被保险人是（　　）。(难)

A. 贷款购车人　放款金融机构　　B. 放款金融机构　放款金融机构

C. 贷款购车人　贷款购车人　　D. 放款金融机构　贷款购车人

4. 汽车分期付款售车信用保险的投保人是（　　），被保险人是（　　）。(难)

A. 购车人　汽车经销商　　B. 购车人　购车人

C. 汽车经销商　汽车经销商　　D. 汽车经销商　购车人

5. 汽车消费信贷保证保险合同期限为（　　）。(易)

A. 1 年　　B. 贷款期限　　C. 3 年　　D. 5 年

二、判断（每题 4 分，共 20 分）

1. 汽车消费信贷不需要抵押。（　　）(易)

2. 汽车分期付款售车信用保险合同期限为 1 年。（　　）(难)

3. 只要贷款人没按期还款即认为汽车消费信贷保险事故发生。（　　）(难)

4. 汽车消费保险贷款费率与贷款时间无关。（　　）(中)

5. 汽车消费保险赔偿时，在规定限额内实行 20% 的免赔率。（　　）(中)

三、名词解释（每题 6 分，共 18 分）

1. 汽车消费贷款（中）

2. 汽车消费贷款保证保险（中）

3. 汽车分期付款售车信用保险（中）

四、简答（每题 7 分，共 28 分）

1. 简述汽车消费贷款程序。(中)

2. 简述办理汽车消费贷款保证保险的程序。(中)

3. 简述汽车消费贷款保证保险的责任。(中)

4. 简述办理汽车分期付款售车信用保险应准备哪些资料。(难)

五、论述（共 9 分）

汽车消费贷款保证保险与汽车分期付款售车信用保险的区别。(难)

附　录

汽车保险案例分析

【案例1　发动机进水案的近因判定】

2010年8月5日，袁某为自己的轿车购买了机动车辆保险，车辆损失险保险金额为19万元，保险期自2010年8月6日零时起至2011年8月5日24时止。2010年8月20日凌晨，市区下了一场倾盆大雨，大多数道路有积水现象。同日上午9时，袁某准备开车上班，见停放在其住宅区通道的上述保险车辆轮胎一半受水淹，且驾驶室中有浸水的痕迹，则经简单擦抹后就上车点火起动，发动机发出起动声后熄火，尔后则无法起动。袁某即将车辆拖至某汽车维修公司，经该公司检查认为故障原因是发动机进气系统入水并被吸进燃烧室，活塞运转时，由于水不可压缩，进而导致连杆折断，缸体破损。袁某向保险公司报案后，因争议太大，保险公司没有赔偿损失，袁某遂诉至法院。该案在审理期间，经保险公司申请，法院委托市产品质量监督检验所对车辆受损原因进行鉴定。市产品质量监督检验所认为：

1）造成发动机缸体损坏的直接原因是进气口浸泡在水中或空气滤清器有余水，起动发动机，气缸吸入了水，导致连杆折断，从而打烂缸体。

2）事发时的可能：当天晚上下了大雨，该车停放的地方涨过水，使该车被雨水严重浸泡，进气管空气滤清器进水，当水退至车身地台以下，驾驶人起动汽车时，未先检查汽车进气管空气滤清器有无进水，使空气滤清器余水被吸入发动机气缸，造成连杆折断，缸体破损。袁某和保险公司对质监所的鉴定意见均无异议，只是对造成保险标的损失的近因，保险公司应否赔偿车辆损失这一问题存在较大分歧。

保险公司认为，造成保险车辆发动机缸体损坏的原因是由于进气管空气滤清器有余水，起动发动机，气缸吸入了水，导致连杆折断，从而打烂缸体。而进气管空气滤清器有余水，则是由暴雨所造成。暴雨和起动发动机这两个危险事故先后间断出现，前因与后因之间不具有关联性，后因既不是前因的合理延续，也不是前因自然延长的结果，后因是完全独立于前因之外的一个原因。根据近因原则，起动发动机是直接导致保险车辆发动机缸体损坏的原因，故为发动机缸体损坏的近因。暴雨为发动机缸体损坏的远因。而起动发动机属除外风险，由起动发动机这一除外风险所致发动机缸体损坏的损失，保险人不负赔偿责任，保险公司只需赔偿因暴雨造成汽车浸水后进行清洗的费用。

袁某认为，从危险事故与保险标的损失之间的因果关系来看，本案属于多种原因连续发生造成损失的情形，其中暴雨是前因，车辆进气管空气滤清器进水相对于暴雨是后因，而相对于起动发动机则是前因，而起动发动机本身是后因，正是由于暴雨的发生，才导致车辆进气管空气滤清器进水，才使起动发动机这一开动汽车必不可少的条件发生作用，导致发动机缸体损坏，根据近因原则，暴雨才是近因，因此保险公司应向袁某赔偿车辆的实际损失。

思考：

1. 发动机损坏的近因是什么？依据是什么？

2. 近因原则在保险理赔中有什么作用？

3. 结合车辆损失保险条款，谈谈除了发动机损坏部分外，对汽车被水淹部分的损失保险公司负责赔偿吗？

案例分析：

1. 发动机损坏的近因是什么？依据是什么？

发动机损坏的近因是起动发动机，它是直接导致保险车辆发动机缸体损坏的原因。

依据是：暴雨和起动发动机这两个危险事故先后间断出现，前因与后因之间不具有关联性，后因既不是前因的合理延续，也不是前因自然延长的结果，后因是完全独立于前因之外的一个原因。根据近因原则，起动发动机是直接导致保险车辆发动机缸体损坏的原因，故为发动机缸体损坏的近因。

关于暴雨引发的车辆损失有两类：一类是发动机因进水而导致的金属零件生锈、润滑油污染等；另一类是发动机因转动时进水而导致的缸体、活塞、曲轴等的损坏。对第一类损失保险公司和客户一般没有任何争议，对第二类损失保险公司和客户经常有争议。此时就必须考虑近因原则：如果发动机进水后又起动导致的损失，一般认定近因为起动，因为保险公司认为作为车辆驾驶人员应该有用车的基本常识，知道发动机进了水又起动，必然会导致损失扩大，所以保险公司对此损失不予赔偿；而如果是汽车在暴雨中行驶时，由于积水进入发动机，导致发动机缸体、活塞、曲轴等损坏，则一般认定暴雨是近因，对所有损失保险公司都给予赔偿。

2. 近因原则在保险理赔中有什么作用？

近因原则是指造成保险标的损失的近因是保险责任范围的，保险人承担损失赔偿责任；造成保险标的损失的近因不属于保险责任范围的，保险人不承担损失赔偿责任。在保险业务中，近因原则是认定保险责任的一个重要原则，对判定事故损失是否属于保险赔偿范围具有重要的意义，所以任何一起事故的理赔都必须坚持近因原则。

3. 结合车辆损失保险条款，谈谈除了发动机损坏部分外，对汽车被水淹部分的损失保险公司负责赔偿吗？

目前各家保险公司的车辆损失保险条款，一般对发动机损坏部分都不给予赔偿，而对汽车被水淹部分的损失保险公司负责赔偿。暴雨是车辆损失险保险责任范围的风险，对车辆被淹导致的金属件的生锈、油类的污染、内饰的污浊等保险公司给予除锈、清洗、消毒、更换润滑油等，这些都是车辆损失险的保障范围。而对发动机内部的损坏，保险公司有专门的险种对应，即发动机特别损失险。保险公司推出发动机特别损失险的原因，就在于发动机进水导致的损失比较大，且经常产生争议，所以保险公司对发动机进水导致的损失，由专门的险种保障。但是该险种许多地方的保险公司没有销售，再加上许多客户不了解，所以，大多客户没有这方面的保障。

【案例 2 关于代位追偿案例的分析】

2008 年 8 月 17 日，老王给自己的汽车购买了车辆损失保险、第三者责任保险、车上人

员责任保险、全车盗抢险，保险期限一年。10月7日，老王在开车回老家的路上，被老李的车追尾。经交警认定，老李负事故的全部责任。老王修车花费5000元，并从保险公司索要了赔款，同时将向老李追偿的权利转移给保险公司。保险公司在代替老王向老李索要事故损失赔偿时，老李认为事故原因是由于自己驾驶技术不熟练，责任在自己，心中也感觉十分愧疚，于是马上拿出了6000元，给了保险公司人员小赵。小赵将6000元全部交回了保险公司。一段时间后，老王听说了此事，向保险公司要多余的1000元钱，保险公司坚决不给。

2009年5月3日，老王的汽车被偷，老王马上向公安部门和保险公司报案，三个月后，车辆仍未找回，保险公司给予了老王全部赔款10万元。又一个月后，车辆被找回，老王不愿再要车，将车辆的权利转让给保险公司。保险公司对车辆进行拍卖时，拍出15万元的价格。老王听说了此事后，又向保险公司索要多出的5万元钱，保险公司还是坚决不给。

思考：

1. 对第一种情况，若给双方调解，应如何处理？

2. 对第二种情况，若再给双方调解，应如何处理？

案例分析：

1. 对第一种情况，若给双方调解，应如何处理？

对第一种情况来说，保险公司应该将多于保险赔偿的1000元给予老王。

首先，保险公司的代位追偿是以保险赔偿额度为限，超出部分，保险公司就不能代位追偿权了。

（代位追偿：如果保险事故是由第三者的过失或非法行为引起的，第三者对被保险人的损失必须负赔偿责任。保险人可按保险合同的约定或法律的规定，先行赔付被保险人。然后，被保险人应当将追偿权转让给保险人，并协助保险人向第三者责任方追偿。）

其次，多出的1000元，是属于肇事者老李对受害者老王的补偿，这不属于保险赔偿，不违背保险补偿原则。

第三，如果老李给予保险公司的钱数低于保险赔偿额度，那么保险公司就差额部分继续享有代位追偿权。

第四，如果保险公司赔偿老王的赔款数不足以补偿老王的所有损失，那么老王还可以就自己的不足部分继续向老李要钱。

2. 对第二种情况，若再给双方调解，应如何处理？

对第二种情况，保险公司不应给老王5万元。

因为物上代位是一种所有权的转移，所以老王对标的车已经没有了任何权利，车辆的所有权已经属于保险公司，所以保险公司处理车辆的收入完全属于保险公司，与老王无关。

（物上代位：又称所有权代位，是指保险标的因遭受保险事故而发生全损或推定全损，保险人在全额支付保险赔偿金之后，即拥有对该保险标的物的所有权，即代位取得对受损保险标的的权利和义务。）

【案例3 两车相撞后伤人逃逸案例】

2011年7月11日晚6时许，原告张某驾驶两轮摩托车在某公路由西往东行驶时，与由王某驾驶的往西行驶的大型货车相撞，张某倒地受重伤，即被送医院急救，由于张某昏迷不

醒，一直在重症监护室救治，并随时有生命危险。大型货车驾驶人王某在肇事后逃逸。伤者张某的家人为挽回张某的生命，先后用去了抢救费 10 多万元，但毕竟由于家境贫寒，还是欠下医院 5 万元的医疗费，医院多次向张某家人催交未果，想停止抢救。后经了解，事故发生前王某的车辆在某保险公司投保了交强险。

思考：

1. 王某车辆的交强险能否为张某垫付抢救费用？
2. 《道路交通安全法》对此是如何规定的？
3. 如果王某的车辆根本没有买保险，那么张某的抢救费用应如何处理？

案例分析：

1. 王某车辆的交强险能否为张某垫付抢救费用？

王某车辆的交强险不能为张某垫付抢救费用。

“垫付”在交强险中只规定了四种情形，具体为：当驾驶人未取得驾驶资格、驾驶人醉酒的、车被盗抢期间肇事的、被保险人故意制造道路交通事故的，保险公司在强制保险责任限额范围内垫付抢救费用，并有权向致害人追偿。其他情形不予垫付。

2. 《道路交通安全法》对此是如何规定的？

《道路交通安全法》第十七条规定：“国家实行机动车第三者责任强制保险制度，设立道路交通事故社会救助基金。具体办法由国务院规定。”

根据《道路交通安全法》《保险法》制定的《机动车交通事故责任强制保险条例》第二十四条规定：“国家设立道路交通事故社会救助基金（以下简称救助基金）。有下列情形之一时，道路交通事故中受害人人身伤亡的丧葬费用、部分或者全部抢救费用，由救助基金先行垫付，救助基金管理机构有权向道路交通事故责任人追偿。

（一）抢救费用超过机动车交通事故责任强制保险责任限额的；

（二）肇事机动车未参加机动车交通事故责任强制保险的；

（三）机动车肇事后逃逸的。”

3. 如果王某的车辆根本没有买保险，那么张某的抢救费用应如何处理？

根据《机动车交通事故责任强制保险条例》第二十四条规定：“肇事机动车未参加机动车交通事故责任强制保险的，道路交通事故中受害人人身伤亡的抢救费用，由救助基金先行垫付，救助基金管理机构有权向道路交通事故责任人追偿。”

【案例 4　事故车辆伤人案例】

某公司承保的大型货车在行驶途中右前轮脱落，将路边等公交车的女青年李某砸死。事后，当地车管所对事故车辆进行鉴定，结论为：标的车辆制动力和驻车制动力达不到标准，灯光装置不合规定。

思考：

1. 车辆车轮脱落致路边人死亡，能否构成机动车第三者责任保险的保险责任？

2. 鉴定结论中的车辆部分技术状况不符合标准是否可认定被保险人违反《保险法》规定的投保人和被保险人义务？保险公司可以以此拒绝赔偿吗？

3. 判决此案按照人身损害赔偿标准进行赔付。保险人若赔偿此案，应赔偿受害人哪些

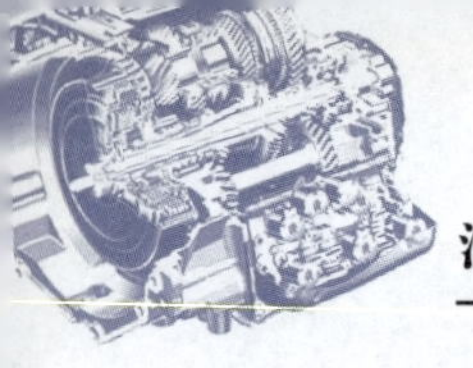

费用，依据法规是什么？

案例分析：

1. 车辆车轮脱落致路边人死亡，能否构成机动车第三者责任保险的保险责任？

机动车第三者责任保险的责任免除条款中，一般规定：发生保险事故时被保险机动车无公安机关交通管理部门核发的行驶证或号牌，或未按规定检验或检验不合格，造成第三者的损失，属于免责范围。所以，车辆车轮脱落致路边人死亡不能构成机动车第三者责任保险的保险责任。

2. 鉴定结论中的车辆部分技术状况不符合标准是否可认定被保险人违反《保险法》规定的投保人和被保险人义务？保险公司可以以此拒绝赔偿吗？

《保险法》第五十一条规定："被保险人应当遵守国家有关消防、安全、生产操作、劳动保护等方面的规定，维护保险标的的安全。保险人可以按照合同约定对保险标的的安全状况进行检查，及时向投保人、被保险人提出消除不安全因素和隐患的书面建议。投保人、被保险人未按照约定履行其对保险标的安全应尽的责任的，保险人有权要求增加保险费或者解除合同。保险人为维护保险标的的安全，经被保险人同意，可以采取安全预防措施。"所以，鉴定结论中的车辆部分技术状况不符合标准可认定被保险人违反了《保险法》规定的投保人和被保险人义务，保险公司可以以此拒绝赔偿。

3. 判决此案按照人身损害赔偿标准进行赔付。保险人若赔偿此案，应赔偿受害人哪些费用，依据法规是什么？

依据《最高人民法院关于审理人身损害赔偿案件适用法律若干问题的解释》，受害人遭受人身损害后可获得的赔偿项目包括四个方面：一是因就医治疗支出的各项费用以及因误工减少的收入；二是因伤致残的，其因增加生活上需要所支出的必要费用以及因丧失劳动能力导致的收入损失；三是受害人死亡的；四是精神损害抚慰金。具体到本案应该赔偿因就医抢救治疗支出的各项费用、受害人死亡的费用以及死者家属的精神损害抚慰金。

1）因就医治疗支出的各项费用：主要为医疗费。

2）受害人死亡的费用：包括丧葬费、被扶养人生活费、死亡补偿费以及受害人亲属办理丧葬事宜支出的交通费、住宿费和误工损失等其他合理费用。

3）精神损害抚慰金：受害人或者死者近亲属遭受精神损害，赔偿权利人向人民法院请求赔偿精神损害抚慰金的，适用《最高人民法院关于确定民事侵权精神损害赔偿责任若干问题的解释》予以确定。

【案例5 交通事故伤人后赔款计算】

甲车投保交强险及商业三者险20万元，发生交通事故后撞了一位骑自行车的人，造成自行车上乙、丙两人受伤，财物受损。其中乙的医疗费7000元，死亡伤残费50000元，财物损失2500元；丙的医疗费8000元，死亡伤残费35000元，财物损失2000元，经事故处理部门认定甲车负事故70%的责任。

思考：

甲车从交强险中能获得多少赔款？

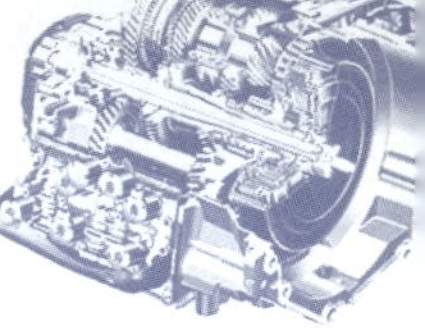

案例分析：

交强险分三项限额，分别计算：

医疗费用：7000 元 +8000 元 > 限额 10000 元，所以按限额赔偿 10000 元。

死亡伤残：50000 元 +35000 元 < 限额 110000 元，所以按实际赔偿 85000 元。

财产损失：2500 元 +2000 元 > 限额 2000 元，所以按限额赔偿 2000 元。

所以，甲车从交强险中能获得 97000 元赔款。

【案例 6　修复事故车辆伤人赔款计算】

某物流公司驾驶人李某驾驶解放牌货车在山路上行驶，忽遇路面滑坡，车辆顺势滑至坡下 30 余米处，所幸李某没有受伤。李某小心翼翼地下车，发现车子还有可能继续下滑，就从工具箱中取出千斤顶，想把车的前部顶起以防继续下滑。就在李某操作千斤顶时，车辆忽然下滑，李某躲闪不及，被车辆压住，导致腰椎骨折。

事故发生后，物流公司迅速向保险公司报案，并提出索赔请求。保险公司核赔时发现该车只投保了车辆损失险，遂告知物流公司对于李某的伤残费用不负赔偿责任。物流公司认为，李某是在对车辆施救过程中受的伤，其伤残费用应属于"施救费"，应属车损险赔付范围，并申请在车辆修复金额之外单独计算予以赔偿。保险公司拒绝了物流公司的请求，物流公司遂向法院起诉。

思考：

1. 法院的判决结论如何？依据是什么？
2. 对事故损失施救时，应注意什么？

案例分析：

1. 法院的判决结论如何？依据是什么？

法院的判决结论应为：李某的伤残费用不属于"施救费用"，保险公司可以拒赔，判决物流公司败诉。

依据：施救费用是指保险事故发生时，被保险人为抢救财产或者防止灾害蔓延或者为施救、保护、整理保险标的所支出的合理费用。保险人对施救费用的赔付，关注点是施救费用必须是必要的、合理的。本案中车辆驾驶人李某的伤残虽然是在施救过程中发生，但其伤残与防止或减少保险标的损失没有必然联系，属于施救过程中发生的另一起意外事故。另外，李某的人身伤残不为施救被保险车辆所应付出的必要的、合理的代价。因此，驾驶人李某的伤残费用不属于"施救费用"，保险人拒绝赔偿是正确的。

2. 对事故损失施救时，应注意什么？

对事故损失施救时，应注意施救费用必须是必要的、合理的，且对抢救受损财产或者防止灾害蔓延或者对施救、保护、整理保险标的有直接效果。

【案例 7　盗车索赔案例】

一位姓李女士刚买了一辆新车，同时买了比较齐全的保险，只是车辆还没有上牌。因为小区没有停车场，她把车停在自家楼下。当天晚上她的车被偷走了。

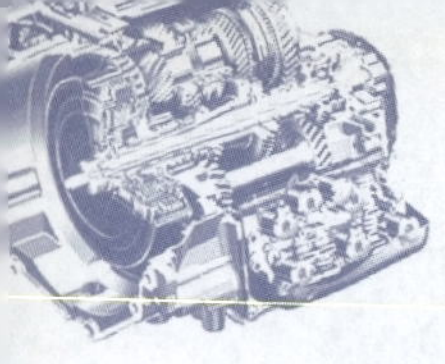

思考：

1. 她去保险公司索赔能否成功？为什么？

2. 针对上述情况，为保障车辆的安全，李女士应对方法有哪些？

案例分析：

1. 她去保险公司索赔能否成功？为什么？

机动车盗抢保险条款的责任免除部分一般规定：发生保险事故时被保险机动车无公安机关交通管理部门核发的行驶证或号牌，或未按规定检验或检验不合格的，导致的车辆损失保险公司不予赔偿。由于周女士的车辆没有上牌，所以不会有车辆行驶证，所以周女士车辆的丢失，保险公司一般拒赔。

2. 针对上述情况，为保障车辆的安全，周女士应对方法有哪些？

针对上述情况，为保障车辆的安全，周女士应自己妥善保管车辆，如放入有人看管的停车场里面，或加装比较好的防盗装置。

【案例8　事故车辆查勘案例】

客户报案称：中秋节晚20点50分左右，自己驾驶一辆奔驰轿车行驶在乡间公路，在转弯时由于车速过快，方向没有把握好，车掉入路边沟中，并被大树挡住。

思考：

1. 作为查勘人员，现场查勘过程中应具体做哪些工作？

2. 该案查勘的重点是什么？

案例分析：

1. 作为查勘人员，现场查勘过程中应具体做哪些工作？

1）接到报案后打印抄件，查明承保项目。

2）及时与保户联系，让保户通知警察部门，若受伤还可到附近的医院就诊。

3）迅速到达现场先安抚客户，并通知协作维修站前来施救。

4）向保户查明驾驶证、行驶证并查明号牌、号码、厂牌型号、发动机号和VIN是否与承保车辆相符。

5）按照拍摄照片的要求拍摄照片，并绘制草图，做好询问笔录。

6）缮制查勘报告，告诉客户索赔应提供的单证资料。

2. 该案查勘的重点是什么？

该案查勘的重点是查明事故原因是由于视线不好、驾驶疏忽等导致，还是由于酒后驾驶导致。

【案例9　事故车辆责任认定】

王经理虽然家中已经有了一辆花冠牌的私家车，又给有了驾照的妻子单独购买了一辆POLO，并亲自为妻子的POLO办完了包括购买保险在内的全部手续。为了以后交费方便，他将两辆车的车主、投保人、被保险人均写成了自己，并且购买了同一家保险公司的保险产品。期间，两人各自驾车外出郊游。由于妻子驾驶技能不够熟练，来到一个路口时，追尾撞

上了正在等绿灯的丈夫的车，使得花冠尾部及POLO前部均受损。

思考：

1. 本起事故中，责任方在谁？
2. POLO前部的受损，是否可以从其自身的车辆损失险获得赔付？
3. 花冠尾部的受损，是否可以从其自身的车辆损失险获得赔付？
4. 花冠尾部的受损，是否可以从POLO的第三者责任险中获得赔付？

案例分析：

1. 本起事故中，责任方在谁？

本起事故中，责任方属于驾驶POLO车的妻子，由于她追尾撞了老公驾驶的花冠，应该承担事故的全部责任。

2. POLO前部的受损，是否可以从其自身的车辆损失险获得赔付？

由于妻子不是故意驾车撞击老公的花冠，因此，POLO前部的受损，完全可以从其自身的车辆损失险获得赔付。

3. 花冠尾部的受损，是否可以从其自身的车辆损失险获得赔付？

花冠尾部的受损，不属于其自身车辆损失险的赔偿范围，因而，不能从自身的车辆损失险获得赔付，应该由肇事方承担赔偿责任。

4. 花冠尾部的受损，是否可以从POLO的第三者责任险中获得赔付？

假如驾驶POLO的人与驾驶花冠的人素不相识，两辆车也不属于同一个被保险人，那么，在本次事故中花冠尾部所遭受的损失，完全可以由POLO的第三者责任险承担赔付。但是，现在的问题是，由于POLO与花冠属于同一个被保险人，驾驶两车的又属于夫妻关系，假如由POLO的第三者责任险赔付花冠的损失，那么，保险公司的赔款实际上就落到了肇事方的家人（即她的老公）手里了，这不符合保险赔偿的原则。因而，花冠尾部的受损，无法从POLO的第三者责任险中获得赔付。

【案例10　事故车辆责任认定】

一保户报案称其投保的捷达轿车行驶时不慎与路面上的石头相撞，造成发动机油底壳破裂，润滑油泄漏，车辆就在事故现场的路边，请求保险公司速来查勘。

查勘定损人员及时赶到现场，发现道路中间有几块夜间拉石料的车辆散落的石头，其中一块被润滑油侵蚀，石头周围也有一片油污。经仔细检查，轿车的发动机油底壳有一孔洞，洞口向内凹，润滑油已漏尽，经与碰撞的石头比对，形状相吻合，汽车的停车位置距离所碰撞的石头不足50m。

事故车辆拖到维修厂以后，维修人员将其用举升机举起，对发动机进行全面检查。搬动曲轴带轮时，曲轴运转自如，拆检之后，发现机油泵集滤器、机油泵均无损坏。分别揭下曲轴轴瓦和连杆轴瓦检查，没有发现烧蚀、磨损现象。此次事故只造成了发动机油底壳的变形与断裂，没有引起其他机件的损坏。

思考：

1. 该起事故是否属于保险责任？
2. 针对该起事故，应该如何制订维修方案？

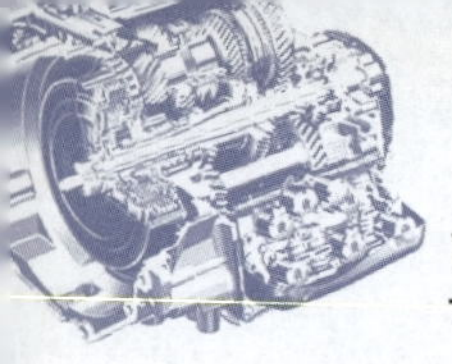

3. 该起事故涉及哪些拆装、检查工时?

4. 该起事故需要更换哪些零部件?

案例分析:

1. 该起事故是否属于保险责任?

由于捷达车是在正常使用过程中不慎与路面上的石头相撞，驾驶人没有故意行为。从现场特征看，由于“道路中间有几块夜间拉石料的车辆散落的石头，其中一块被润滑油侵蚀，石头周围也有一片油污；轿车的发动机油底壳有一孔洞，洞口向内凹，润滑油已漏尽，经与碰撞的石头比对，形状相吻合，汽车的停车位置距离所碰撞的石头不足50m。”这些特征均符合汽车拖底碰撞的特征，属于汽车损失保险条款中规定的“碰撞、倾覆、坠落”方面，属于保险责任。

2. 针对该起事故，应该如何制订维修方案?

该起事故并不复杂，从外观看，发动机油底壳已经损坏，需要更换，润滑油已经泄漏，需要添加，其他部位进行适当检查即可。

3. 该起事故涉及哪些拆装、检查工时?

涉及的拆装、检查工时有：发动机油底壳、添加润滑油、检查油底壳内的机油泵工作性能。

4. 该起事故需要更换哪些零部件?

需要更换的零部件有：发动机油底壳及添加润滑油。

【案例11　三车追尾车辆理赔案例】

一驾驶人驾驶宝来轿车行驶于高速公路上，因观察不够仔细而追尾撞了一辆正常行驶的大货车，导致保险杠撞断、发动机盖折起、前风窗玻璃破碎、驾驶人受轻伤。事故发生后，前车停车查看案情，轿车驾驶人试图打开车门出来。但是，就在此时，后方高速驶来另外一辆大货车，推动宝来轿车“塞”入了前车下面，导致轿车受损程度明显加剧，驾驶人当场死亡的悲剧。

思考:

1. 在该起事故中，被追尾撞击的大货车是否负有相关责任?

2. 宝来轿车应该承担什么责任?

3. 后方驶来的大货车，应该承担什么责任?

案例分析:

1. 在该起事故中，被追尾撞击的大货车是否负有相关责任?

因前面的大货车属于正常行驶，被宝来追击碰撞的事实发生，与大货车没有任何关系。假如事故到此为止，那么，大货车尾部的所有损失应该由宝来车的交强险以及第三者责任险予以赔付；宝来车的“保险杠撞断、发动机盖折起、前风窗玻璃破碎”应该由大货车的交强险先行赔付无责赔款的100元限额，其余部分由宝来车自身的车辆损失险赔付；“驾驶人受轻伤”应该由大货车的交强险先行在无责赔款的10000元限额内赔付，假如不够，再从宝来车自身的车上人员责任险中限额赔付欠额部分。

2. 宝来轿车应该承担什么责任?

在宝来与前方大货车的追尾撞击事故中，宝来负有全部责任应该由交强险、第三者责任险承担前车的全部损失。

3. 后方驶来的大货车，应该承担什么责任？

本案中，后方高速驶来的另外一辆大货车，推动宝来轿车“塞”入了前车下面，导致轿车受损程度明显加剧，驾驶人当场死亡的悲剧。很明显，“轿车受损程度明显加剧，驾驶人当场死亡”属于宝来被后面来的大货车追尾碰撞的直接原因。后方驶来的大货车应该对此承担全部责任。不仅如此，假如有证据证明前面的大货车因为宝来与后面的大货车再次碰撞而导致损失程度加大，那么它的损失加大部分，也应该由后面的大货车承担责任。

【案例 12　车辆自燃事故案例】

一辆装有柴油发动机的东风牌自卸汽车，在行驶途中发现发动机冒烟，停车查看时起火，将整个驾驶室、变速器、转向机等铝合金制成的部件全部烧毁。车主拨打 119 火警电话求救，大火被消防警察扑灭。

查勘得知，该车有九成新，白天起火，驾驶人首先拨打 119 求救。由于是新车，电路老化问题可以基本排除，排查重点放在油路方面。询问车主在行车途中有无发动机动力不足的现象，得到了“不存在”的明确答案。据此，排除了供油管漏油的可能，重点在回油管查找。进一步检查发现，回油管有一处不明原因之折痕，且位置恰好对准发动机的排气管，估计是该处发生的漏油漏在了排气管上，引起车辆自燃（柴油自燃温度为 335℃，而排气管温度高达 700～800℃）。该处起火后，引燃了电缆，将火引入了驾驶室，烧掉了整个驾驶室。

思考：

1. 该车是否符合自燃特征？
2. 为什么变速器、转向机等铝合金制成的部件会被烧毁？

案例分析：

1. 该车是否符合自燃特征？

由于该车是新车，白天起火，起火后驾驶人首先拨打 119 求救，因而，属于驾驶人故意纵火焚车的可能性不大。

根据检查发现的原因，该起事故完全符合汽车自燃的特征（因被保险机动车电器、电路、供油系统、供气系统发生故障或所载货物自身原因起火燃烧造成本车的损失），同时，事故所造成的结果又不符合自燃险责任免除条款中规定的“自燃仅造成电器、电路、供油系统、供气系统的损失”，而是造成了驾驶室等处一同烧损。如果被保险人购买了自燃损失险，应该予以赔偿，假如只是购买了车辆损失险，则无法获得赔偿。

2. 为什么变速器、转向机等铝合金制成的部件会被烧毁？

汽车上所采用的几种主要金属材料的熔点见附表-1。

附表-1

材料名称	铝	铜	钢	纯铁
熔点/℃	680	1180	1400～1500	1534

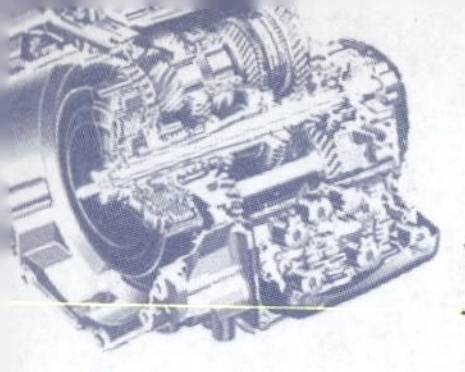

由于铝的熔点明显低于其他金属材料，因而，在汽车燃烧后，凡属于用铝制成的零部件，肯定会被首先烧毁。

【案例13　车辆行驶时自燃案例】

某车主报案称：其红旗轿车于3月31日零点30分左右在一条县乡公路行驶时自行起火燃烧。查勘发现：驾驶室过火严重，仪表台总成、座椅、内饰等全部烧损，全车玻璃因过火而全部烧光，蓄电池烧损，但奇怪的是驾驶室内没有发现转向盘骨架残留物（不可能烧得无影无踪）。发动机机舱内过火较轻，仅相关电缆线、塑料等烧损，发动机润滑油未参加燃烧，但润滑油量约为1.5L，冷却水（并非冷却液）约有2L。消声器有约30mm×30mm的陈旧性孔洞，消声芯已脱离。左半轴球笼没有防尘罩，左前制动片报警线脱落且拧在一起。

思考：

1. 为什么该车的消声器会有约30mm×30mm的陈旧性孔洞？为什么制动片报警线脱落且拧在一起？为什么车上没有发现过火后的转向盘钢骨架？

2. 该车是否具备正常的行驶条件？

案例分析：

1. 为什么该车的消声器会有约30mm×30mm的陈旧性孔洞？为什么制动片报警线脱落且拧在一起？为什么车上没有发现过火后的转向盘钢骨架？

汽车上的消声器可以减少废气排放过程中的噪声，假如其上有约30mm×30mm的陈旧性孔洞，那么工作时必定会发出让人无法忍受的噪声；制动片的报警线可以及时传递制动器工作状态的信息，现在它脱落了而且拧在一起，说明在事故发生前已经不起作用了；转向盘的骨架属于钢结构，就汽车驾驶室内的燃烧状况来看，不可能被烧化了，现在在烧完之后的车内没有发现转向盘骨架的遗留物，只能说明原本车内就已经没有了该物件。

2. 该车是否具备正常的行驶条件？

根据上述分析，该车不具备正常行驶的基本条件，即该车处于无法起动的状态。

既然该车处于无法起动的状态，当然就无法开到县乡道路上去，其起火的原因自然也不会是车辆自身原因引起的。

【案例14　进水车辆保险理赔案例】

一辆轿车在行驶过程中，因发生轻度的正面碰撞而向保险公司报案，要求查勘。将车拖至修理厂，拆解发动机后发现，第三缸的活塞连杆折断、缸体损坏。

根据损坏机理的分析，汽车正面的轻度碰撞，不应该导致连杆折断，更不会导致缸体损坏，原因何在呢？经向车主详细了解得知，该车曾在三天前强行涉水，导致当场熄火，车主在将积水进行简单清理并更换空气滤清器后，继续使用。

思考：

1. 为什么该车的正面碰撞会引起连杆的折断？

2. 车主涉水、更换空气滤清器后继续使用，是否影响进水损失赔付？

3. 本案例是否应该赔付损失？赔付哪些损失？

案例分析：

1. 为什么该车的正面碰撞会引起连杆的折断？

正常情况下，汽车的正面碰撞不可能造成连杆的折断。在本案中，这属于一个巧合。正是因为三天前车主“强行涉水，导致当场熄火，在将积水进行简单清理并更换空气滤清器后，继续使用”的行为，导致了连杆的轻微弯曲，本次发生正面碰撞后，发动机尚未熄火，但汽车已经无法再行驶，发动机瞬间发出的巨大转矩，将连杆折断，并捣坏了缸体。

2. 车主涉水、更换空气滤清器后继续使用，是否影响进水损失赔付？

由于车主在三天前属于强行涉水，这应该理解为故意行为，而保险公司是不会为故意行为所造成的车辆损失予以赔付的。换句话说，假如车主不是故意强行涉水，属于自己的过失导致的车辆进水，他在“将积水进行简单清理并更换空气滤清器后，继续使用”的行为，应该属于保险责任免除条款中规定的“遭受保险责任范围内的损失后，未经必要修理继续使用被保险机动车，致使损失扩大的部分”，保险公司不会继续承担保险赔偿责任。

3. 本案例是否应该赔付损失？赔付哪些损失？

在本案中，车辆造成的损失包括因发生碰撞而造成的车辆前部损失以及发动机内部的损失两部分。对于第一部分损失，应该属于车辆损失险赔偿的范围；而对于第二部分损失，保险公司则不承担赔偿责任。

【案例 15　汽车保险与交通违法案例】

2008 年 8 月 8 日，北京柳先生急于去看奥运会开幕式，虽然知道自己的驾驶证在本扣分周期已经被扣满了 12 分，还是冒险驾自己的私家车前往转车点赶赴赛场。没想到，因急于赶路，车在路途发生交通事故，并撞坏了道路护栏。交警认定驾驶人柳某承担全责，他为此赔偿了路政部门 10000 余元，自己修车花费了 3000 多元。事后，他去保险公司索赔，并未提及自己驾驶证被扣满 12 分的事实，顺利获得了相关赔款。

思考：

1. 柳先生的驾驶证已经在本扣分周期被扣满了 12 分，他是否还具有驾驶资质？

2. 柳先生在本次事故造成的损失，是否应该由保险公司赔偿？

案例分析：

1. 柳先生的驾驶证已经在本扣分周期被扣满了 12 分，他是否还具有驾驶资质？

根据《中华人民共和国道路交通安全法实施条例》第二十三条的规定：“公安机关交通管理部门对机动车驾驶人的道路交通安全违法行为除给予行政处罚外，实行道路交通安全违法行为累计记分制度，记分周期为 12 个月。对在一个记分周期内记分达到 12 分的，由公安机关交通管理部门扣留其机动车驾驶证，该机动车驾驶人应当按照规定参加道路交通安全法律、法规的学习并接受考试。考试合格的，记分予以清除，发还机动车驾驶证；考试不合格的，继续参加学习和考试。”

由此可见，在一个记分周期内记分达到 12 分的，公安机关交通管理部门应该扣留其机动车驾驶证，当事人自动失去了驾驶资格。

2. 柳先生在本次事故造成的损失，是否应该由保险公司赔偿？

既然柳先生已经失去了驾驶资格，那么他的驾驶行为应该视为无证驾车，而保险条款明

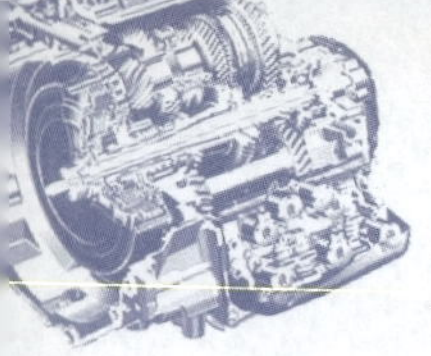

确规定，无证驾车发生事故造成的损失，无论车辆损失保险还是第三者责任险，均不负责赔偿。

【案例16　车辆过户未批改保险单保险公司可拒赔】

案情介绍：

某麻纺厂将其东风牌货车投保了第三者责任保险。保险期限自2007年10月8日至2008年10月7日。2008年3月，麻纺厂将车卖给个体户何某从事运输业务。何某另交人民币500元后，麻纺厂将保单也交给了何某。但何某没有到保险公司办理批改手续。2008年9月，何某运输途中发生撞车事故，根据法院判决，何某应赔偿第三者损失人民币9500元。何某向保险公司索赔，而保险公司则拒赔。

保险公司拒赔理由是：

1）根据《中华人民共和国财产保险合同条例》的规定："除货物运输保险的保险单或者保险凭证可由投保方背书转让，无须征得保险公司同意，其他保险标的过户、转让或者出售，事先应书面通知保险方，经保险方同意并将保险单或保险凭证批改后方为有效，否则从保险标的过户、转让或者出售时起，保险责任即行终止"。何某购买此车时，未经保险公司同意就将原保方麻纺厂持有的保险单购买，依照上述规定，保险单在车辆出售时已经失效，何某本人无索赔权利。

2）车辆出售后，经营性质发生了根本变化。原来麻纺厂使用该车，为本厂生产服务，属自用性质；而何某购车从事专业运输属营业性质，运输时间加长，任务加重，危险程度随之增加。按规定何某购车得到保险单后，应到保险公司办理公司批改手续，应按规定增加由自用到营业性质的保险费。《中华人民共和国财产保险合同条例》第十四条规定："保险标的如果变更用途或者增加危险程度，投保方应当及时通知保险方，在需要增加保险费时，应当按规定补交保险费。投保方如不履行此项义务，由此引起保险事故造成的损失，保险方不负赔偿责任"。

案例分析：

应该由保险公司给付交强险限额内的赔款，而商业车险不赔付。本案对保户来讲是一次深刻的教训。所有车辆险保户，今后遇到这种情况应做如下处理：

1）标的出售，立即到保险公司办理退保手续，保险公司按规定退给原投保方未到期责任的保险费。本案何某购车后，可凭有关证明，到保险公司另行办理保险手续。

2）麻纺厂可与何某一起持原保险合同到保险公司办理批改手续，经过保险公司必要的审查，保险公司根据标的经营性质和危险程度加收一定数量的保险费，合同继续有效，至保险期满时为止。

【案例17　重复投保的案例处理】

案情介绍：

一辆车同时在两家保险公司投保。

思考：

出交通事故后，两家都报案，是不是两家保险公司都赔偿？

案例分析：

财产保险不能重复投保。如果在两家公司的投保价值是一样的，在出险后同时找两家公司索赔，两家公司会各赔50%，并不能通过保险多拿到一份保险赔偿。因为保险是以补偿为原则，而不是赢利。而且像这种情况操作起来也有问题，保险公司都需要交通队出的责任认定书，修车的单据也只有一份。车主不可能提供两份一样的原件。

【案例18　利用近因原则分析案例】

案情介绍：

2008年9月，李先生为自己的汽车向某保险公司投保车辆损失险。某天傍晚开始下大雨，道路积水较多。李先生开车回家，车辆受水淹后熄火，再点火起动，发动机发出起动声后死火，尔后无法再起动。经检查发现，当天晚上下了大雨，使该车被雨水浸泡，进气管空气隔进水，当水退至车身底台以下，驾驶人起动汽车时，未先检查汽车进气管空气隔有无进水，使空气隔余水吸进发动机气缸，造成连杆折断，缸体破损。

保险公司认为，造成保险车辆发动机缸体损坏的原因是由于进气管空气隔有余水，起动发动机时，气缸吸入了水，导致连杆折断，从而使缸体破损。而进气管空气隔有余水，则是由暴雨所造成。暴雨和起动发动机这两个危险事故先后出现，根据近因原则，起动发动机是直接导致保险车辆发动机缸体损坏的原因，暴雨不是发动机缸体损坏的近因。而起动发动机属除外责任，保险人不负赔偿责任。

案例分析：

发动机缸体损坏←李先生起动车辆（车辆受浸低于车身底台的情况下开车的正常操作）←进气管空气隔进水←暴雨。根据保险法的近因原则——造成保险标的的损失的最直接、最有效、起决定作用的原因断定暴雨才是引起发动机缸体损坏近因。因而，保险公司应向李先生赔偿车辆的实际损失。

【案例19　运用损失补偿原则分析案例】

案情介绍：

2008年6月15日，个体运输户王某为自己载重量为5t的东风牌汽车投保车辆损失险和第三者责任险，保险期限为1年。当年7月20日，王某运货时在高速公路上被一辆强行超车的大货车撞击，车损，王某受伤且货物被浸损。货车驾驶人开车逃走。交通部门认定，此起交通事故由货车驾驶人负全责。事后王某向保险公司报案并请求赔偿。经鉴定车损为15万元，保险公司依损失额80%赔付12万元，同时保险公司还给付王某第三者责任保险金2400元及施救费1500元，扣除损余（损余指保险标的遭受保险事故后，尚存的具有经济价值的部分或可以使用的受损财产）200元，实际赔付12.37万元。后来肇事驾驶人被交通部门抓获，交通部门通知王某。王某与肇事驾驶人会面达成协议，规定对方只需支付王某货物损失7000元及施救费1500元。保险公司得知后，要求王某退回重赔保险金，王某拒绝，双

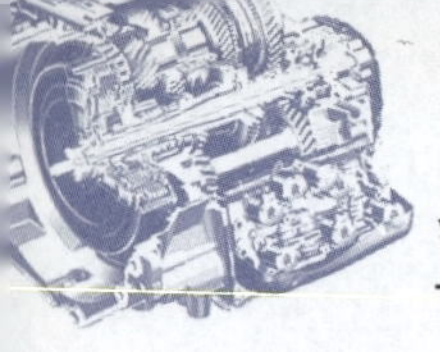

方遂引起争议。

案例分析：

按照补偿原则的相关规定，为了避免王某行使两种请求权而获得双重利益，王某不能就已获赔款范围再向肇事驾驶人行使原有的赔偿请求权，故王某从肇事驾驶人处获得的1500元施救费为重赔保险金，其应归属保险公司。

【案例20　中介卡壳普通剐蹭40多天不能理赔】

案情介绍：

2008年10月15日，经朋友介绍，家住顺义的赵先生在某汽车代理公司为自己的爱车一汽佳宝购买了某财产保险公司的第三者责任险、汽车盗抢险和不计免赔三项险种。

由于是朋友介绍，赵先生拿到保单后也没仔细核对。2月中旬，赵先生的车发生了剐蹭。经过定损，此次事故赵先生应该得到270元保险赔偿。

赵先生拿着保单、身份证复印件等十几件材料，来到了投保的汽车代理公司。可一直过了40多天，赵先生跑了四五趟，电话打了十几个，这家中介代理公司还是没把赔款交给赵先生。

案例分析：

赵先生仔细看了一下保单，感觉奇怪的是，明明他在顺义投的保，保单上却是盖的西城的章。再问中介代理机构，谁也不回答赵先生的问题。

更严重的是，这家中介代理机构既不能给赵先生赔款，也不肯把保单交还赵先生。赵先生一直担心，如果这期间车辆再出了问题，能找谁呢？因为他这时连唯一的凭据——保单都没有了！

后来，赵先生托人直接和投保的保险公司取得联系，直到这时他才知道这家汽车代理公司根本没有向保险公司报赔，保险公司拒赔。虽然几经周折，赵先生终于拿回了这270元赔款，他却下定了决心，下次上车险再麻烦也一定亲自到保险公司的网点上。

保险提示：如果条件许可，投保时直接到保险公司的营业网点；出险后，直接找保险公司。虽然交给代理人或经销商做这些事情省时省力，但在目前的市场环境中，不排除有些代理机构和个人做出损害投保人利益的事情。为了以防万一，最好在手边留一份保单的复印件，尤其是在把保单交给中介办理相关理赔时。

【案例21　车辆爆胎的理赔】

案情介绍：

一辆投保了汽车损失险的车辆，在夏天行车中由于天热爆胎导致车体失控，撞到路边护栏或其他车辆。

思考：

保险公司将如何理赔？汽车遭遇单独爆胎，保险公司理赔吗？

案例分析：

汽车单独爆胎是车损险的免赔条款之一，对于由于爆胎而引起的交通事故，无论汽车撞上路边或其他车辆，保险公司都会依据第三者责任险或车损险的理赔条款，给予理赔。

结论：

通常汽车爆胎而撞到其他车辆，属于肇事车主的事故全责，保险公司会扣除20%免赔率，但车主购买不计免赔险，就能得到全额理赔。如果汽车由于爆胎而撞到路边护栏，他务必在报案后耐心等待定损员查勘现场，毕竟保险公司对于单车事故的定损查勘非常严格，车主擅自驾车驶离现场，有些保险公司难以客观查勘事故发生过程，就会按照找不到第三方事故的理赔条款计算理赔额，有30%免赔率，且不计免赔险难以将这类免赔率转嫁给保险公司。

【案例22　玻璃单独破碎险的理赔】

案情介绍：

某车辆在行驶过程中，路边的飞石将玻璃炸坏。

思考：

如何理赔？夏天购买这险种有必要吗？

案例分析：

玻璃单独破损是车损险的免赔条款之一，如果购买了车损险的附加险，即玻璃单独破碎险，可以得到赔付。玻璃单独破碎险的理赔范围是指保险车辆在使用过程中，发生本车玻璃单独破碎，保险人按实际损失进行赔偿，但车灯玻璃与天窗玻璃却不属于它的理赔责任。

夏天台风天气较多，风力也很强，容易将小石头等物品从高层建筑物刮落，造成汽车的风窗玻璃受碰撞而单独破损。其次汽车在高速行驶过程中，如果风力较强，也可能被扬起的小石块砸破车身玻璃。另外如台风来临，导致一些空调外挂机或阳台花盆跌落，砸破车身与风窗玻璃，车主就应以车损险向保险公司索赔。最后汽车风窗玻璃因自然老化而破裂，同样属于单独破碎险的理赔范围。

【案例23　开车误撞家人索赔第三者险遭拒案例】

案情介绍：

近日，林先生在将车从车库倒出时，没留意到先行下车的妻子正好从车后面穿过，林先生制动不及将自己的妻子撞倒。林先生之前已向保险公司投保了保额为10万元的第三者责任险，在将妻子送往医院后，就向保险公司报了案。没想到，林先生的索赔申请却遭到了保险公司的拒绝，理由是林先生开车误撞的是自己的家人，不在第三者险责任范围内。

林先生的遭遇，是所有的车主、驾驶人们都可能遇到的问题。对于保险公司的拒赔，几乎所有的车主们都感到十分意外，认为保险公司这样做是不合理的。“自己的家人只要不在车上，就属于第三者，开车误撞了，并不是故意行为，保险公司没有理由不理赔”。林先生对此愤愤不平，认为保险公司这一规定纯属“霸王条款”。

案例分析：

第三者责任险的部分除外责任为：

1）驾驶人开车撞了自己家人，不赔。

2）驾驶人开车撞了自家财产，不赔。

3）同一个财务账户下的车辆（如同一单位的车辆）发生碰撞，不赔。

4）车上的一切人员受伤和财产发生损失。

5）车辆所载货物掉落、泄漏、腐蚀造成的损失。

6）保险事故引起的任何有关的精神损害赔偿。

第三者责任险的承保范围并不包括车主的家人，这一项也是在第三者责任险的条款中写明的。目前所有的保险公司的保险条款都会将这一项列为除外责任。各保险公司的机动车第三者责任险条款，在"责任免除"一栏中，明确注明"保险车辆造成下列人身伤亡和财产损毁，不论在法律上是否应当由被保险人承担赔偿责任，保险人均不负责赔偿"，所列出的第一条便是"被保险人或其允许的驾驶人及他们的家庭成员，以及他们所有或代管的财产"。

第三者责任险保障的是第三方的利益，保险赔款的受益人是第三方，不能自己赔自己，如果是驾驶人驾车撞了自己的家人，那么保险赔款的受益人就是和驾驶人有关的，并不是真正意义上的第三方。家人的保障可以通过购买其他保险产品来获得。

保险公司在具体执行上，对是否是家庭成员的界定，一般都按户籍来划分，如同一户籍的成员视为家庭成员，如果发生意外，保险公司不赔偿。但对非同一户籍的直系亲属来说（如子女独立成家后，如果误撞了自己的父母），保险公司将根据有关部门的裁定是否是意外事故，再决定是否赔偿。

【案例24　上午刚过户下午车子就出事能不能索赔】

案情介绍：

宋先生的汽车转让给刘先生，上午办好过户手续1h后，刘先生驾车就被一辆货车撞了。于是宋先生先向保险公司索赔，保险公司称，该车已经转让却没有通知保险公司，因此保险公司有权拒赔宋先生。而刘先生当然更没资格要求索赔了。

案例分析：

此案能否索赔，保险法做了修订后发生变化。我国《保险法》第四十九条规定："保险标的转让的，保险标的的受让人承继被保险人的权利和义务。""保险标的转让的，被保险人或者受让人应当及时通知保险人，但货物运输保险合同和另有约定的合同除外。""因保险标的转让导致危险程度显著增加的，保险人自收到前款规定的通知之日起三十日内，可以按照合同约定增加保险费或者解除合同。保险人解除合同的，应当将已收取的保险费，按照合同约定扣除自保险责任开始之日起至合同解除之日止应收的部分后，退还投保人。""被保险人、受让人未履行本条款规定的通知义务的，因转让导致保险标的危险程度显著增加而发生的保险事故，保险人不承担赔偿保险金的责任。"

本案例中保险公司主张是否合理，刘先生能否得到理赔主要看转让后保险标的危险程度是否增加。如果危险程度不变，保险合同继续有效，应该得到理赔。如果保险标的危险程度

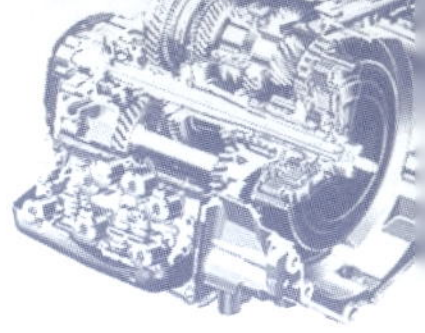

增加，(如车辆用途由原来的“家用”改为“营运用”等）就得不到理赔。

【案例 25　紧急避险问题而引发的案件能否理赔】

案情介绍：

湖北省某市个体驾驶人刘某（系车损险及第三者责任险被保险人）驾驶小客车在行驶途中，因天冷路滑，在急弯道内侧（占道）处与相对而行的个体驾驶人张某驾驶的三轮车交会。为避免相撞，三轮车急转弯，倾覆于公路边沟内。三轮车受损、两名乘客及驾驶人受伤。

该市交警大队调解后认定：刘某负此次事故的全部责任，应赔偿张某损失6000余元。事故处理结案后，刘某向保险公司索赔，而保险公司在审理此案时则以“两车未发生碰撞”及“紧急避险超过必要限度”为由予以拒赔。双方遂引起纠纷。

案例分析：

这实际上是一起因紧急避险问题而引发的案件。根据有关法律规定“紧急避险”是指为了国家、公民利益、本人或他人的人身财产和其他权利免受正在发生的危险不得已采取的突发性行为。本案中，三轮车驾驶人张某的行为属紧急避险行为。根据《民法通则》第一百二十九条规定：“因紧急避险造成损害的，由引起险情发生的人承担民事责任。”

因此，张某因紧急避险所造成的车倾人伤损失应由引起险情的被保险人刘某承担责任。另外，在这次事故中，张某应视为第三方。根据《机动车辆险条款》有关规定：“被保险人在使用保险车辆过程中发生意外事故，致使第三者遭受人身伤亡或财产直接损毁，依法应由被保险人支付的赔偿金额，保险人应依照保险合同给予赔偿。”因此，刘某依据第三者责任险条款索赔是合理的，保险公司应予赔付。

【案例 26　汽车自燃险的施救费用理算】

案情介绍：

假如汽车自燃时，车主立刻去买了一箱矿泉水灭火，可火苗没有完全扑灭，最终汽车自燃烧毁，保险公司是否也承担这箱矿泉水的费用呢？

案例分析：

自燃险条款规定，被保险人在发生汽车自燃事故时，为减少保险车辆损失所支出的必要合理的施救费用，保险人在被保险人投保“自燃损失险”中所载明的保险金额内，按保险车辆的实际损失进行赔付。只要当汽车自燃时，被保险人进行合理必要的施救措施，其施救费用保险公司都会相应承担。绝不会由于施救失败而拒赔。因而，即使车主借来一瓶灭火器，只要定损员证实这灭火器是用于扑灭火苗，保险公司就会给予更换灭火器的所需费用，当然这箱矿泉水是用于灭火的，保险公司会将这笔费用列入理赔。

【案例 27　盗抢险丢失车钥匙的理算】

案情介绍：

某车主外出时丢失了车钥匙，结果车被盗走，其为自己的车买了盗抢险，保险公司会如

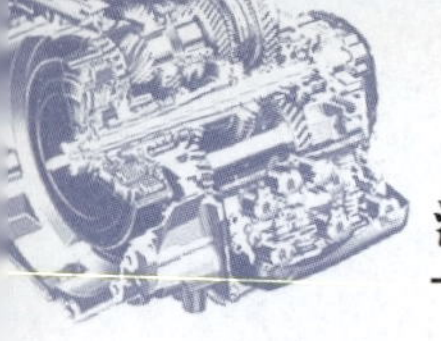

何处理？

案例分析：

盗抢险中规定，被保险人丢失行驶证、购车原始发票、车辆购置附加费凭证，每一项增加0.5%的绝对免赔（就是保险公司绝对不会赔给你的部分），丢失车钥匙增加5%的绝对免赔。所以千万要牢记这个规定，不然车被人偷了，还要自己承担5%的损失。

【案例28　车在收费停车场被盗不赔】

案情介绍：

王先生在酒店吃饭将车停在停车场被盗，保险公司理赔吗？

案例分析：

收费停车场或营业性修理厂对车辆有保管的责任，车盗险条款规定在保管期间，因保管人保管不善造成车辆损毁、丢失的，保管人应承担责任，保险公司不负责赔偿。因而，王先生应该凭借停车发票向应有停车管理员索赔。

【案例29　车主丢车因丢失车钥匙导致保险理赔减少】

案情介绍：

侯先生购买了一辆客车，在华安北京分公司投保了全车盗抢险。6月，他丢失了一把原厂车钥匙。7月，车辆被盗。侯先生报案后通知了保险公司，同时提交了另一把原厂车钥匙和两把自配钥匙。保险公司以侯先生没能提供全部车钥匙为由，拒赔5%的损失。侯先生要求保险公司全额赔偿。侯先生为此告上法庭。

在保险合同“未能提供车钥匙，增加5%的免赔率”这一条款的理解上，双方分歧很大。

案例分析：

保险公司表示，车辆配备两把原厂车钥匙，侯先生只提供了一把，符合免赔规定。侯先生说，“未能提供车钥匙”应该理解为一把都没提供，合同没有要求提供全部车钥匙。

承办法官说，双方对合同条款有争议的，应当按照合同的目的、交易习惯以及诚实信用原则，确定条款的真实意思。本案中，仅从文意表述上不能确定应提供车钥匙的数量，所以应按照双方订立此条款的目的进行解释。车钥匙的失控必然会增加投保车辆被盗的风险，增加5%的免赔率即是为防范这个风险。因此，“被保险人未能提供车钥匙”应理解为侯先生在索赔时提供全部车钥匙。

法院判决认为，钥匙丢失增加了车辆丢失风险，保险公司的决定并无不妥。

【案例30　简单碰撞事故车辆查勘案例】

案情介绍：

2002年3月2日凌晨，刘某驾驶自有红色夏利出租车在载客后回家的路上因躲避骑车人，采取措施不当撞于路边水泥墙上，造成车辆损失的单方事故，第一现场仍然保留。

案例分析：

现场查勘情况如附图-1所示。

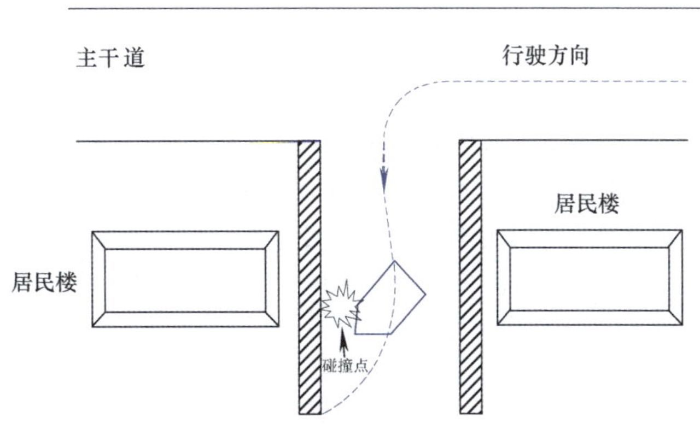

附图-1　现场查勘情况

损失情况：左右前照灯、前保险杠及雾灯、散热器框架、散热器、冷凝器、机盖、风扇及风扇电动机、继电器、前风窗及风窗框等受损，估损6000元。

现场撞击接触点吻合，有大量残片，地面有防冻液泄漏痕迹，经与附近居民了解确实在凌晨听到碰撞声音。但经过仔细查验，发现了疑点：

疑点一：前风窗玻璃破损，据刘某称是自己头部撞击所致，但结胶玻璃及风窗框向内凹陷，风窗框有蓝色漆痕，风窗玻璃呈粉碎性破损，并无蛛网状扩散。

疑点二：打开机盖后发现落水槽内有残留煤渣。

疑点三：驾驶人刘某家不在附近，且方向相反。

经了解，原来刘某在主干道与一运煤货车追尾，因货车违章停放且夜间停车未开应急灯，刘某要求经交警处理，但货车驾驶人怕被交警扣车，故赔偿给刘某500元了事。刘某在拿到赔偿金后又在附近故意制造了撞墙事故。刘某伪造现场，扩大损失的动机是：春节过后出租车生意冷清收入减少；车辆老旧，通过简单维修可从保险赔偿中获利。因此，此案保险公司做了拒赔处理。

【案例31　事故责任认定案例】

事故现场如附图-2所示。

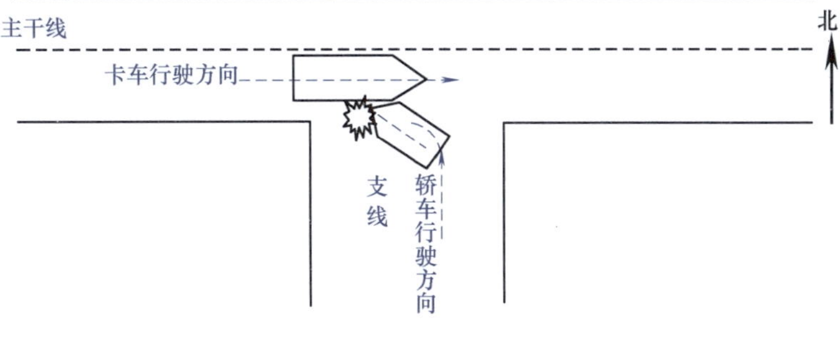

附图-2

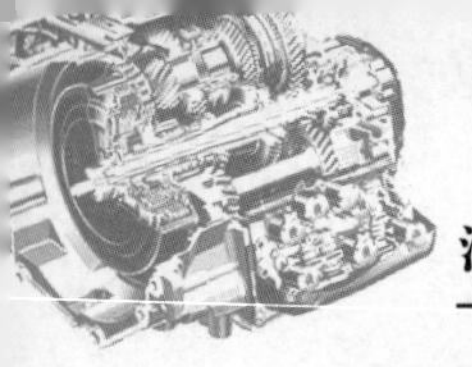

案情介绍：

货车在主干线由西向东行驶，轿车在支线由南向西左转弯，两车在交叉口相撞，货车右侧车身受损，轿车前部受损，无人员伤亡，两车总损失9万元。交警使用简易程序责任认定货车驾驶人负全部责任。

案例分析：

货车在通过没有交通信号或标志控制的路口时，未减速行驶，违反了“在确认安全后，方可通行”和道路限速的有关规定，应负一定责任，但不应负全部责任。轿车违反了“支路让干路车先行”和“相对方向同类车相遇，左转弯车让直行或右转弯的车先行”的规定，在事故中违章行为明显较货车严重，应负主要责任，且车损严重，不适用简易程序处理。

参 考 文 献

[1] 祁翠琴. 汽车保险与理赔［M］. 2版. 北京：机械工业出版社，2010.

[2] 杨立旺. 机动车辆保险投保与索赔［M］. 成都：西南财经大学出版社，1999.

[3] 周延礼. 机动车辆保险理论与实务［M］. 北京：中国金融出版社，2001.

[4] 孙祁祥. 保险学［M］. 5版. 北京：北京大学出版社，2013.

[5] 王绪瑾. 保险学［M］. 5版. 北京：高等教育出版社，2011.

[6] 孟辉. 财产保险［M］. 上海：上海财经大学出版社，2013.

[7] 胡援成. 财产保险［M］. 大连：东北财经大学出版社，2000.

参考文献